# 黏土类工程屏障重金属污染物
# 阻滞理论与应用研究

贺勇　张召　张可能 ⊙ 著

Theory and Application on
Heavy Metal Contaminant Retention of
Clayey Engineered Barriers

U0313308

中南大学出版社
www.csupress.com.cn
·长沙·

# 内容简介

Introduction

本书主要介绍了重金属污染场地中黏土类工程屏障的阻滞理论及其应用研究成果。针对土-膨润土类工程屏障材料，通过开展室内试验、微观试验和数值模拟，系统分析了黏土类工程屏障材料的吸附与弥散特性、化学溶液作用下黏土类工程屏障材料持水与气-液渗透特性、化-渗-力耦合作用下黏土类工程屏障材料体变特征与致裂机理、重金属污染物迁移以及黏土类工程屏障阻滞性能数值模拟与工程应用。研究内容不仅有助于广大读者深入认识多场耦合作用下黏土类工程屏障的服役性能演化规律，而且对于准确掌握重金属污染物多介质界面过程的迁移行为和评价工程屏障系统长期阻滞性能具有重要理论意义与工程价值。

本书涉及工程地质学、非饱和土力学、环境科学与工程、地球化学、材料科学及计算机科学等多学科的交叉融合，可作为相关专业本科生和研究生的教学参考资料，也可作为环境工程地质方向科研人员的参考书。

# 作者简介

**About the Author**

　　**贺　勇**　男,1987 年生,博士,副教授,博士生导师。毕业于同济大学土木工程学院地下建筑与工程系,曾留学法国国立路桥大学(École des Ponts ParisTech),现工作于中南大学地球科学与信息物理学院地质工程系。主要研究方向为环境工程地质、非饱和土力学、数字地球(人类活动与浅地表地质环境)。主持承担国家自然科学基金 2 项、国家重点研发计划子课题 2 项、湖南省自然科学基金、中南大学创新驱动计划等课题共 20 余项。发表学术论文 50 余篇,以第一发明人授权国家发明专利 10 余项,其中多项技术已转让实施。获中国地质学会全国大学青年教师地质课程教学比赛一等奖等。兼任中国岩石力学与工程协会环境岩土分会常务理事、湖南省地质灾害防治与生态修复协会理事、河南省地质学会生态地质专委会委员、湖南省岩石力学与工程学会理事、生态环境部项目评审专家、湖南省/广东省/四川省/广西壮族自治区科技奖励、自然科学基金、技术领域项目评审专家等。担任《中国有色金属学报》(中/英)、《中南大学学报(自然科学版)》《工程科学学报》《煤田地质与勘探》、*China Geology*、*INT J ENV RES PUB HE* 等杂志(青年、客座)编委以及 20 余个中英文刊物审稿专家。

　　**张　召**　男,1992 年生,博士(后),助理研究员。毕业于同济大学土木工程学院地下建筑与工程系,曾留学于法国国立路桥大学(École des Ponts ParisTech),现工作于中南大学地球科学与信息物理学院地质工程系。湖南省科技创新人才入选者,多年从事非饱和环境工程地质方面的科学研究,发表高水平 SCI 论文 20 余篇，EI 论文 5 篇，申请发明专利 2 项，主持承担国家自然科学基金、湖南省自然科学基金、中国博士后面上基金等 6 项科研课题，参与国家重点研发计划、国家自然科学基金等项目共 3 项，担任 *Engineering Geology*、*Acta Geotechnica* 等期刊审稿人。

张可能　男，1962 年生，博士（后），教授，博士生导师，注册土木（岩土）工程师，中南大学地质工程学科带头人，教育部骨干教师资助基金获得者，湖南省岩石力学与工程学会常务理事等。长期从事工程地质、岩土工程、环境工程地质研究和教学工作，主持承担国家自然科学基金项目等数十项科研课题和相关工程项目，指导毕业博士/硕士研究生 100 余人；发表学术论文 200 余篇，授权专利 20 余项；荣获湖南省自然科学奖、湖南省科技进步奖等 10 余项荣誉。

# 序／
### Preface

　　土和水是"万物之本、生命之源"，良好生态环境是实现中华民族永续发展的基本条件，是建设美丽中国的重要基础。随着工业化和城市化的不断推进，工程地质环境与灾害问题越来越突出，严重影响和阻碍经济社会的高质量可持续发展，威胁人民的生命健康安全。环境保护一直受到党和政府及科技人员的重视，特别是党的十八大以来，党中央和国务院高度重视生态环境保护与污染治理，全面加强生态环境保护工作部署，"绿水青山就是金山银山"的理念日益深入人心，环境地质学相关领域研究成果的涌现和各类污染场地防控与修复技术的发展，极大地推动污染防治攻坚战并取得了显著成效。

　　中南大学环境工程地质研究团队贺勇、张召、张可能等老师围绕固体废弃物处置和污染场地治理修复等领域，基于工程地质学、非饱和土力学和土体多场多相耦合等相关理论，在国家自然科学基金、国家重点研发计划、湖南省自然科学基金、中南大学创新驱动计划和企业合作项目等的支持下，开展了系统性试验研究、理论分析与工程应用工作，取得了众多研究成果。本书结合团队的部分研究成果，围绕重金属污染场地黏土类工程屏障材料的阻滞理论及应用，从黏土材料宏观特性和微观机理出发，系统阐明了多场耦合作用下黏土类屏障材料的吸附机理、化-水-力耦合性能、体变特征及重金属迁移扩散与阻滞规律，并结合实际工程案例，量化评估了屏障系统的阻滞效果及长期服役性能。

　　本书聚焦准确，内容丰富，理论联系实际，是一本具有知识性、实用性与启发性的工程地质环境与灾害专著。本书的出版将有助于促进地质工程、岩土工程、环境科学、地球化学、材料科学等多学科的交叉融合，对土壤和地下水污染管控、污染场地生态重构和地质生态环境保护具有一定的学术意义与实际价值。

值此《黏土类工程屏障重金属污染物阻滞理论与应用研究》正式出版之际，谨向几位作者表示祝贺！

南京大学　地球科学与工程学院

2022 年 12 月 17 日

# 前言 / Foreword

本书得到了国家自然科学基金（42072318 & 41807253 & 41972282 & 42207227）、国家重点研发计划（2019YFC1805905 & 2019YFC1803603）、湖南省科技创新计划（2021RC2004）、湖南省自然科学基金（2019JJ50763 & 2022JJ40586）、中南大学创新驱动计划（2023CXQD044）及企业合作项目等资助。

土、水是经济社会可持续发展的物质基础，良好的土、水环境是推进生态文明建设和维护人类健康安全的重要保障。由于矿物采/选、金属冶炼等行业的迅速发展，我国面临严峻的环境污染形势，特别是改革开放以来，在粗放型经营思路下，日积月累，环境问题日显严重，而重金属污染问题尤为突出。近年来，特别是党的十八大以来，从"十三五"的"坚决打好污染防治攻坚战"到"十四五"的"深入打好污染防治攻坚战"，再到党的二十大"深入推进污染防治"，我国正在全面加强重金属污染防治工作部署，加速推进生态文明建设，努力实现人与自然和谐相处的现代化。

工矿业污染场地、垃圾填埋场、高放废物处置库、金属矿山及尾矿库等设置的黏土类工程屏障，是阻滞污染物迁移、防止渗滤液渗漏的重要防线。在国家自然科学基金、国家重点研发计划、湖南省科技创新计划、湖南省自然科学基金、中南大学创新驱动计划和企业合作项目等的资助下，本书以土-膨润土工程屏障材料为对象，围绕污染场地多场耦合条件下黏土类屏障材料阻滞、渗透和变形问题开展了系统的研究工作，结合典型场地重金属污染阻控与修复工程，应用数值分析方法综合评价了黏土类工程屏障的阻滞性能与长期安全。研究成果可为污染场地屏障系统设计、屏障材料优选、服役性能评估及技术推广应用提供理论指导与技术支撑。本书作者以《黏土类工程屏障重金属污染物阻滞理论与应用研究》为题整理了取得的重要科研成果，旨在系统全面地介绍多场耦合作用下黏土类屏障材料阻滞特性、水力特性、体变特征以及阻滞性能的数值模拟，希望本书的出版可为我国重金属污染场地土、水系统风险管控与修复提供理论参考与技术支持。

本书共分 7 章内容，第 1 章总结了重金属污染物的来源与危害、污染场地阻隔修复技术、黏土类工程屏障施工设计与性能评估等内容，提出了污染场地中工程屏障面临的重要环境工程地质问题。第 2 章从黏土类屏障材料阻滞机理出发，详细介绍了黏土材料的渗透特性与吸附特性、重金属污染物的迁移机制与理论模型，并给出了简单边界条件下溶质迁移方程的解析解与数值解法。第 3 章通过开展典型重金属离子的吸附试验与弥散试验，研究了多因素影响下红黏土-膨润土混合土屏障材料阻滞性能和重金属迁移扩散规律。第 4 章从黏土类屏障材料的水力特性出发，分别阐述了化学溶液作用下压实黏土的气、液体渗透特性与土水特征，并基于压实黏土双孔结构特征，构建了考虑化学影响的土水特征曲线模型。第 5 章通过宏观、微观相结合的试验方法，系统研究了化-渗-力耦合作用下黏土类屏障材料的膨胀变形、压缩变形及微观结构演化特征，揭示了化学溶液离子强度、吸力和应力等因素对压实黏土材料变形规律的影响机理，提出了考虑化学软化效应的非饱和土本构模型构建方法。第 6 章简要介绍了污染物迁移的数值模拟方法，以典型污染场地为例，采用数值模拟分析了重金属污染物的迁移扩散行为和黏土类工程屏障的阻滞效果。第 7 章对本书的科研工作所获成果进行总结，并指出了现有研究存在的不足之处和未来科研工作计划。综上，本书采用"试验研究-机理分析-模型构建-数值模拟-现场应用"五位一体的研究方法，系统全面地探究了污染场地重金属污染物迁移与黏土类工程屏障阻滞性能，为提升黏土类工程屏障系统设计、施工水平和完善现有工程屏障安全评价理论提供重要帮助与指导。

本书第1章由贺勇、张召、张可能撰写，第2章由胡广、魏贺、贺勇撰写，第3章由贺勇、何琦、魏贺撰写，第4章和第5章由贺勇、魏贺、喻志鹏、卢普怀、朱考飞等撰写，第6章由贺勇、胡广、何琦撰写，第7章由贺勇、张召、张可能撰写。本书涉及的内容包含多位毕业研究生：张闯博士、李冰冰硕士、胡广硕士、喻志鹏硕士等的学位论文。在此，感谢上述博士生和硕士生在本书撰写与整理过程中努力学习与刻苦科研的工作成果！此外，第5章部分内容为贺勇在法国国立路桥大学（École des Ponts ParisTech）留学期间成果，在此由衷地感谢导师崔玉军（Yu-jun CUI）教授的悉心指导！

本书作者长期得到了同济大学叶为民教授和陈永贵教授的关心、指导和帮助，对两位导师深表感谢！在本书编撰过程中，感谢南京大学唐朝生教授、合肥工业大学查甫生教授、东南大学邓永锋教授、同济大学王琼教授、浙江大学安妮研究员、南京大学顾凯副教授、兰州大学张彤炜副教授、重庆大学杨忠平教授、中国地质大学（武汉）张峰教授、合肥工业大学许龙副教授等专家给予的指导与帮助。同时，也感谢中南大学毛先成教授、薛生国教授、邹艳红教授、杨志辉教授、孙平贺教授、朱锋副教授、江钧副教授、邓浩副教授等专家提供的建议与支持。在本书成稿过程中，感谢中南大学金福喜副教授、曾兰博士等人在校对文稿方面给予的帮助。最后，感谢湖南省和清环境科技有限公司及总工程师娄伟高工和湖南军信环保股份有限公司在现场调查研究与工程应用方面给予的支持与指导。

特别感谢南京大学唐朝生教授为本书作序！

由于笔者水平有限，如有疏漏或不妥之处，恳请广大读者批评指正。

**笔 者**
2022 年 12 月

# 目录 /

Contents

# 第 1 章　绪论

## 1.1　研究背景与意义

工业化和城市化的不断推进和经济社会的快速发展，使土壤-地下水污染负荷加重、工程地质环境与灾害问题频发、人体健康风险剧增，严重阻碍了我国经济社会的高质量、可持续发展，威胁人民的健康安全。其中，由于矿物采/选、金属冶炼、工矿企业搬迁场地遗留污染和固体废弃物处置中渗滤液渗漏，以及高放废物深地质处置中核素泄露等，岩土体与地下水的重金属污染问题受到越来越多的关注（Ye 等，2016）。经济高效的重金属污染防控和修复是改善环境质量的迫切需求。

据报道，我国土壤受到污染的耕地面积超过 $2×10^5\ km^2$，其中无机污染物超标点位占全部超标点位的 82.8%，以重金属污染为主；工业废弃地、固体废物集中处理场地、采矿区等工业相关典型地块和周边土壤，污染超标率达 34.9%、21.3% 和 33.4%，为我国土壤、地下水重金属污染的重要来源。此外，据国家统计局统计，2020 年我国生活垃圾清运量达 2.35 亿 t，其中超过 50% 采用焚烧无害化处理，垃圾焚烧将产生占总质量比 3%~5% 的飞灰。焚烧飞灰具有重金属污染物浓度高、种类多，盐类含量高，且成分复杂等特点（施惠生和袁玲，2004；何品晶等，2004）。与此同时，核电利用的高速发展，产生了大量的高水平放射性废物（高放废物）。世界上正在运行的 400 多台核电机组，每年产生超过 1 万 tHM（吨重金属）的乏燃料，并以每年近千吨的数量增长，其中 2/3 的乏燃料需要进行安全处理。近年来，随着"退城进园""退二进三"等政策的相继实施，大量工矿企业被迫关停或搬迁，遗留超过 50 万块污染场地，成为我国城市可持续发展和土地资源安全再利用的关键限制因素。众所周知，重金属污染物一旦发生渗漏，将对周边土壤和地下水环境造成严重污染。由此可见，开展土壤-地下水重金属污染防控及修复工作迫在眉睫。

工程实践表明，保障重金属污染场地土壤修复效果和时效性以及防止污染范围扩大的关键，是实现土体中重金属污染物的扩散控制。工程屏障的设置是防止或减缓重金属污染物扩散的关键措施（朱伟等，2016；刘松玉等，2016；Rowe 和 Abdelrazek，2019）。例如，垃圾填埋场中，在水平防渗系统缺失或失效时，可使用垂直防渗帷幕进行封闭（朱伟等，2016）；在矿山或工业污染场地中，防止重金属污染物随地下水迁移而导致污染范围扩大的有效措施之一是修建竖向工程屏障（Malusis 和 Shackelford，2004；Du 等，2015）。

膨润土等黏土因具有低渗透性、膨胀自愈性、高吸附性被广泛应用在污染场地防渗系统中（Mckeehan，2010）。膨润土或土-膨润土竖向工程屏障是处于污染源与外界土体之间至关重要的一道屏障，在其他防渗设施失效或破裂时对污染物起到重要的阻滞作用（刘松玉等，2016；Yang 等，2018）。由于具有施工简便、成本低廉、抗渗阻滞能力强、自愈性良好等优点，膨润土或土-膨润土竖向工程屏障已被广泛应用于污染场地修复领域（Ruffing 和 Evans，2014；Du 等，2016）。红黏土广泛分布于我国长江以南地区，面积约 $2.1 \times 10^6 \ \mathrm{km^2}$（Chen 等，2019）。红黏土作为工程屏障材料具有沉降量小、承载力较高、不易开裂、整体性能好等优点，但其化学阻滞性能难以满足要求（曹勇和贺进来，2000；贺勇，2016；He 等，2019）。为此，有学者探讨在红黏土中掺入具有高吸水膨胀性、低渗透性以及强吸附性的膨润土，以提高化学阻滞能力，最终形成红黏土-膨润土混合土竖向工程屏障（林伟岸，2009；陈永贵等，2018；Zhang 等，2021）。

作为减少污染物向外扩散迁移的关键部位，黏土类工程屏障在长期发挥阻滞作用的过程中将遭受复杂的化学-渗透（化-渗）耦合作用，并受到因工程预水化或污染场地地下水中化学溶液（如渗滤液中的盐溶液）浓度改变而引起的渗透吸力梯度。工程屏障中存在溶质迁移、化学渗透和土体变形等耦合过程，如图 1-1 所示。

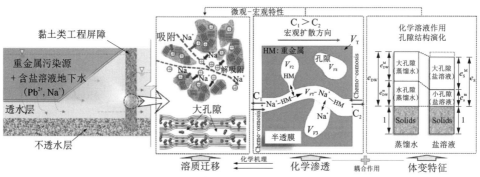

图 1-1  化-渗-力耦合作用下黏土类工程屏障微观-宏观特性与重金属污染物阻滞机理

首先，溶质迁移：含重金属离子的溶液迁移过程中在工程屏障黏土颗粒表面发生吸附反应；同时，随着渗滤液中盐溶液的入渗或近场 pH 发生改变，吸附在工程屏障材料上的重金属离子又发生解吸附反应继续迁移，进而导致孔隙水中化学溶液浓度升高，这一过程反过来又会影响工程屏障渗透及阻滞特性。其次，化学渗透：黏土类工程屏障渗透性低（$k_s < 10^{-9}$ m/s），由于黏土的半透膜效应阻碍了污染场地地下水中溶质（如盐或重金属离子）在屏障中的流动，溶质主要通过扩散进行迁移，这将使工程屏障与周围地层之间出现强烈的浓度梯度，可导致显著的渗透驱动通量或化学渗透压力，进而诱发渗流；孔隙水流入或流出土体，不但使土体体积和有效应力发生变化，而且影响土体中溶质迁移速度。此外，土体变形：一方面，土体中由于渗透吸力驱动的孔隙水流动往往伴随着土的体变过程。根据工程屏障内外溶液浓度梯度引起的孔隙水压力和有效应力变化，可将黏土的体变分为渗透（诱发）固结和渗透（诱发）膨胀等形式；另一方面，化学溶液影响黏土扩散双电层厚度，改变黏土孔隙结构，土体体积或孔隙结构的变化将直接影响渗透和弥散特性，而黏土类工程屏障的化学固结、膨胀及往复变形不但影响其渗透和溶质迁移特性，还可能导致工程屏障与周围土体间出现裂隙等优势流通道，进而使工程屏障对污染物的阻滞性能衰减或失效。因此，研究耦合作用下黏土类工程屏障性能演变规律，对维持屏障系统防渗及阻滞功能、确保污染场地安全具有重要意义。

此外，红黏土地层具有天然屏障属性。红黏土由高岭石等黏土矿物组成，具有低渗透性、吸附性和较好力学性能等优点，对污染物迁移可起到一定的阻滞作用（Chen 等，2019）。例如，当重金属污染物击穿包气带迁移至红黏土层，水动力弥散作用快速衰减，同时土体发挥重金属吸附性能，大量污染物溶质被截留在红黏土层浅部，其向下渗迁移过程受阻（Li 等，2017）。此外，受降雨蒸发、干湿循环交替作用，红黏土长期处于非饱和状态（张文杰和李俊涛，2020）。污染物实际迁移路径延长，使得重金属离子径向迁移进一步受阻。因此，具有一定厚度的红黏土层可视为地下水免受重金属污染的天然屏障。实际上，作为减小污染物径向迁移的关键介质，红黏土层在发挥其长期阻滞性能的过程中，将受到溶液浓度梯度诱发的化学渗透压和土体饱和度变化引起的吸力的耦合作用。红黏土中同时存在非饱和/饱和渗透、溶质迁移、化学渗透等耦合过程，并伴随着土体微观结构演化，如图 1-2 所示。

综上，工业污染场地、垃圾填埋场、高放废物处置库、金属矿山尾矿库等设置的黏土工程屏障，是阻止污染物迁移、控制渗滤液外泄的重要防线。在工程屏障长期运营中，维持黏土材料的化学屏障性能是控制场地环境风险、保障修复效果和时效性以及防止污染范围扩大的关键。本书将围绕黏土类工程屏障环境工程地质问题，针对黏土类工程屏障材料阻滞机理、考虑孔隙水化学作用的工程屏障

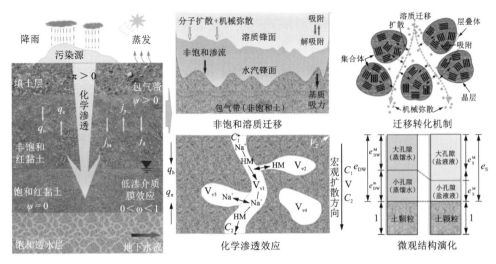

**图1-2 考虑化学渗透压-吸力耦合作用的重金属污染物多介质界面过程与微观机制**

材料持水、吸附与微结构特征，化-渗耦合作用下压实黏土宏微观体变特征、致裂机理及气-液渗透规律，工程屏障重金属污染物阻滞机理、耦合模型及数值解法等方面进行阐述，研究成果可为我国污染场地重金属污染阻控、安全性评估和风险管控提供可靠的理论依据。此外，本书研究成果将有效地促进地质工程、岩土工程、环境科学、化学化工、地球化学和材料科学等学科的交叉，对揭示重金属污染物的多介质界面过程、效应与调控机制，促进地球科学发展，实现污染场地生态重构和环境保护具有重要的学术意义和实际价值。

## 1.2 重金属污染的来源

一般地，重金属污染的主要来源有工矿业污染、农业污染、交通污染、生活垃圾污染、市政污泥和河道底泥中重金属污染物等。其中，工矿业、农业等人类活动是造成土壤重金属环境背景值超标和污染加剧的主要原因。目前，我国重金属污染物大都来自工业生产，如矿产冶炼、电子行业等均会产生大量的重金属废水、废气和工业垃圾。除土壤本身由于地球化学作用可能造成背景值偏高外，其他有色金属工业周边环境土壤中的重金属则主要来源于矿产开采、洗选、运输、冶炼等过程中废气、废水的排放及固体废物的堆放。此外，随着国家"退二进三""退城进园""产业转移"等政策的实施，全国大量城市正面临着重污染行业的大批企业关闭和搬迁问题，导致城市出现大量遗留、遗弃场地。长期以来粗放的环境安全管理模式、无序的工业废水排放或泄漏及金属渣的堆放导致了大量的重金属污染场地的形成，场地内及周边土壤与地下水污染严重，已对饮用水安全、区域生态环境、人居环境健康、食品安全、经济社会可持续发展甚至社会稳定构成了严重威胁与挑战。这些场地的汞、铬、镉、铅和砷等重金属污染情况日益严重。据不完全统计，我国由工业企业搬迁而废弃遗留下来的"棕地"超过50万块，成为许多大、中城市土地资源安全再利用的限制因素。因此，重金属污染物场地主要有金属矿山采、选、冶炼场地(图1-3和图1-4)、尾矿库区(图1-5)和废渣堆场，有色金属冶炼场地，工业危废填埋场地、垃圾焚烧飞灰填埋场和垃圾填埋场(图1-6)、石油化工场地和工矿企业搬迁遗留场地(图1-7)等。

图1-3　江西某铜矿露天采矿区

图1-4　原湖南某铅锌冶炼厂

图1-5　云南某铜矿尾矿库

图1-6　长沙固体废弃物处理厂

扫一扫，看彩图

图 1-7　湖南某六价铬污染场地

## 1.3　重金属污染的危害

重金属污染被称为"隐形杀手"，我国重金属污染事件频发，如 2004 年湖南浏阳镉污染事件、2010 年杭州农田铅污染事件、2011 年辽宁某锌厂土壤锌污染事件、2012 年东北某化工厂周边土铬污染事件等(图 1-8)。重金属污染物具有毒性强、难降解等特点，严重威胁人类的健康安全，导致人体免疫力下降，影响发育，器官衰竭，甚至死亡。例如，重金属铬(Cr)具有致癌性、诱发基因突变性和易致畸形等危害(Silvio, 2000)。其中，六价铬[以下简称 Cr(Ⅵ)]常常以离子态存在于环境中(Zhu 等, 2021)，毒性为三价铬[以下简称 Cr(Ⅲ)]的 100~500 倍(Tofan 等, 2015)。我国是全世界铬化工第一生产大国，铬污染场地的修复治理行动迫在眉睫。重金属铅(Pb)会对人体中枢神经系统、造血系统造成很大的危害，也会引起消化系统、肝肾功能损伤。铅中毒对儿童的影响尤为突出。近年来，国内曾发生多起群体性的儿童铅中毒事件，均引发了极大的社会关注。重金属镉具有毒性强、潜伏期长的特点，被美国毒性物质与疾病登记署(ATSDR)和环境保护署(EPA)列为第 6 位危害人类健康的有毒物质，同时被国际癌症研究所(IARC)列为Ⅰ级致癌物。据统计，全球每年向环境中排放的镉总量达到 3 万 t，其中约85%进入土壤，从而污染水源和农作物。由于长期不规范的采矿、选矿、冶炼、化工等工业活动，我国"镉大米"事件频发，引起了广泛的社会关注。除此以外，汞、砷、锌、铜、铀、锶等重金属也对人类健康，植物生长和土体、地下水环境造成严重威胁。

(a) 2004年湖南浏阳镉污染事件　　(b) 2011年辽宁某锌厂土壤锌污染事件

扫一扫，看彩图

(c) 2010年杭州农田铅污染事件　　(d) 2012年东北某化工厂周边土铬污染事件

**图 1-8　我国发生的重金属污染事件**

此外，土体中的重金属污染物将影响土体稳定性：导致土性改变、承载力降低，影响地基及地上结构的稳定性和耐久性。如：20 世纪 60 年代，南京某工厂地基土污染导致土质改变造成建筑物破坏；20 世纪 90 年代，柳州某厂车间红黏土地基因 $ZnSO_4$ 污染导致承载力降低、车间停产等。

# 1.4　重金属污染阻隔与修复

## 1.4.1　重金属污染场地阻隔技术

重金属污染场地主要通过铺设阻隔材料、筑建阻隔墙等措施来阻止污染物向地下水或周边土壤环境迁移，从而降低重金属污染物对环境或人体健康造成的影响。重金属污染场地设置的阻隔系统主要实现以下几种功能：①阻止受污染地下水的迁移扩散；②阻断污染土壤或污染水中挥发气体的扩散；③阻断污染土壤或地下水与人体直接接触。目前，常用的重金属污染场地阻隔技术包括表面覆盖技术、水平阻隔技术、垂直阻隔技术及其他阻隔技术等。

*1. 表面覆盖技术*

表面覆盖技术是指在受污染区域表层设置覆盖系统，阻断挥发性有毒有害气体向周围环境或空气中扩散。根据覆盖系统材料的类型，可分为黏土覆盖系统、高密度聚乙烯（HDPE）薄膜覆盖系统和膨润土覆盖层阻隔系统、蒸腾性覆盖系统、暴露式土工膜覆盖系统、Closure Turf 人工草皮覆盖系统等。

2. 水平阻隔技术

水平阻隔技术指在污染场地底部及四周采用水平敷设形式铺设阻隔材料。常用的水平阻隔屏障材料包括压实黏土、土工膜、土工复合膨润土、混凝土等。参考我国《生活垃圾填埋场污染防控标准》（GB 16889—2008）和《生活垃圾卫生填埋场防渗系统工程技术规范》（CJJ 113—2007），水平阻隔屏障可分为几种形式：①单层压实黏土衬垫；②单层土工膜衬垫；③土工膜和压实黏土复合衬垫；④土工膜和土工复合膨润土复合衬垫；⑤双层土工膜衬垫（钱学德等，2011）。研究表明，在美国危险废弃物填埋场和近三分之一的生活垃圾填埋场中均要求采用双复合衬垫进行设计（陈云敏等，2016）。

3. 垂直阻隔技术

垂直阻隔技术指在污染场地四周或一边使用防渗、防污性能良好的材料形成竖向帷幕或墙体，使污染源与外界环境隔离以阻隔污染物进入周围土壤或地下水体。目前，绝大多数垂直阻隔屏障为土基或水泥基土-膨润土防渗墙，国际上污染场地修复工程中常用的垂直阻隔屏障主要包括土-膨润土阻隔屏障、水泥-膨润土阻隔屏障、土-水泥-膨润土阻隔屏障、土工膜复合阻隔屏障、塑性混凝土阻隔屏障、深层搅拌灌浆土阻隔屏障、喷射灌浆阻隔屏障和钢板桩阻隔屏障等。其中，土-膨润土阻隔屏障因施工时间短、防渗效果显著等优点，在污染场地修复的隔离区域得到广泛应用（Geosolution，2020）。

## 1.4.2　重金属污染场地修复方法

重金属污染场地修复方法可分为物理修复方法、化学修复方法、生物修复方法和联合修复方法。

1. 物理修复方法

物理修复方法指采用物理方法将重金属污染物从土壤中提取或分离出来的修复技术。物理修复方法是目前最常用的重金属污染修复方法，主要包括客土回填法、隔离修复法、热脱附修复法和电动修复法等。客土回填法是利用未被污染的土源对受污土壤进行覆盖或置换，从而降低土壤中的重金属浓度。该方法具有直观、显著的修复效果，但工程量较大且成本较高，对于土源稀缺或运距较远地区不适用。隔离修复法是将污染土壤原地装填于预先设计的封闭系统，阻断污染物质的场外扩散及其与生物的接触。该封闭系统通常包括覆盖层、侧向屏障和底部密封层，其中，覆盖层可阻止地表水或降雨的淋滤作用，防止污染物进入地下水体；侧向屏障可阻止污染物横向迁移；底部密封层是为了阻断污染物进入地下水土系统。热脱附修复法是利用污染物的挥发性，通过蒸汽、微波、红外线等加热污染土壤，从而达到净化土壤的目的。加热温度、处理时间显著影响该方法的修复效率。电动修复法是通过在污染土壤两侧施加直流电压，促使重金属离子在电场梯度下发生电迁移、电渗流或电泳等作用，从而达到清洁污染土壤的目的。该方法适用于多种土壤，对于低导水率、目标离子含量较高的土壤，修复效果最为显著。

### 2. 化学修复方法

化学修复方法指通过向污染土壤中加入化学药剂，使其与污染物发生化学反应，降低土壤中重金属污染物的毒性和浓度。常见的化学修复方法包括土壤淋洗法、固化/稳定化法、化学还原法等。土壤淋洗法是在污染土壤中加入化学淋洗液，通过重金属污染物与淋洗液间发生化学反应，将污染物与淋洗液一并分离出来。该方法的修复效果取决于淋洗液的选择，一方面，要求淋洗液可有效分离重金属污染物；另一方面，要求淋洗液不会对土壤造成二次污染。固化/稳定化法是向污染土壤中添加固化/稳定剂，通过离子交换、沉淀、水解或吸附等方式降低重金属在土壤中的溶解迁移性、浸出毒性和生物有效性。其中，土壤固化指将污染物封存于高结构完整性的固体中，而土壤稳定指将污染物转化为非活化、毒性低的形式来降低污染风险。化学还原法是利用较强还原性物质降低重金属污染物价态，从而降低重金属污染物的毒性，常用的还原剂有二价铁、零价铁等。

### 3. 生物修复方法

生物修复方法指利用生物代谢活动对重金属污染物进行吸收、降解或转化，从而修复重金属污染土壤，可分为植物修复法、动物修复法、微生物修复法和生物炭修复法等。植物修复法是在污染土壤中种植植物，依靠植物的重金属吸附、转化和降解能力来去除土壤中的重金属污染物。植物修复可分为植物提取和植物稳定两种类型。其中，植物提取是利用植物将污染土壤中的重金属吸收富集至植物体内的技术；植物稳定是利用植物根系吸附、沉淀、根际络合等方式降低土壤中重金属的活动性。动物修复法是利用动物的生物活动和代谢机能来降低或去除土壤中重金属污染物的技术。目前，动物修复法中最常用的动物为蚯蚓，该方法可通过蚯蚓的进食、挖掘和排泄等方式对污染物进行转化，降低污染土壤的生物毒性。微生物修复法是利用天然或人工培育微生物群对土壤中重金属污染物的吸附、沉淀、浸出、转化和挥发等机制来修复污染土壤。生物炭修复法是在特定环境下(低氧/无氧环境、低温环境等)，利用肥料或树木炭化形成的炭材料对土壤进行修复的技术。

### 4. 联合修复方法

对于一些重金属污染土壤，采用单一的修复技术效果有限且存在一定劣势，为此国内、外学者提出了联合修复方法这一概念，即将多种修复方法相结合，以提高修复效率，达到良好的修复效果。常用的联合修复方法包括动植物联合修复方法、有机肥菌根联合修复方法、化学淋洗-电动联合修复方法、化学氧化-微生物联合修复方法等。

## 1.5　黏土类工程屏障的应用

隔离墙早期大多应用于大坝或水库的防渗工程，随着相关技术的不断发展，隔离墙在污染防治工程中得以广泛运用，如污水或下水道防污控制、酸性矿山废弃物控制、化学废弃物控制以及垃圾填埋场渗滤液污染防控等。目前，各国采用的隔离墙类型与目的不尽相同，例如，欧洲多采用强度较高的水泥-膨润土隔离墙来承担基础工程中的荷载，而美国多采用强度较低且防渗性能较好的土-膨润土隔离墙来解决防渗工程中的渗流问题。受水利工程隔离墙设计和施工经验等影响，我国大多采用塑性混凝土作为隔离墙材料。尽管塑性混凝土墙强度高且抗水力劈裂性能较好，但对于以阻滞地下水土中污染物扩散为目的的隔离墙来说，隔离墙的强度和抗水力劈裂性能要求不高，而防渗性能要求较高(渗透系数一般低于 $1.0 \times 10^{-9}$ m/s)，这导致传统的塑性混凝土墙在经济性和防污性能上存在不足。相比而言，由原位开挖土和少量膨润土混合而成的土-膨润土隔离墙因具有渗透性低、建造费用低、化学相容性好、墙体材料来源广等优点，在我国数量庞大的重金属污染场地防治工程中具有广阔的应用空间。

1. 土-膨润土隔离墙的施工工艺

土-膨润土隔离墙的施工过程主要包含膨润土泥浆和墙体材料的制备、沟槽开挖、泥浆护壁以及墙体材料回填等(图1-9)。

(a) 施工剖面示意图　　　　　　　(b) 施工平面示意图

**图 1-9　土-膨润土隔离墙的施工方法**

[修自文献(Malusis 和 Shackelford，2004；Mckeehan，2010)]

根据土–膨润土隔离墙的施工方法，本书总结了隔离墙的施工流程（图1-10）。隔离墙体的施工方法可分为以下步骤：挖土成槽→膨润土泥浆护壁→墙体材料制备→墙体材料回填。挖土成槽过程中，可采用膨润土浆液代替自来水注入开挖槽体，其优势在于：①该法可产生大于槽体两侧静水压力的侧向压力，确保槽体的稳定；②在槽壁形成低渗性膨润土滤饼，避免膨润土浆液向含水层流失。膨润土浆液的制备需满足一定的施工和易性指标，其中包括浆液密度、马氏漏斗黏度、滤失量和 pH 等。土–膨润土混合料的施工和易性指标主要为混合料的坍落度。控制坍落度的目的是确保墙体材料具有一定的流动性和黏滞性，以便于回填施工和保证墙体的完整性。土–膨润土混合料的拌和是通过向原位开挖土中加入一定量干膨润土，并采用膨润土浆液来调节混合料的含水率，以达到目标坍落度。

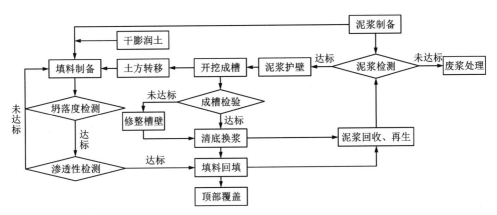

**图 1-10　土–膨润土隔离墙的施工工艺流程图**

参考美国《统一设施建设指导》（UFGS）的指标要求，土–膨润土隔离墙的施工和易性指标要求总结于表 1-1（Malusis 和 Shackelford，2004；Yang 等，2018）。

**表 1-1　土–膨润土隔离墙的施工和易性指标要求**

| 材料 | 控制指标 | UFGS 指标要求 |
|---|---|---|
| 用水 | pH | 6~8 |
| 用水 | 硬度 | $<200 \times 10^{-6}$ |
| 用水 | 总溶解固体 | $<500 \times 10^{-6}$ |
| 用水 | 污染物含量 | 小于美国饮用水标准最大限度值 |
| 膨润土浆液 | 密度 | $>1.025 \text{ g/cm}^3$ |

续表1-1

| 材料 | 控制指标 | UFGS 指标要求 |
|---|---|---|
| 膨润土浆液 | 马氏漏斗黏度 | >40 s |
| 膨润土浆液 | API 滤失量 | <20 mL(30 min) |
| 膨润土浆液 | pH | 6~10 |
| 槽内膨润土浆液 | 密度 | 1.025~1.36 g/cm³<br>(小于隔离屏障密度+0.24 g/cm³) |
| 土-膨润土混合料 | 标准坍落度 | 100~150 mm |

2. 土-膨润土隔离墙的性能研究

1)土-膨润土混合料的压缩特性

土-膨润土混合料的压缩特性是隔离墙体在长期运营过程中的重要性能。混合料需具备较低的压缩性,以防止出现沟槽沉降过大和地表变形过大问题。土-膨润土混合料的压缩性不仅与混合料自身粒径级配、膨润土掺量等因素有关,同时还受外部应力条件、化学环境、干湿循环作用等因素影响。针对上述影响因素,国内、外学者开展了大量室内试验与模型试验工作,掌握了多种因素影响下土-膨润土混合料的变形规律,为分析和评估工程屏障的长期性能奠定了基础。

2)土-膨润土混合料的渗透特性

渗透性是衡量隔离墙服役性能的重要工程特征,良好的低渗性是阻止污染物穿过隔离墙体的重要保障。土-膨润土混合料依靠膨润土的高膨胀性、低渗透性,可有效充填母土颗粒间孔隙,增强墙体的截污能力。研究表明,混合料的渗透特性受多种因素影响,如母土级配、膨润土掺量、膨润土种类、化学溶液性质(离子浓度、阳离子价数、离子水化半径、pH 等)、应力条件等。混合料的渗透系数通常作为墙体材料制备和隔离墙长期性能评估的重要评价指标。

3)土-膨润土混合料的化学相容性

在环境岩土工程领域中,化学相容性(chemical compatibility)通常指各类工程屏障材料抵抗污染作用对其工程性质造成不利影响的能力。对于土-膨润土隔离墙而言,其化学相容性主要指化学溶液(或污染液)作用前、后混合料的力学性质和渗透性能的变化规律。国内、外学者通常采用化学污染前、后土-膨润土混合料工程特性指标(如渗透系数、压缩指数等)的比值或变化率作为化学相容性的评价依据。对于黏土类工程屏障,污染液作用将引起黏土颗粒双电层厚度和边-面带电性的变化,进而改变黏土颗粒的接触形式和孔隙分布特征,导致土体的力学性质和渗透性能劣化。为了降低各类污染液作用下黏土类工程屏障化学相容性的劣化,学者提出采用无机盐(如无机磷酸盐)、有机阳离子(如铵盐阳离子)、聚合物(如聚丙烯酸钠)等材料改性膨润土,并取得了显著效果。

3. 土-膨润土隔离墙的评价方法

土-膨润土隔离墙评价方法的选择是污染场地工程屏障寿命评估的基础。在特定的屏障形式、污染物类型和浓度条件下,工程屏障失效的评价方法应为众多污染物穿过屏障并进入外部水土环境时,只要一种污染物达到了致害或致污浓度,则认为屏障被击穿。目前,国内、外学者通常采用击穿时间来评估工程屏障的寿命,击穿时间的定义主要基于两种形式:浓度限值和通量限制。Shackelford (1994)将击穿时间定义为:初始浓度 $C_0$ 的污染物穿过屏障系统到达外部水土环境中的浓度或通量超过了地下水极限值或环境允许值所需要的时间。Lewis 等 (2009)提出以屏障下游污染物浓度达到初始浓度的1%(即1%$C_0$)所需的时间作为击穿时间。Malusis(2010)取下游通量达到稳定通量的5%所需的时间作为击穿时间。按照《生活垃圾填埋场岩土工程技术规范》(CJJ 176—2012),竖向屏障的击穿标准为下边界污染物浓度达到上边界的10%。基于击穿时间的评价方法,概念简单且清晰,可直接反映工程屏障的运行寿命。

# 1.6 本书的研究内容

本书围绕污染场地中黏土类工程屏障面临的系列环境工程地质问题 (图1-11),综合考虑污染场地中化学-渗流-力学等多场多相耦合环境条件,通过试验研究、机理分析、模型构建、数值模拟、现场应用分析等手段,重点研究黏土类屏障材料对重金属污染物的阻滞特性、化-渗耦合作用下黏土类工程屏障材料的水力-力学特性、重金属污染物的迁移转化机理及理论模型构建、重金属污染物迁移模拟、黏土类工程屏障重金属污染物阻滞数值模拟与现场应用等,预期研究成果不仅有利于地质工程、环境工程、岩土工程、材料科学等多学科的交叉融合,更为污染场地(如垃圾填埋场、废弃工矿业污染场地、矿山及尾矿库工程等)的治理与修复工程建设提供理论指导与借鉴。

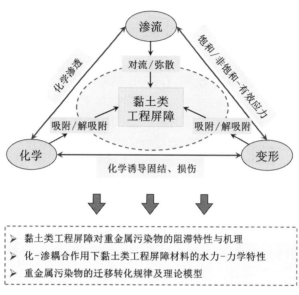

**图 1-11 黏土类工程屏障面临的环境工程地质问题**

# 参考文献

[1] American Petroleum Institute. Recommended Practice for Field Testing Water-based Drilling Fluids[S]. Washington DC: API Publishing Services, 2009.

[2] Chen G N, Shah K J, Shi L, et al. Red soil amelioration and heavy metal immobilization by a multielement mineral amendment: Performance and mechanisms[J]. Environmental Pollution, 2019, 254: 112964.

[3] Du Y J, Fan R D, Reddy K R, et al. Impacts of presence of lead contamination in clayey soil-calcium bentonite cutoff wall backfills[J]. Applied Clay Science, 2015, 108: 111-122.

[4] Du Y J, Yang Y L, Fan R D, et al. Effects of phosphate dispersants on the liquid limit, sediment volume and apparent viscosity of clayey soil/calcium-bentonite slurry wall backfills[J]. KSCE Journal of Civil Engineering, 2016, 20(2): 670-678.

[5] Evans J C. 1993. Vertical cutoff walls//David E. Geotechnical Practice for Waste Disposal. New York: Chapman and Hall.

[6] Geo-solution. Explore the applications and advantages of using soil-bentonite groundwater barriers [EB/OL]. 2020-09-10.

[7] He Y, Chen Y G, Zhang K N, et al. Removal of chromium and strontium from aqueous solutions by adsorption on laterite[J]. Archives of Environmental Protection, 2019a, 45(3): 11-20.

[8] Lewis T W, Pivonka P, Fityus S G, et al. Parametric sensitivity analysis of coupled mechanical

consolidation and contaminant transport through clay barriers[J]. Computers and Geotechnics, 2009, 36(1-2): 31-40.

[9] Li Y, Zhang H B, Tu C, et al. Occurrence of red clay horizon in soil profiles of the Yellow River Delta: Implications for accumulation of heavy metals[J]. Journal of Geochemical Exploration, 2017, 176: 120-127.

[10] Malusis M A, Maneval J E, Barben E J, et al. Influence of adsorption on phenol transport through soil – bentonite vertical barriers amended with activated carbon [J]. Journal of contaminant hydrology, 2010, 116(1-4): 58-72.

[11] Malusis M A, Shackelford C D. Explicit and implicit coupling during solute transport through clay membrane barriers[J]. Journal of Contaminant Hydrology, 2004, 72(1-4): 259-285.

[12] Mckeehan M D. Chemical compatibility of soil–bentonite cutoff wall backfills containing modified bentonites[D]. Master's Theses: Bucknell University, 2010.

[13] Rowe R K, Abdelrazek A Y. Effect of interface transmissivity and hydraulic conductivity on contaminant migration through composite liners with wrinkles or failed seams [J]. Canadian Geotechnical Journal, 2019, 56(11): 1650-1667.

[14] Ruffing D, Evans J. Case Study: Construction and in situ hydraulic conductivity evaluation of a deep soil–cement–bentonite cutoff wall[C]. In Geo–Congress 2014: Geo–characterization and Modeling for Sustainability, 2014, 510.

[15] Shackelford C D. Transit–time design of earthen barrier[J]. Engineering Geology, 1990, 29 (1): 79-94.

[16] Silvio D F. Threshold mechanisms and site specificity in chromium (Ⅵ) carcinogenesis[J]. Carcinogenesis, 2000, 21: 533-541.

[17] Shackelford C D. Critical concepts for column testing[J]. Journal of Geotechnical Engineering, 1994, 120(10): 1804-1828.

[18] Tofan L, Paduraru C, Teodosiu C, et al. Fixed bed column study on the removal of chromium (Ⅲ) ions from aqueous solutions by using hemp fibers with improved sorption performance[J]. Cellulose Chemistry and Technology, 2015, 49: 219-229.

[19] Yang Y, Reddy K R, Du Y, et al. Short – term hydraulic conductivity and consolidation properties of soil – bentonite backfills exposed to CCR – impacted groundwater[J]. Journal of Geotechnical andGeoenvironmental Engineering, 2018, 144(6): 04018025.

[20] Ye W M, He Y, Chen Y G, et al. Thermochemical effects on the smectite alteration of GMZ bentonite for deep geological repository [J]. Environmental Earth Sciences, 2016, 75 (10): 906.

[21] Zhu F, Liu T, Zhang Z, et al. Remediation of hexavalent chromium in column by green synthesized nanoscale zero – valent iron/nickel: Factors, migration model and numerical simulation[J]. Ecotoxicology and Environmental Safety, 2021, 207: 111572.

[22] Zhang C, Li J Z, He Y. Impact of the loading rate on the unsaturated mechanical behavior of compacted red clay used as an engineered barrier[J]. Environmental Earth Sciences, 2021, 80

(4)：135.

[23] 曹勇，贺进来.红黏土人工防渗技术在环卫工程中的应用[J].铁道建筑技术，2000，3：28-30.

[24] 陈永贵，雷宏楠，贺勇，等.膨润土-红黏土混合土对 NaCl 溶液的渗透试验研究[J].中南大学学报(自然科学版)，2018，49(4)：910-915.

[25] 陈云敏，谢海建，张春华.污染物击穿防污屏障与地下水土污染防控研究进展.水利水电科技进展，2016，36(1)：1-10.

[26] 何品晶，章骅，曹群科.上海浦东垃圾焚烧发电厂飞灰性质研究[J].环境化学，2004，23(1)：39-42.

[27] 贺勇，黄润秋，陈永贵，等.基于干湿变形效应的压实红黏土土水特征[J].中南大学学报(自然科学版)，2016，47(1)：143-148.

[28] 中华人民共和国环境保护部.生活垃圾填埋污染控制标准(GB 16889—2008)[S].北京：中国环境科学出版社，2008.

[29] 中华人民共和国建设部.生活垃圾卫生填埋场防渗系统工程技术规范(CJJ 113—2007)[S].北京：中国建筑工业出版社，2007.

[30] 林伟岸.复合衬垫系统剪力传递、强度特性及安全控制[D].杭州：浙江大学，2009.

[31] 刘松玉，詹良通，胡黎明，等.环境岩土工程研究进展[J].土木工程学报，2016，49(3)：6-30.

[32] 钱学德，施建勇，刘晓东.现代卫生填埋场的设计与施工[M].2 版.北京：中国建筑工业出版社，2011.

[33] 施惠生，袁玲.城市垃圾焚烧飞灰中重金属的化学形态分析[J].环境科学研究，2004，17(6)：46-49.

[34] 张文杰，李俊涛.优先流作用下的胶体-重金属共迁移试验研究[J].岩土工程学报，2020，42(1)：46-52.

[35] 中华人民共和国建设部.普通混凝土拌合物性能试验方法标准(GB/T 50080—2002)[S].北京：中国标准出版社，2002.

[36] 中华人民共和国卫生部，中国国家标准化管理委员会.生活饮用水标准检验方法感官性状和物理指标(GB/T 5750.4—2006)[S].北京：中国标准出版社，2007.

[37] 朱伟，徐浩青，王升位，等.CaCl$_2$溶液对不同黏土基防渗墙渗透性的影响[J].岩土力学，2016，37(5)：1224-1230.

# 第 2 章　黏土类工程屏障中重金属污染物迁移转化理论与模型

　　污染场地地下水或土壤环境中的重金属污染物在水力梯度和浓度梯度的作用下会随液体迁移，甚至会迁移至流体实际推进的区域范围之外，该过程可描述为重金属污染物的对流-弥散迁移。重金属污染物的对流-弥散迁移受其物理/化学吸附、溶解沉淀、氧化还原反应、络合作用等物理化学行为的影响。黏土类工程屏障可通过其自身的低渗透性、吸附性以及其他物理化学作用，有效阻滞重金属污染物向场地周边环境的迁移。本章首先从黏土类工程屏障对重金属离子的阻滞机理出发，分别介绍了压实黏土材料的渗透特性和吸附特性；随后总结归纳了重金属污染物在黏土类工程屏障中的迁移机制及理论模型，并对地下水流方程和溶质迁移方程进行了推导，给出了简单边界条件下溶质迁移方程的解析解和数值解法。

## 2.1　黏土类工程屏障重金属离子阻滞机理

### 2.1.1　黏土类工程屏障材料渗透特性

　　工程屏障是阻滞污染物迁移的重要设施之一（Malusis 等，2013）。黏土类工程屏障是指以黏土材料为主要成分的隔污工程屏障。黏土类工程屏障因具有低渗透性、膨胀自愈性和强吸附性等特点，被广泛应用于垃圾填埋场（Rowe，2005；Thornton 等，2005；Aldaeef 等，2015；He 等，2019）、核废物处置库（Baille 等，2010；Ye 等，2010）、尾矿库（He 等，2020）等污染场地隔污防渗体系。黏土类工程屏障阻滞性能的发挥主要依赖于屏障材料的防渗性能，渗透系数是衡量工程屏障防渗隔污性能的首要指标。

　　众多学者针对黏土类工程屏障材料的渗透特性开展了试验研究。研究表明，随着膨润土掺量的增加,土-膨润土混合土的阳离子交换能力增强,渗透系数降低(Morandini 等,2015)。Fan 等(2014)指出,随着膨润土掺入量的增加,土-膨润土混合土的渗透系数存在一临界值,当膨润土掺量高于此值时,渗透系数降低的幅度将大大减小。同时,离子浓度也会影响土-膨润土竖向工程屏障的渗透性能。例如,Katsumi 等(2008)研究指出,随着离子浓度的增加,工程屏障的渗透系数逐渐增大。此外,土-膨润土工程屏障渗透系数也与膨润土自身性质(Lee 等,2005)、预水化作用、阳离子价态(Kolstad 等,2004)和化学溶液介电常数(Atia,2008)等因素密切相关。

## 2.1.2 黏土类工程屏障材料吸附特性

黏土孔隙溶液中的离子被吸附到黏土颗粒表面而脱离溶液,这个过程称为吸附,表现为土样固-液界面处固体面上的物质质量增加(仵彦卿,2007)。溶解在地下水中的重金属污染物会与黏土类工程屏障材料发生吸附或解吸附作用,致使其迁移受到阻滞或促进。黏土对重金属污染物的吸附存在一定的专一性,因此,当多种金属离子共存时,重金属离子间存在竞争吸附关系(梅丹兵,2017)。

黏土对重金属离子的吸附取决于黏土晶体结构中的范德华力、化学键、氢键作用力以及静电引力等多种作用。按照主导作用力的不同,可将吸附分为物理吸附、离子交换吸附和化学吸附三种形式(贺勇,2012)。物理吸附是基于被吸附物质与黏土矿物间范德华力的作用。由于分子间作用力强度较小,物理吸附十分不牢固,污染物溶质随时会发生解吸并脱离黏土矿物。黏土矿物表面存在扩散双电层,其扩散双电层的补偿离子可与地下水中同电荷离子发生等量交换,这种吸附方式称为离子交换吸附。离子交换吸附是黏土矿物吸附重金属污染物的主要方式之一。化学吸附是指由化学键作用力引起的吸附。化学键强度较大,固定结合在吸附剂表面的污染物不易脱离,因此,化学吸附比较稳定。吸附作用的逆过程即为解吸附作用,指黏土颗粒表面的污染物脱离束缚进入溶液中,导致固-液界面处固体面上的污染物质量减小。

黏土对重金属污染物的吸附过程主要受吸附剂类型、污染物性质(电价、离子半径)、污染物浓度、pH、温度和离子强度等因素的影响(Shackelford,2014;Chen 等,2019)。不同黏土矿物对污染物的吸附能力不同。例如,蒙脱石对重金属污染物的吸附能力优于高岭石、伊利石。膨润土中含有大量的蒙脱石,但不同类型的膨润土中蒙脱石含量不同,对重金属离子的吸附能力也不同。重金属阳离子价数、离子半径和污染物浓度直接影响吸附过程。重金属离子浓度越高,其与吸附剂表面接触的概率越大,吸附作用越显著。根据库仑定律,黏土矿物与污染物之间静电引力的大小与距离的平方成反比,而与矿物表面电荷数与污染物电荷数的乘积成正比。因此,重金属阳离子价数越高、离子半径越小,吸附剂之间的静电引力越大,重金属离子则越容易被吸附。温度对吸附作用的影响较大,一般而言,吸附作用随温度的升高而增强。温度也会影响吸附的方式与类别。例如,在较低温度下,吸附主要为物理吸附;而在较高温度下,化学吸附则为主导(Chen等,2013;陈云敏等,2014)。当溶液 pH 较低时,H$^+$与溶液中的重金属阳离子发生竞争吸附,会削弱黏土对离子的吸附作用。同时,pH 也会影响高岭土颗粒表面正、负电荷的分布,导致黏土对重金属离子吸附容量发生变化。在实际地下水土环境中,土样孔隙溶液中往往存在多种离子。由于吸附点位有限和不同重金属离子相互影响,离子强度增大不利于吸附作用的进行,但有利于解吸附过程的进行。同吸附作用类似,黏土矿物对重金属污染物的解吸附作用也受多种因素控制,如 pH、温度、离子强度等。

## 2.1.3 污染物迁移过程其他物理化学作用

重金属污染物一旦进入地下水环境中,除了吸附、解吸附作用以外,还可能发生络合、溶解沉淀和氧化还原等作用,最终以一种或多种形态长期存在于地下水中。

溶解和沉淀作用直接影响水中重金属污染物的质量增减。地下水中的重金属污染物可以溶解在水中或者与水发生反应,也可以沉淀和聚集在土颗粒上,溶解和沉淀反应可以改变土壤水分的化学组分。溶解和沉淀反应是可逆的,常用矿物的饱和指数来判断溶解沉淀反应的方向:

$$SI = \lg \frac{IAP}{K_{矿物}} \tag{2-1}$$

式中:$IAP$ 为离子活度积;$K_{矿物}$ 为地下水温度下的反应平衡常数;$SI$ 为矿物的饱和指数。当 $SI=0$,反应达到平衡;当 $SI<0$,反应向矿物溶解的方向进行;当 $SI>0$,反应向矿物沉淀的方向进行。

微生物在氧化还原反应中发挥着催化剂的作用,这也意味着氧化-还原反应达到平衡也强烈依赖于生物体活动。在地下水系统中有不少元素具有多种氧化态,氧化-还原反应直接影响其迁移性能。常见的氧化还原反应控制元素列于表 2-1。

表 2-1　地下水中受氧化还原反应控制的元素(赵勇胜,2015)

| 元素 | 氧化还原状态 |
|------|------|
| 砷 | As(III)、As(V) |
| 碳 | C(-IV)到C(IV) |
| 铬 | Cr(III)、Cr(VI) |

续表2-1

| 元素 | 氧化还原状态 |
|---|---|
| 铜 | Cu(Ⅰ)、Cu(Ⅱ) |
| 铁 | Fe(Ⅱ)、Fe(Ⅲ) |
| 锰 | Mn(Ⅱ)、Mn(Ⅲ)、Mn(Ⅳ) |
| 汞 | Hg(0)、Hg(Ⅰ)、Hg(Ⅱ) |
| 氮 | N(-Ⅲ)、N(0)、N(Ⅲ)、N(Ⅴ) |
| 氧 | O(0)、O(-Ⅱ) |
| 硒 | $S_e$(-Ⅱ)、$S_e$(0)、$S_e$(Ⅳ)、$S_e$(Ⅵ) |
| 硫 | S(-Ⅱ)、S(Ⅵ) |
| 铀 | U(Ⅵ)、U(Ⅵ) |
| 钒 | V(Ⅲ)、V(Ⅴ) |

具有多种氧化态的元素主要有 N、S、Fe、Mn、Cr、Hg、U、As 等，即使有些元素只有一种氧化态，如 Cu、Pb、Cd、Zn 等，但氧化-还原条件显著影响它们的迁移性能。氧化-还原反应既能降低某些污染物浓度，也可增强某些污染物的迁移能力，例如氧化环境有利于 $NO_3^-$、Cr 的迁移，还原环境则不利于 Pb、Cd 等重金属的迁移。

## 2.2 重金属污染物迁移转化模型

重金属污染物的对流-弥散迁移过程受物理/化学吸附、溶解沉淀、氧化还原反应、络合作用等地球化学行为影响。查明重金属污染物在污染场地水体环境中的迁移行为和转化途径，掌握污染物的时空分布规律，对于改善地下水污染现状、提高国民用水卫生安全具有重要的理论指导与工程实践意义。

### 2.2.1 对流与弥散

重金属污染物在地下水系统的迁移过程主要包括对流和水动力弥散作用。对流是指流体运动时把所含的污染物从一个区域带到另一个区域，即空间位置的转移(仵彦卿，2007)。对流迁移指地下水在运动中携带溶解固体迁移的过程，不能降低污染物浓度。对流迁移溶质的量采用对流通量描述，即单位时间通过单位断面的溶质的量。在一维条件下，重金属污染物的对流通量 $F_a$ 等于水流的流量乘

以溶解固体的浓度,用式(2-2)表示(Fetter,2011):

$$F_a = v_x n_e C \qquad (2-2)$$

式中:$F_a$ 为一维对流通量,$M/(L^2 \cdot T)$;$v_x$ 是渗透速度,$L/T$;$n_e$ 为有效孔隙度,指流体在其中能够流动的孔隙,不包括不连通孔隙和死端孔隙;$C$ 为污染物的平均浓度,$M/L^3$。

当重金属污染物由地表进入地下水后,并非仅按活塞式向前推进发生对流作用,而是随着流体流动不断地传播(蔓延)开来,在流体区域内不断扩大。这种蔓延现象称为水动力弥散。水动力弥散作用包括分子扩散和机械弥散两个方面。

分子扩散是在浓度梯度作用下,溶质从浓度高的地方向浓度低的地方迁移,这种扩散是由分子的随机热运动引起的质点分散现象,存在于污染物的所有运动过程中。分子扩散与水力梯度无关,即使在静水中,污染物也会发生分子扩散。在纯溶液中,污染物的分子扩散作用可用 Fick 第一定律描述(Fetter,2011):

$$F_d = -D_0 (dC/dx) \qquad (2-3)$$

式中:$F_d$ 为单位时间扩散通过单位面积的溶质质量,也称为溶质扩散通量,$M/(L^2 \cdot T)$;$D_0$ 为自由溶液扩散系数,$L^2/T$;$C$ 为溶质浓度,$M/L^3$。负号表示溶质扩散是沿着浓度减小的方向进行的。$D_0$ 值的大小与溶质的种类有关,几乎不受浓度变化的影响,但随着温度的增加而增大。

Fick 第二定律描述了扩散引起的浓度的时空分布,由 Fick 第一定律与质量守恒相结合得到。对于一个方向(如 $x$ 方向)的扩散,水溶液中 Fick 第二定律可以写成:

$$\frac{\partial C}{\partial t} = D_0 \frac{\partial^2 C}{\partial x^2} \qquad (2-4)$$

式中:$\partial C/\partial t$ 为浓度随时间的变化,$M/(L^3 \cdot T)$。

多孔介质(如黏土)中的通道是十分弯曲的,溶质在多孔介质中的扩散不像在水中进行得那样快,溶质在单位时间内单位浓度梯度下通过单位面积的物质量,用有效扩散系数 $D^*$ 表示:

$$D^* = \tau D_0 \qquad (2-5)$$

式中:$\tau$ 是一个与弯曲度有关的系数。弯曲度用来表示多孔介质孔隙通道的曲折对溶质扩散的影响,通常小于 1,它可以通过扩散试验得到。各种溶质离子在 25℃多孔介质中的有效扩散系数 $D^*$ 为 $10^{-9} \sim 10^{-10}$ m$^2$/s,这个值相对来说比较小。因此,溶质离子在多孔介质中的扩散就更加缓慢。只有在低渗透率的水文地质状况下,扩散才是主要的迁移机制。例如,城市固体废弃物填埋场中的衬垫系统渗透系数很低(小于 $10^{-9}$ m/s),渗滤液污染物在衬垫中的迁移以分子扩散为主(He 等,2019)。

由于侵入的含有溶质的流体不是以相同的速度运动的,两种流体会沿着流动路径发生混合,这种混合就称为机械弥散,也称对流扩散(Rowe 和 Abdelrazek,2019)。产生这种现象的三个基本原因为:①流体在多孔介质孔隙中流动时,由于流体运动到孔壁处会受黏滞力的作用,孔隙中心处的流速比孔壁处的大;②由于孔隙的形状不规则,地下水质点的实际运动曲折起伏,在直线距离相同时,多孔介质中有的流体质点会比其他流体质点沿着更长的路径运动;③多孔介质中各个孔隙的大小不同,流体在大孔隙中的流动速度大于在小孔隙中的流动速度。根据发生机械弥散方向的不同,将沿着水流动方向的弥散称为纵向机械弥散,垂直于水流动方向的弥散称为横向机械弥散。污染物的机械弥散系数与弥散度和平均线速度有关,用下式表示:

$$纵向机械弥散系数 = \alpha_i v_i \tag{2-6}$$
$$横向机械弥散系数 = \alpha_j v_i \tag{2-7}$$

式中:$v_i$ 为 $i$ 方向上渗透速度,L/T;$\alpha_i$ 为 $i$ 方向上的弥散度,L;$\alpha_j$ 为 $j$ 方向上的弥散度,L。

在污染物迁移过程中,分子扩散和机械弥散两者共同作用使污染物在多孔介质中不断分散开来,我们把这个过程称为水动力弥散。水动力弥散系数为机械弥散系数和分子扩散系数之和,用下式表示:

$$D_L = \alpha_L v_i + D^* \tag{2-8}$$
$$D_T = \alpha_T v_i + D^* \tag{2-9}$$

式中:$D_L$ 为纵向水动力弥散系数,L²/T;$D_T$ 为横向水动力弥散系数,L²/T;$\alpha_L$ 为纵向弥散度,L;$\alpha_T$ 为横向弥散度,L。

### 2.2.2 吸附与阻滞

土样对重金属离子的吸附率($R_e$)和吸附量($q_e$)可用下式表示:

$$R_e = \frac{(C_0 - C_e)}{C_0} \times 100\% \tag{2-10}$$

$$q_e = \frac{(C_0 - C_e)V}{m} \tag{2-11}$$

式中:$R_e$ 为吸附率,%;$q_e$ 为重金属的平衡吸附量,mg/g;$C_0$ 和 $C_e$ 分别为重金属溶液的初始浓度与离心上清液中重金属离子的浓度,mg/L;$V$ 为溶液体积,L;$m$ 为土质量,g。

采用动力学吸附模型和等温吸附模型来描述黏土对重金属离子的吸附过程。吸附动力学模型可以模拟不同时间内土样吸附重金属离子的变化(Malusis 和 Mckeehan,2013)。常见的动力学吸附模型包括伪一级动态吸附模型、伪二级动态吸附模型和粒内扩散模型。

各模型表达式如下所示(贺勇,2012;He 等,2020):

伪一级动态吸附模型：

$$q_t = q_e(1 - e^{-k_1 t}) \tag{2-12}$$

伪二级动态吸附模型：

$$\frac{t}{q_t} = \frac{1}{k_2 q_e^2} + \frac{t}{q_e} \tag{2-13}$$

粒内扩散模型：

$$q_t = \begin{cases} k_{int} t^{0.5} + C & (t < t_e) \\ q_e & (t \geq t_e) \end{cases} \tag{2-14}$$

式中：$q_t$ 为时间 $t(\min)$ 内土样对重金属的吸附量，mg/g；$k_1$ 和 $k_2$ 分别是伪一级吸附速率常数和伪二级吸附速率常数，g/(mg·min)；$k_{int}$ 是粒内扩散速率常数，mg/(g·min$^{0.5}$)；$t_e$ 为土样达到吸附平衡的时间，min；$C$ 为截距，与边界层厚度有关。

等温吸附模型可以描述恒定温度下吸附平衡时土样对重金属离子的吸附量与溶液中重金属离子平衡溶液浓度的关系。常见的等温吸附模型包括 Langmuir 模型、Freundlich 模型、D-R 模型和 Henry 模型。

Langmuir 模型假设一个吸附质分子仅占据吸附剂表面均匀的一个吸附中心，是一种单分子层吸附模型，其吸附等温线方程如下：

$$\frac{1}{q_e} = \frac{1}{\alpha\beta}\frac{1}{C_e} + \frac{1}{\beta} \tag{2-15}$$

式中：$\beta$ 是土样对重金属离子的最大吸附量，mg/g；$\alpha$ 是与反应过程与熵变有关的 Langmuir 常数，L/mg；$\alpha$ 和 $\beta$ 可以通过 $1/q_e$ 与 $1/C_e$ 线性拟合得到。

Freundlich 模型是一种描述非均质系统的经验公式，对数形式如下：

$$\lg q_e = \lg K_F + N \lg C_e \tag{2-16}$$

式中：$K_F$ 为 Freundlich 等温吸附常数，L/kg；$N$ 为模型常数。

D-R 模型假设吸附是溶质在孔隙中填充的过程：

$$\ln q_e = \ln q_m - K\varepsilon^2 \tag{2-17}$$

式中：$q_m$ 为最大吸附量，mol/g；$K$ 为相关的模型常数；$\varepsilon$ 为 Polanyi 势，与平衡浓度有关。

$$\varepsilon = RT\ln\left(1 + \frac{1}{C_e}\right) \tag{2-18}$$

式中：$R$ 为理想气体常数，J/(mol·K)；$T$ 为热力学温度，K。

根据 D-R 模型常数可计算平均吸附自由能，当 1.0 kJ/mol<$|E|$<8.0 kJ/mol 时，土样对重金属离子的吸附为物理吸附；当 8.0 kJ/mol<$|E|$<16.0 kJ/mol 时，吸附机理为离子交换；当$|E|$>16.0 kJ/mol 时，为化学吸附，$E$ 表达式如下：

$$E = -\frac{1}{\sqrt{2K}} \tag{2-19}$$

Henry 模型是用来描述土样对重金属离子的线性吸附的模型:

$$q_e = K_d C_e \tag{2-20}$$

式中: $K_d$ 为分配系数,L/kg。

由于黏土对重金属污染物具有吸附作用,部分地下水中的污染物会被转移到黏土固相介质中,相当于地下水中的重金属污染物对流及弥散迁移被减缓或延迟(本书中称为"阻滞")。假设吸附相和溶解相瞬时平衡,土样对污染物的吸附过程为等温吸附,此时土样对重金属污染物的平衡阻滞作用可以用阻滞因子描述,定义为:

$$R_d = 1 + \frac{\rho_b}{\theta}\frac{\partial C_s}{\partial C} \tag{2-21}$$

式中: $R_d$ 为阻滞因子; $C_s$ 为污染物的固相浓度,指单位质量土体固相介质所吸附污染物的质量,mg/kg 或 μg/g; $\rho_b$ 为土样的干密度,g/cm³; $\theta$ 为含水率; $\partial C_s/\partial C$ 为固相浓度关于液相浓度的导数。饱和情况下,土样的含水率等于孔隙度 $n$。

针对不同的吸附模型,阻滞因子表达式不同,常见的阻滞因子表达式如下。

对于线性等温吸附:

$$R_d = 1 + \frac{\rho_b}{\theta}K_d \tag{2-22}$$

对于 Langmuir 吸附:

$$R_d = 1 + \frac{\rho_b}{\theta}\left[\frac{\alpha\beta}{(1+\alpha C)^2}\right] \tag{2-23}$$

对于 Freundlich 吸附:

$$R_d = 1 + \frac{\rho_b}{\theta}(K_F N C^{N-1}) \tag{2-24}$$

### 2.2.3 地下水流方程

溶质迁移方程中渗流速度是衡量污染物对流迁移的首要参数。为得到渗流速度,首先需要利用地下水流微分方程求得达西速度的时空分布,再在已知有效孔隙度情况下,将达西速度转化为渗流速度。因此,地下水流方程是准确求解溶质迁移问题的基础。以下对地下水流方程进行推导:

在土体中取一表征单元体,其长、宽、高分别为 $d_x$、$d_y$、$d_z$,如图 2-1 所示。

由质量守恒定律得,流入该表征单元体的流体质量与单位时间内流出该表征单元体的流体质量之差为表征单位时间内单元体的储存质量变化。

单位时间内沿 $x$ 轴方向流入表征单元体流体质量:

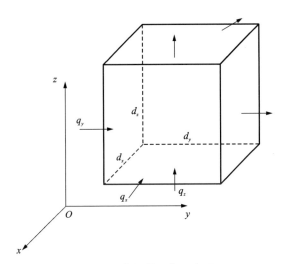

**图 2-1　表征单元体示意图**

$$f_x = \rho v_x \mathrm{d}y\mathrm{d}z \tag{2-25}$$

式中：$\rho$ 为流体密度，$\mathrm{kg/m^3}$；$v_x$ 为 $x$ 轴方向达西流速，$\mathrm{m/s}$；$\mathrm{d}y\mathrm{d}z$ 为垂直于 $x$ 轴横截面面积，$\mathrm{L^2}$。

由泰勒公式得，单位时间内从 $x$ 轴方向流出表征单元体流体质量：

$$f_{(x+\mathrm{d}x)} = \rho v_x \mathrm{d}y\mathrm{d}z + \frac{\partial(\rho v_x)}{\partial x}\mathrm{d}x\mathrm{d}y\mathrm{d}z \tag{2-26}$$

平行于 $x$ 轴流速分量产生的表征单元体内流体储存量为流入量与流出量之差，即

$$f_x - f_{(x+\mathrm{d}x)} = -\left[\frac{\partial(\rho v_x)}{\partial x}\mathrm{d}x\mathrm{d}y\mathrm{d}z\right] \tag{2-27}$$

同理可得，平行于 $y$ 轴和 $z$ 轴的流速分量产生的表征单元体内流体储存量分别为：

$$-\frac{\partial(\rho v_y)}{\partial y}\mathrm{d}y\mathrm{d}x\mathrm{d}z \tag{2-28}$$

$$-\frac{\partial(\rho v_z)}{\partial z}\mathrm{d}z\mathrm{d}x\mathrm{d}y \tag{2-29}$$

因此，表征单元体内流体总储存量为：

$$-\left[\frac{\partial(\rho v_x)}{\partial x} + \frac{\partial(\rho v_y)}{\partial y} + \frac{\partial(\rho v_z)}{\partial z}\right]\mathrm{d}x\mathrm{d}y\mathrm{d}z \tag{2-30}$$

表征单元体中流体储存质量随时间的变化为：

$$\left(\frac{\partial \rho n}{\partial t}\right) \mathrm{d}x\mathrm{d}y\mathrm{d}z \tag{2-31}$$

将上述两式联立，化简后得到多孔介质渗流的连续性方程：

$$\left(\frac{\partial \rho n}{\partial t}\right) + \left[\frac{\partial(\rho v_x)}{\partial x} + \frac{\partial(\rho v_y)}{\partial y} + \frac{\partial(\rho v_z)}{\partial z}\right] = 0 \tag{2-32}$$

假设流体的密度随压力和浓度变化：

$$\frac{\partial \rho n}{\partial t} = \rho \frac{\partial n}{\partial t} + n \frac{\partial \rho}{\partial t} = \rho \frac{\partial n}{\partial p} \frac{\partial p}{\partial t} + n \frac{\partial \rho}{\partial p} \frac{\partial p}{\partial t} + n \frac{\partial \rho}{\partial c} \frac{\partial c}{\partial t} \tag{2-33}$$

引入多孔介质压缩系数：

$$\alpha = \frac{1}{1-n} \frac{\mathrm{d}n}{\mathrm{d}p} \tag{2-34}$$

$$\frac{\mathrm{d}n}{\mathrm{d}p} = \frac{\partial n}{\partial p} + \frac{\partial n}{\partial x}\frac{\partial x}{\partial p} + \frac{\partial n}{\partial y}\frac{\partial y}{\partial p} + \frac{\partial n}{\partial z}\frac{\partial z}{\partial p} \approx \frac{\partial n}{\partial p} = \alpha(1-n) \tag{2-35}$$

式(2-33)右边第一项可变化为：

$$\rho \alpha(1-n) \frac{\partial p}{\partial t} \tag{2-36}$$

引入流体压缩系数 $\beta_\rho$ 和 $\beta_c$：

$$\beta_\rho = \frac{1}{\rho} \frac{\mathrm{d}\rho}{\mathrm{d}p} \tag{2-37}$$

$$\beta_c = \frac{1}{\rho} \frac{\mathrm{d}\rho}{\mathrm{d}c} \tag{2-38}$$

$$\frac{\mathrm{d}\rho}{\mathrm{d}p} \approx \frac{\partial \rho}{\partial p} = \rho \beta_\rho \tag{2-39}$$

$$\frac{\mathrm{d}\rho}{\mathrm{d}c} \approx \frac{\partial \rho}{\partial c} = \rho \beta_c \tag{2-40}$$

将式(2-39)和式(2-40)分别代入式(2-33)右边第二项和第三项：

$$n \frac{\partial \rho}{\partial t} = n \frac{\partial \rho}{\partial p} \frac{\partial p}{\partial t} + n \frac{\partial \rho}{\partial c} \frac{\partial c}{\partial t} = n\rho\beta_\rho \frac{\partial p}{\partial t} + n\rho\beta_c \frac{\partial c}{\partial t} \tag{2-41}$$

由式(2-33)、式(2-36)和式(2-41)得：

$$\frac{\partial \rho n}{\partial t} = \rho \frac{\partial n}{\partial t} + n \frac{\partial \rho}{\partial t} = \left[\rho\alpha(1-n) + n\rho\beta_\rho\right] \frac{\partial p}{\partial t} + n\rho\beta_c \frac{\partial c}{\partial t} \tag{2-42}$$

由测管水头=压力水头+位置水头可得：

$$\frac{\partial p}{\partial t} = \rho g \frac{\partial(h-z)}{\partial t} + (h-z)g \frac{\partial \rho}{\partial t} = \rho g \frac{\partial h}{\partial t} + \frac{p}{\rho} \frac{\partial \rho}{\partial t} = \rho g \frac{\partial h}{\partial t} + p\beta_\rho \frac{\partial \rho}{\partial t} \tag{2-43}$$

流体的压缩性可忽略不计：

$$\frac{\partial p}{\partial t} = \frac{\rho g}{1 - p\beta_\rho}\frac{\partial h}{\partial t} \approx \rho g\frac{\partial h}{\partial t} \tag{2-44}$$

当流体密度仅随压力变化时，将式（2-44）代入式（2-42）：

$$\frac{\partial \rho n}{\partial t} = \rho^2 g\big[\alpha(1 - n) + n\beta_\rho\big]\frac{\partial h}{\partial t} \tag{2-45}$$

定义储水率为 $S_s$，表示当流体的压力水头下降（升高）一个单位时，多孔介质孔隙体积压缩（伸长）和流体体积膨胀（压缩）时，从单位多孔介质体积中释放（储存）的流体的总体积，量纲为 $1/L$。$S$ 为储水系数，表示 $S_s$ 与多孔介质厚度 $M$ 的乘积，量纲为 1。其物理意义为：当液体压力水头下降（升高）一个单位时，多孔介质孔隙体积压缩（伸长）和流体体积膨胀（压缩）时，从厚度为 $M$ 的多孔介质中释放（储存）的流体的总体积。

$$S_s = \rho g\alpha(1 - n) + \rho gn\beta_\rho \tag{2-46}$$

$$\frac{\partial \rho n}{\partial t} = \rho S_s\frac{\partial h}{\partial t} \tag{2-47}$$

假设表征单元体内部任一点处流体密度相同，但流体密度可随时间发生变化，式（2-32）中：

$$\left[\frac{\partial(\rho v_x)}{\partial x} + \frac{\partial(\rho v_y)}{\partial y} + \frac{\partial(\rho v_z)}{\partial z}\right] = \rho\left[\frac{\partial(v_x)}{\partial x} + \frac{\partial(v_y)}{\partial y} + \frac{\partial(v_z)}{\partial z}\right] \tag{2-48}$$

由达西定律得：

$$\rho\left[\frac{\partial(v_x)}{\partial x} + \frac{\partial(v_y)}{\partial y} + \frac{\partial(v_z)}{\partial z}\right] = -\rho\left[\frac{\partial}{\partial x}\left(K\frac{\partial h}{\partial x}\right) + \frac{\partial}{\partial y}\left(K\frac{\partial h}{\partial y}\right) + \frac{\partial}{\partial z}\left(K\frac{\partial h}{\partial z}\right)\right] \tag{2-49}$$

将式（2-47）和式（2-49）代入式（2-32）：

$$\frac{\partial}{\partial x}\left(K\frac{\partial h}{\partial x}\right) + \frac{\partial}{\partial y}\left(K\frac{\partial h}{\partial y}\right) + \frac{\partial}{\partial z}\left(K\frac{\partial h}{\partial z}\right) = S_s\frac{\partial h}{\partial t} \tag{2-50}$$

当坐标系以渗透系数张量的主方向为坐标轴时，多孔介质渗流微分方程可以简化为：

$$\frac{\partial}{\partial x}\left(K_{xx}\frac{\partial h}{\partial x}\right) + \frac{\partial}{\partial y}\left(K_{yy}\frac{\partial h}{\partial y}\right) + \frac{\partial}{\partial z}\left(K_{zz}\frac{\partial h}{\partial z}\right) = S_s\frac{\partial h}{\partial t} \tag{2-51}$$

## 2.2.4　基于对流-弥散-吸附的溶质迁移方程

考虑饱和土体时，选取土体中一表征单元体，如图 2-1 所示。假设土体均质、各向同性，流体流动符合达西定律。根据质量守恒定律，流入和流出表征单元体内溶质质量差与单元体内溶质质量的变化率相等。根据上述分析，溶质通过对流、水动力弥散（分子扩散和机械弥散）迁移，表征单元体溶质通量 $F_i$ 由对流

通量和弥散通量两部分组成:

$$F_i = v_i n_e C - n_e D_i \frac{\partial C}{\partial i} \qquad (i = x, y, z) \qquad (2-52)$$

单位时间内流入表征单元体内的溶质总质量为:

$$F_x \mathrm{d}y\mathrm{d}z + F_y \mathrm{d}x\mathrm{d}z + F_z \mathrm{d}x\mathrm{d}y \qquad (2-53)$$

根据泰勒公式, 单位时间内流出表征单元体的溶质总质量为:

$$F_{i+\mathrm{d}i} = \left(F_x \mathrm{d}y\mathrm{d}z + \frac{\partial F_x}{\partial x}\mathrm{d}x\mathrm{d}y\mathrm{d}z\right) + \left(F_y \mathrm{d}x\mathrm{d}z + \frac{\partial F_y}{\partial y}\mathrm{d}y\mathrm{d}x\mathrm{d}z\right) + \left(F_z \mathrm{d}x\mathrm{d}y + \frac{\partial F_z}{\partial z}\mathrm{d}z\mathrm{d}x\mathrm{d}y\right)$$

$$(2-54)$$

所以, 单位时间内表征单元体内溶质质量的净增量为:

$$-\left(\frac{\partial F_x}{\partial x} + \frac{\partial F_y}{\partial y} + \frac{\partial F_z}{\partial z}\right)\mathrm{d}x\mathrm{d}y\mathrm{d}z = n_e \mathrm{d}x\mathrm{d}y\mathrm{d}z \frac{\partial C}{\partial t} \qquad (2-55)$$

$$\left(\frac{\partial F_x}{\partial x} + \frac{\partial F_y}{\partial y} + \frac{\partial F_z}{\partial z}\right) = -n_e \frac{\partial C}{\partial t} \qquad (2-56)$$

根据式(2-52), 将 $F_x$、$F_y$、$F_z$ 代入式(2-56), 当坐标系以水动力弥散系数张量的主方向为坐标轴时, 化简后得到三维条件下保守性溶质迁移方程:

$$\left[\frac{\partial}{\partial x}\left(D_x \frac{\partial C}{\partial x}\right) + \frac{\partial}{\partial y}\left(D_y \frac{\partial C}{\partial y}\right) + \frac{\partial}{\partial z}\left(D_z \frac{\partial C}{\partial z}\right)\right] - \left[\frac{\partial}{\partial x}(v_x C) + \frac{\partial}{\partial y}(v_y C) + \frac{\partial}{\partial z}(v_z C)\right] = \frac{\partial C}{\partial t}$$

$$(2-57)$$

式(2-57)仅考虑了溶质对流和弥散, 溶质在土体中迁移时还会与土体发生吸附、化学反应, 同时存在地下水的补给和排泄。在此基础上, 郑春苗等(2009)建立了考虑对流、弥散、流体源/汇项、平衡吸附、一级不可逆速率化学反应的三维溶质迁移方程, 其一般形式如下:

$$\theta R_d \frac{\partial C}{\partial t} = \frac{\partial}{\partial x_i}\left(\theta D_{ij} \frac{\partial C}{\partial x_j}\right) - \frac{\partial}{\partial x_i}(q_i C) + q_s C_s - \lambda_1 \theta C - \lambda_2 \rho_b \overline{C} \qquad (2-58)$$

式中: $\theta$ 为孔隙度; $R_d$ 为阻滞因子; $C$ 为溶解浓度, $g/m^3$; $D_{ij}$ 为水动力弥散系数张量, $m^2/s$; $q_i$ 为达西速度, $m/s$; $q_s$ 为源/汇处单位体积含水层流量, $1/s$; $C_s$ 为源/汇的浓度, $g/m^3$; $\lambda_1$ 为溶解相的反应速率常数, $1/s$; $\lambda_2$ 为吸附相的反应速率常数, $1/s$; $p_b$ 为孔隙介质的体积密度, $kg/m^3$; $\overline{C}$ 为吸附浓度, $mg/g$, 根据吸附等温关系, $\overline{C}$ 为溶解浓度 $C$ 的函数。

## 2.2.5 溶质迁移方程的解

### 1. 定解条件

污染物在地下水中的迁移可以用微分方程来描述。为了求解溶质迁移方程, 需先给定初始条件和边界条件。

初始条件描述研究对象初始时刻($t=0$)的状态，对于污染物在多孔介质中的迁移，初始条件指初始时刻多孔介质中污染物的浓度，用下式表示：

$$C(x, y, z, t) = C_0(x, y, z) \quad [(x, y, z) \in \Omega, t = 0] \quad (2-59)$$

式中：$C_0(x, y, z)$ 为 $t=0$ 时多孔介质 $\Omega$ 内孔隙溶液中污染物浓度值。

边界条件用于刻画研究区域边界位置污染物分布情况。常见的边界条件包括 Dirichlet 边界条件、Neumann 边界条件和 Cauchy 边界条件。

Dirichlet 边界条件中，在时间 $t$ 内，沿边界 $\Gamma_1$ 处浓度已知，即

$$C(x, y, z, t) = C(x, y, z) \quad [t > 0, (x, y, z) \in \Gamma_1] \quad (2-60)$$

Neumann 边界中确定了穿过边界 $\Gamma_2$ 的污染物弥散通量 $q(x, y, z)$，即

$$-D_{ij} \frac{\partial C}{\partial x_j} = q(x, y, z) \quad [t > 0, (x, y, z) \in \Gamma_2] \quad (2-61)$$

Cauchy 边界条件确定了穿过边界 $\Gamma_3$ 污染物总通量(弥散通量和对流通量之和)$f(x, y, z)$，即

$$-D_{ij} \frac{\partial C}{\partial x_j} + v_i C = f(x, y, z) \quad [t > 0, (x, y, z) \in \Gamma_3] \quad (2-62)$$

2. 解析解和数值解

1)解析解

假定污染物在多孔介质含水层中发生对流、弥散、一阶衰减和等温线性吸附，三维溶质迁移方程可化简为：

$$\theta R_d = \frac{\partial C}{\partial t} = \frac{\partial}{\partial x_i}\left(\theta D_{ij} \frac{\partial C}{\partial x_j}\right) - \frac{\partial}{\partial x_i}(q_i C) + q_s C_s - \lambda_1 \theta C - \lambda_2 \rho_b \overline{C} \quad (2-63)$$

其初始条件和边界条件如下：

$$C(x, y, t) = C_0 \quad \left(x = 0, -\frac{y}{2} < y < \frac{y}{2}, -\frac{z}{2} < z < \frac{z}{2}, t > 0\right)$$

$$C(x, y, z, t) = 0 \quad \left(x = 0, y < -\frac{y}{2} \text{ 或 } y > \frac{y}{2}, z < -\frac{z}{2} \text{ 或 } z > \frac{z}{2}, t > 0\right)$$

$$C(x, y, z, t) = 0 \quad [x \to \pm\infty, (y, z) \in \Omega, t > 0]$$

$$\frac{\partial C}{\partial y}(x, y, z, t) = 0 \quad [x \to \pm\infty, (y, z) \in \Omega, t > 0]$$

$$C(x, y, z, t) = 0 \quad [y \to \pm\infty, (x, z) \in \Omega, t > 0]$$

$$\frac{\partial C}{\partial y}(x, y, z, t) = 0 \quad [y \to \pm\infty, (x, z) \in \Omega, t > 0]$$

$$C(x, y, z, t) = 0 \quad [z \to \pm\infty, (x, y) \in \Omega, t > 0]$$

$$\frac{\partial C}{\partial y}(x, y, z, t) = 0 \quad [z \to \pm\infty, (x, y) \in \Omega, t > 0]$$

$$(2-64)$$

根据上述初始条件和边界条件，该方程的解析解为：

$$C(x, y, z, t) = \frac{C_0}{8} \exp\left[\frac{x}{2a_L}\left(1 - \sqrt{1 + \frac{4K_c\alpha_L}{v}}\right)\right] \cdot \mathrm{erfc}\left(\frac{x - \frac{vt}{R_d}\sqrt{1 + \frac{4K_c\alpha_L}{v}}}{2\sqrt{\frac{\alpha_L vt}{R_d}}}\right) \cdot$$

$$\left[\mathrm{erf}\left(\frac{y + \frac{y}{2}}{2\sqrt{\alpha_T x}}\right) - \mathrm{erf}\left(\frac{y - \frac{y}{2}}{2\sqrt{\alpha_T x}}\right)\right] \cdot \left[\mathrm{erf}\left(\frac{z + \frac{z}{2}}{2\sqrt{\alpha_T x}}\right) - \mathrm{erf}\left(\frac{z - \frac{z}{2}}{2\sqrt{\alpha_T x}}\right)\right] \quad (2-65)$$

2）数值解

采用解析法求解溶质迁移方程的前提是迁移参数统一、地下水渗流场较为简单、仅需考虑几个主要的溶质迁移作用过程。针对复杂参数分布、复杂地下水流场和边界条件，采用数值模拟的方法求解溶质迁移方程是一个有效的手段。

对流-弥散-化学反应方程的数值解法可分为欧拉（Euler）法、拉格朗日（Lagrange）法和混合欧拉-拉格朗日法。在欧拉法中，迁移方程在固定网格中求解，如标准有限差分或有限单元法。Euler 法满足物质守恒定律，它利用了固定网格带来解法上的便利，可有效处理以弥散、化学反应为主的问题。但是对于对流占优的迁移问题（也称为 sharp front，即陡锋面问题），Euler 法则会受数值弥散和人工振荡影响，为解决这一问题，必须设定极小的空间网格剖分和极短时间步长，因而在实际问题应用上受到限制。

在拉格朗日法中，迁移方程（包括对流和弥散项）是在变形网格或固定网格下的变形坐标系中通过质点追踪方法（particle tracking）求解的（如随机游走法）。拉格朗日法对于求解对流占优的问题非常有效，基本不存在数值弥散。然而，由于没有固定的网格和坐标系，这种方法可能导致数值上的不稳定，并且对于存在多个源/汇和复杂边界条件的非均匀介质，溶质迁移求解计算常常十分困难。质点追踪所要求的速率插值也会引起局部的质量平衡误差和求解的异常。此外，由此得到的解一般不太光滑，通常需要进一步的光滑和插值处理。

混合欧拉-拉格朗日法继承了以上两种方法的优点，用 Lagrange 法（质点追踪）解对流项，而用 Euler 法（有限差分或有限元法）求解弥散和化学反应项。然而，一些常用的基于混合欧拉-拉格朗日法的解法，如特征线法（MOC），不能保证质量守恒。同时，由于使用质点追踪法，混合欧拉-拉格朗日法也受到某些和 Lagrange 法相同的数值求解困难。此外，在计算效率方面，混合法有时可能不如纯 Euler 法或纯 Lagrange 法那样高效。

近年来，学者们提出了总变异消减（TVD）法，主要应用于流体力学计算领域。TVD 法的好处在于它通过一系列连续的迁移步长，将相邻两节点间的浓度差值之和减少，从而减少迁移模型解人为振荡。TVD 法实际上是一种高阶有限差分（或有限元）法，因此，它属于欧拉法，本质上是质量守恒的。由于高阶法通常会在保证数值弥散最小的情况下引入人为振荡，因此 TVD 法常常采用某种数值方法（称为通量限制），来抑制或消除数值弥散的影响，同时保持陡峻的浓度锋面。和采用上游加权或中心加权的标准有限差分法相比，TVD 法计算量更大，但对于解决对流为主的问题通常能得到更为准确的解。同 Lagrange 法或混合欧拉-拉格朗日法相比，TVD 法在保持浓度峰值不变的情况下，消除数值弥散不如后两者有效。但是由于它有诸如可保持质量守恒、占用计算机内存空间较小等优点，TVD 法已成为标准有限差分法和以质点追踪为基础的 Lagrange 法或混合欧拉-拉格朗日法间最好的折中方法。

# 参考文献

[ 1 ] Aldaeef A A, Rayhani M T. Hydraulic performance of compacted clay liners under simulated daily thermal cycles[J]. Journal of Environmental Management, 2015, 162: 171-178.

[ 2 ] Atia A A. Adsorption of chromate and molybdate by cetylpyridinium bentonite[J]. Applied Clay Science, 2008, 41(1-2): 73-84.

[ 3 ] Baille W, Tripathy S, Schanz T. Swelling pressures and one-dimensional compressibility behavior of bentonite at large pressures[J]. Applied Clay Science, 2010, 48(3): 324-333.

[ 4 ] Chen Y G, He Y, Ye W M, et al. Effect of shaking time, ionic strength, temperature and pH value on desorption of Cr(III) adsorbed onto GMZ bentonite[J]. Transactions of Nonferrous Metals Society of China, 2013, 23(11): 3482-3489.

[ 5 ] Chen Y G, Liu X M, Lei H N, et al. Adsorption Property of Pb(II) by the Laterite-Bentonite Mixture Used as Waste Landfill Liner[J]. Advances in Civil Engineering, 2019, 2019(1): 1-11.

[ 6 ] Du Y J, Yang Y L, Fan R D, et al. Effects of phosphate dispersants on the liquid limit, sediment volume and apparent viscosity of clayey soil/calcium bentonite slurry wall backfills[J]. KSCE Journal of Civil Engineering, 2016, 20(2): 670-678.

[ 7 ] Fan R D, Du Y J, Reddy K R, et al. Compressibility and hydraulic conductivity of clayey soil mixed with calcium bentonite for slurry wall backfill: initial assessment[J]. Applied Clay Science, 2014, 101(2): 119-127.

[ 8 ] He Y, Li Z, Zhang K N, et al. Effect of CuSO₄ on the hydromechanical behavior of compacted tailings[J]. Mine Water Environ, 2020, 39(1): 103-111.

[ 9 ] He Y, Wang M M, Wu D Y, et al. Effects of chemical solutions on the hydromechanical behavior of a laterite bentonite mixture used as an engineered barrier[J]. Bulletin of Engineering Geology and the Environment, 2020, 80(3): 1-12.

[ 10 ] He Y, Ye W M, Chen Y G, et al. Effects of NaCl solution on the swelling and shrinkage

behavior of compacted bentonite under one-dimensional conditions[J]. Bulletin of Engineering Geology and the Environment, 2019, 79(3): 399-410.

[11] He Y, Zhang K N, Wu D Y. Experimental and modeling study of soil water retention curves of compacted bentonite considering salt solution effects[J]. Geofluids, 2019: 1-11.

[12] Katsumi T, Ishimori H, Onikata M, et al. Long-term barrier performance of modified bentonite materials against sodium and calcium permeant solutions[J]. Geotextiles and Geomembranes, 2008, 26(1): 14-30.

[13] Kolstad D C, Benson C H, Craig H B, et al. Hydraulic conductivity and swell ofnonprehydrated geosynthetic clay liners permeated with multispecies inorganic solutions [J]. Journal of Geotechnical and Geoenvironmental Engineering, 2004, 130(12): 1236-1249.

[14] Lee J M, Shackelford C D. Impact of bentonite quality on hydraulic conductivity of geosynthetic clay liners[J]. Journal of Geotechnical and Geoenvironmental Engineering, 2005, 131(1): 64-77.

[15] Malusis M A, Mckeehan M D. Chemical compatibility of model soil-bentonite backfill containing multiswellable bentonite[J]. Journal of Geotechnical and Geoenvironmental Engineering, 2013, 139(2): 189-198.

[16] Mckeehan M D. Chemical Compatibility of Soil-Bentonite Cutoff Wall Backfills Containing Modified Bentonites[D]. Lewisburg: Bucknell University, 2010.

[17] Morandini T L C, Leite A D L. Characterization and hydraulic conductivity of tropical soils and bentonite mixtures for CCL purposes[J]. Engineering Geology, 2015, 196: 251-267.

[18] Ppteov R J, Rowe R K. Geosynthetic clay liner (GCL)-chemical compatibility by hydraulic conductivity testing and factors impacting its performance[J]. Canadian Geotechnical Journal, 1997, 34(6): 863-885.

[19] Petrov R J, Rowe R K, Quigley R M. Selected factors influencing GCL hydraulic conductivity [J]. Journal of Geotechnical andGeoenvironmental Engineering, 1997, 123(8): 683-695.

[20] Rowe R K, Abdelrazek A Y. Effect of interface transmissivity and hydraulic conductivity on contaminant migration through composite liners with wrinkles or failed seams[J]. Canadian Geotechnical Journal, 2019, 56(11): 1650-1667.

[21] Rowe R K. Long-term performance of contaminant barrier systems[J]. Geotechnique, 2005, 54 (9): 631-678.

[22] Shackelford C D. The ISSMGE Kerry Rowe Lecture: The role of diffusion in environmental geotechnics[J]. Canadian Geotechnical Journal, 2014, 51: 1219-1242.

[23] Thornton S F, Tellam J H, Lerner D N. Experimental and modeling approaches for the assessment of chemical impacts of leachate migration from landfills: a case study of a site on the Triassic sandstone aquifer in the UK East Midlands [J]. Journal of Geotechnical and Geoenvironmental Engineering, 2005, 23(6): 811-829.

[24] Ye W M, Chen Y G, Chen B, et al. Advances on the knowledge of the buffer/backfill properties of heavily-compacted GMZ bentonite[J]. Engineering Geology, 2010, 116(1): 12-20.

[25] 陈云敏, 王誉泽, 谢海建, 等. 黄土-粉土混合土对 Pb(Ⅱ)的静平衡和动态吸附特性[J].

岩土工程学报, 2014, 36(7): 1185-1194.

[26] Fetter C W. 污染水文地质学[M]. 周念清, 黄勇, 译. 北京: 高等教育出版社, 2011.

[27] 贺勇. 膨润土对重金属离子的阻滞特性研究[D]. 长沙: 长沙理工大学, 2012.

[28] 梅丹兵. 土-膨润土系竖向隔离工程屏障阻滞污染物迁移的模型试验研究[D]. 南京: 东南大学, 2017.

[29] 仵彦卿. 多孔介质污染物迁移动力学[M]. 上海: 上海交通大学出版社, 2007.

[30] 谢海建, 陈云敏, 楼章华. 污染物通过有缺陷膜复合衬垫的一维迁移解析解[J]. 中国科学, 2010, 40(5): 486-495.

[31] 赵勇胜. 污染场地控制与修复[M]. 北京: 科学出版社, 2015.

[32] 郑春苗, Bennett G D. 地下水污染物迁移模拟[M]. 北京: 高等教育出版社, 2009.

# 第 3 章　黏土类工程屏障材料阻滞特性

　　对流、弥散和吸附是重金属污染物在黏土类工程屏障中的主要迁移机制，也是衡量工程屏障阻滞性能的重要指标（Chen 等，2013）。黏土类屏障材料的阻滞性能受离子种类、离子强度、pH 等因素影响。当重金属污染物在屏障材料中迁移时，重金属离子会与黏土颗粒发生吸附反应。随着外界污染液的入渗或环境pH 的变化，吸附反应往往会伴随竞争吸附或离子解吸附释放，从而降低屏障系统的阻滞性能。在化学环境影响下，黏土颗粒表面水分子或水化离子密度的增加将会引起黏土扩散双电层厚度压缩，导致溶质迁移通道扩张，污染溶质扩散运动加剧，进而降低屏障系统的阻滞性能。为此，本章通过开展黏土类工程屏障红黏土-膨润土混合土的吸附试验和弥散试验，探究不同外界条件作用下土-膨润土工程屏障阻滞性能演化规律，深入分析黏土类工程屏障材料对重金属污染物的阻滞机理，研究成果可为我国重金属污染场地中工程屏障系统的设计、施工和安全性评估提供可靠的理论依据。

## 3.1　黏土类工程屏障材料吸附、解吸附与竞争吸附

### 3.1.1　试验材料

　　本次试验所用红黏土取自湖南省郴州市（图 3-1），膨润土取自内蒙古地区的天然钠基膨润土矿床（图 3-2）。

#### 1.红黏土基本性质

　　试验所用红黏土属第四纪残积层（$Q_3^{el}$），取土深度为 3 m 左右。首先，将现场取回的红黏土自然风干，去除杂质后碾磨成粉末，过 0.2 mm 的标准土工筛后密封保存。红黏土的颗粒级配曲线如图 3-3 所示。从图中结果可以看出，所用红黏土颗粒粒径为 1~100 μm，其中粉粒（粒径为 5~75 μm）含量居多，占比 80% 左

右，黏粒(粒径≤5 μm)含量约为 20%。根据红黏土颗粒级配曲线，可计算出不均匀系数 $C_u$ 为 3.75，曲率系数 $C_c$ 为 1.276，属匀粒土且级配不良。

图 3-1 红黏土的现场取土点

图 3-2 膨润土矿床

2. 膨润土基本性质

膨润土粉末呈灰白色，颗粒粒径小于 200 μm，黏粒(粒径≤5 μm)含量约占 57%，颗粒级配曲线如图 3-3 所示。膨润土的主要矿物为蒙脱石(含量大于 75%)，土的相对密度为 2.66，塑性指数为 195.6，阳离子交换量为 773 mmol/kg，比表面积为 570 m²/g。

扫一扫，看彩图

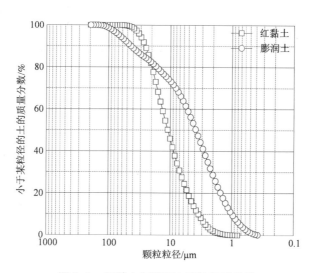

图 3-3 红黏土和膨润土颗粒级配曲线

红黏土和膨润土的基本物理化学指标和矿物成分见表 3-1。

表 3-1　红黏土和膨润土的基本物理化学指标和矿物成分

| 参数名称 | 红黏土 | 膨润土 |
|---|---|---|
| 比表面积/$(m^2 \cdot g^{-1})$ | 48.5 | 570 |
| 天然含水率/% | 15 | 10.6 |
| 天然干密度/$(g \cdot cm^{-3})$ | 1.35 | 1.70 |
| 塑限/% | 27.0 | 32.4 |
| 液限/% | 69.9 | 228.0 |
| 相对密度 $G_s$ | 2.73 | 2.66 |
| pH | — | 8.68~9.86 |
| 塑性指数 $I_p$ | 42.9 | 195.6 |
| 阳离子交换量/$(mmol \cdot kg^{-1})$ | 250 | 773 |
| 蒙脱石含量/% | 4.8 | 62.0 |
| 高岭石含量/% | 80.2 | — |
| 石英含量/% | 12 | 25.0 |
| 其他含量/% | 2.5 | 13.0 |

### 3.1.2　试验方法与方案

1. 动态吸附试验

1) 试验方法与步骤

动态吸附试验主要以红黏土、膨润土和红黏土-膨润土混合土(膨润土掺量为10%)(以下简称混合土)为研究对象,通过开展室内批式吸附试验研究恒定温度下重金属离子的吸附特性,并测定分配系数和阻滞因子等模型参数,详细试验方案见表 3-2。

表 3-2　红黏土、膨润土及混合土动态吸附试验方案

| 吸附剂 | 吸附质 | 时间/min | 固液比 /(g·mL$^{-1}$) | 初始浓度 /(mg·L$^{-1}$) | pH | 温度/℃ |
|---|---|---|---|---|---|---|
| 红黏土 | Cr(Ⅵ) | | | | 5.0 | |
| | Zn(Ⅱ) | | | | 4.5 | |
| 膨润土 | Cr(Ⅵ) | 5~1440 | 1∶10 | 160 | 5.0 | 25 |
| | Zn(Ⅱ) | | | | 4.5 | |
| 混合土 | Cr(Ⅵ) | | | | 5.0 | |
| | Zn(Ⅱ) | | | | 4.5 | |

取等量土样(10 g)置于 250 mL 三角瓶中,分别加入 100 mL 浓度为 160 mg/L 的 $K_2Cr_2O_7$ 溶液和 $ZnSO_4$ 溶液,并将盛有溶液的三角瓶放入恒温振荡箱中,以 180 r/min 转速分别振荡不同时间(5 min、20 min、30 min、60 min、120 min、240 min、480 min、600 min、720 min 和 1440 min),环境温度为 25℃。随后,采用 0.45 μm 滤膜对离心分离后的溶液进行固液分离以获取上清液。最后,采用二苯碳酰二肼分光光度法和电感耦合等离子体发射光谱法(ICP)分别测试上清液中 Cr(Ⅵ)和 Zn(Ⅱ)浓度。

2)数据分析

土样对重金属离子的吸附率($R_e$)和吸附量($q_e$)参见式(2-10)和式(2-11)。

试验采用伪一级动态吸附模型、伪二级动态吸附模型和粒内扩散模型计算红黏土、膨润土和混合土对重金属 Cr(Ⅵ)和 Zn(Ⅱ)的吸附动力学曲线。三种模型表达式见式(2-12)~式(2-14)。

2. 静平衡吸附试验

1)试验方法与步骤

静平衡吸附试验以红黏土、膨润土和混合土为对象,分别研究黏土材料对重金属 Cr(Ⅲ)、Cr(Ⅵ)和 Zn(Ⅱ)的静平衡吸附过程。采用室内批式吸附试验研究恒定温度下重金属离子在土样表面的吸附特性,试验方案见表 3-3。

试验主要探究离子强度、pH 等因素对红黏土、膨润土及混合土静平衡吸附特性的影响。其中,试验涉及的离子强度采用 NaCl 标准溶液控制;pH 采用 HCl 和 NaOH 溶液调整。当吸附达到平衡后,采用高速离心机进行固液分离,测试上清液中重金属浓度。

表3-3  静态吸附相关影响因素试验方案

| 影响因素 | 吸附剂 | 吸附质 | 离子强度/(mol·L$^{-1}$) | 固液比 | pH |
|---|---|---|---|---|---|
| 离子强度 | 红黏土 | Cr(Ⅵ) | 0.001~1.0 | 1:100 | 7 |
| | 膨润土 | Cr(Ⅲ) | 0~1.0 | 1:50 | |
| | 混合土 | Cr(Ⅵ) | 0~250 | 1:4 | |
| pH | 红黏土 | Cr(Ⅵ) | — | — | 3/5/7/9/11 |
| | | Cr(Ⅲ)、Zn(Ⅱ) | | 1:10 | 2/5/7/9/11 |
| | 膨润土 | Cr(Ⅲ)、Zn(Ⅱ) | | — | 2/4.5/7/9/11 |
| | 混合土 | Cr(Ⅵ)、Zn(Ⅱ) | | 1:10 | 2/5/7/9/11 |

2）数据分析

（1）Langmuir 模型。

在单层吸附研究方面，Langmuir 从动力学理论推导出了单分子层吸附等温式。Langmuir 模型是较常见的一元吸附模型，该模型适用于阳离子交换的吸附过程，以及磷酸盐和重金属等污染物与吸附剂间的吸附和解吸过程。

模型假设：

①表面只存在一种吸附位，并且一个吸附位只吸附单个吸附质分子；

②固体表面性质均匀，吸附质分子之间无相互作用力；

③吸附为动态平衡方程。

Langmuir 模型的基本方程见式（2-15）。

（2）Freundlich 模型。

Freundlich 等温吸附式为经验方程，描述了溶液中溶质的平衡浓度与溶剂表面所吸附的溶质之间的关系，主要应用于固-气吸附时吸附质平衡压力与吸附量之间的关系。Freundlich 等温吸附式基于以下 4 点假设：

①吸附剂表面是均匀的，各吸附中心能量相同；

②吸附分子间无相互作用；

③吸附是单分子层吸附，其吸附分子与吸附中心碰撞才能吸附，一个分子只占据一个吸附中心；

④一定条件下，吸附与脱附可建立动态平衡。

Freundlich 模型的对数形式见式（2-16）。

（3）D-R 模型。

D-R 模型假设吸附是溶质在孔隙中填充的过程，其基本方程见式（2-17）和式（2-18）。

根据 D-R 模型常数 $E$ 计算平均吸附自由能，见式(2-19)。

当 1.0 kJ/mol< $|E|$ <8.0 kJ/mol 时，土样对重金属离子的吸附机制为物理吸附；当 8.0 kJ/mol< $|E|$ <16.0 kJ/mol 时，吸附机制为离子交换；当 $|E|$ >16.0 kJ/mol 时，吸附机制为化学吸附。

(4)Henry 模型。

Henry 模型即线性模型。此模型实际是 Freundlich 模型中与吸附剂性质相关的吸附常数的简化模型，见式(2-20)。

3. 解吸附试验

1)试验方法与步骤

解吸附试验以 NaCl 溶液作为解吸溶液，对吸附在膨润土中的 Cr(Ⅲ)进行解析。试验分别研究解吸时间、解吸溶液浓度、pH 等对 Cr(Ⅲ)解吸效率的影响。试验过程中，首先，取 0.5 g 达到吸附平衡的膨润土[膨润土对 Cr(Ⅲ)的平衡吸附量为 4.876 mg/g]，向其内部加入 25 mL 不同浓度的 NaCl 溶液；随后，将盛有土样和溶液的锥形瓶放入振荡培养箱中振荡 3 h，再静置 24 h；最后，通过高速离心机以 3000 rpm 速度离心 10 min，并采用分光光度法测定上清液中的 Cr(Ⅲ)浓度，计算 Cr(Ⅲ)的解吸率。具体试验方案见表 3-4。

**表 3-4 膨润土解吸附试验方案**

| 吸附剂 | 解吸附时间/h | NaCl 浓度/(mol·L⁻¹) | 吸附/解吸循环次数 | pH |
|---|---|---|---|---|
| 膨润土 | 0.5~4 | 0.1/0.5/1.0/1.5/2.0 | 1/2/3 | 1/3/5/7/9 |

2)数据分析

Cr(Ⅲ)在膨润土上的解吸附程度，可用解吸率 $\eta$ 来描述，并通过下式计算：

$$\eta = \frac{Q_s}{Q_m} \times 100\% \qquad (3-1)$$

式中：$\eta$ 为解吸率；$Q_s$ 为溶液中的 Cr(Ⅲ)离子量，mg；$Q_m$ 为解吸后膨润土上吸附的 Cr(Ⅲ)离子量，mg。

4. 竞争吸附试验

1)试验方法与步骤

在竞争吸附试验中，研究对象为膨润土，试验分别采用 Cr(NO₃)₃ 和 CuSO₄ 制备 Cr(Ⅲ)和 Cu(Ⅱ)储备溶液，采用 NaCl 制备 Na(Ⅰ)储备溶液(浓度范围为 0.1~2 mol/L)。竞争吸附方案见表 3-5。实验过程中，竞争吸附体系初始 pH 通过 HCl 或 NaOH 溶液调整。

表 3-5 膨润土竞争吸附试验方案

| 金属离子 | pH | 时间/h | 体积/L | 膨润土/g | 浓度/(mol·L$^{-1}$) |
|---|---|---|---|---|---|
| Na(Ⅰ)[+Cr(Ⅲ)] | 7 | 3 | 0.025 | 1 | 0.1~2 |
| Cr(Ⅲ)[+Cu(Ⅱ)] | 7 | 4 | 0.05 | 1 | 1.923×10$^{-3}$ |
| Cu(Ⅱ)[+Cr(Ⅲ)] | 7 | 4 | 0.05 | 1 | 1.923×10$^{-3}$ |

竞争吸附试验采用批平衡法,在密封离心管中进行试验,探究膨润土对 Cr(Ⅲ)、Cu(Ⅱ)单一离子和 Cr(Ⅲ)/Cu(Ⅱ)混合溶液二元离子的吸附能力。首先,将膨润土和 Na(Ⅰ)储备溶液预平衡 24 h,然后添加不同浓度的 Cr(Ⅲ)和 Cu(Ⅱ)储备溶液。竞争吸附体系初始 pH 通过体积可忽略不计的 0.01 mol/L 和 0.1 mol/L HCl、0.01 mol/L 和 0.1 mol/L NaOH 来调整。

取 1.0 g 膨润土样品,加入一元或二元重金属离子溶液体系[该溶液体系分别含有 1.923×10$^{-3}$ mol/L 的 Cr(Ⅲ)、Cu(Ⅱ)或 Cr(Ⅲ)/Cu(Ⅱ)],置入离心管中振荡 4 h,最后使用高速离心机以 3000 rpm 速度将溶液离心 10 min,取适量上清液,采用紫外可见分光光度计测定 Cr(Ⅲ)浓度,采用原子吸收分光光度计测定 Cu(Ⅱ)浓度。

2)数据分析

重金属离子吸附量可根据初始浓度和平衡浓度之间的差异来计算,计算公式见式(3-2)。黏土对不同重金属离子的吸附能力大小通常采用平衡分配系数($K_d$,L/mg)来表征:

$$K_d = \frac{q_e}{C_e} \tag{3-2}$$

采用吸附竞争系数 $\eta_i$ 表征竞争吸附容量,其定义为单位初始浓度的吸附量与二元体系中吸附量之和之间的比率,计算公式如下:

$$\eta_i = \frac{\xi_i Q_i}{\sum_{i=1}^{n} \xi_i Q_i} \tag{3-3}$$

式中:$\eta_i$ 是第 $i$ 种重金属离子的吸附竞争系数;$\xi_i$ 是第 $i$ 种重金属离子初始浓度的校正因子;$Q_i$ 是吸附量,mmol/g;$n$ 是溶液系统中重金属离子的种类数。对于同一系统的混合溶液,$\sum_{i=1}^{n} \eta_i = 1$。

### 3.1.3　试验结果与分析

1. 黏土类屏障材料的吸附特性

1）吸附动力学特征

（1）红黏土对重金属离子的吸附。

红黏土对 160 mg/L 的重金属 Cr（Ⅵ）和 Zn（Ⅱ）溶液的吸附动力学曲线如图 3-4 所示。随着时间增长，红黏土对 Cr（Ⅵ）和 Zn（Ⅱ）的吸附率逐渐增大直至达到平衡。从图 3-4 中曲线可以确定，重金属 Cr（Ⅵ）和 Zn（Ⅱ）的吸附平衡时间分别为 120 min 和 240 min。这一现象表明，红黏土吸附 Cr（Ⅵ）所需的平衡时间比 Zn（Ⅱ）更短。同时，红黏土对 Cr（Ⅵ）和 Zn（Ⅱ）具有较好的吸附效果，最大平衡吸附率分别可达 47.58% 和 49.66%。

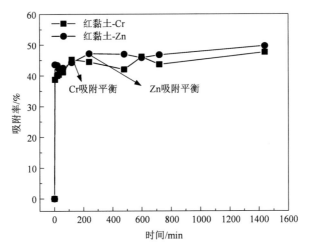

图 3-4　红黏土对 Cr（Ⅵ）和 Zn（Ⅱ）的吸附动力学曲线

通过伪一级动态吸附模型、伪二级动态吸附模型和粒内扩散模型对上述吸附动力学曲线进行计算，结果如图 3-5 所示，相关参数列于表 3-6 中。

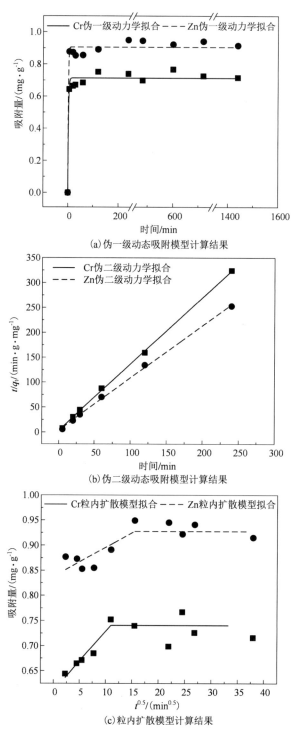

(a) 伪一级动态吸附模型计算结果

(b) 伪二级动态吸附模型计算结果

(c) 粒内扩散模型计算结果

**图 3-5  红黏土对 Cr(Ⅵ) 和 Zn(Ⅱ) 吸附动力学拟合曲线**

表 3-6　红黏土对 Cr(Ⅵ)、Zn(Ⅱ)的吸附动力学模型参数拟合结果

| 吸附动力学模型 | 模型参数 | 参数拟合结果 | |
|---|---|---|---|
| | | Cr(Ⅵ) | Zn(Ⅱ) |
| 伪一级动态吸附模型 | $k_1/\text{min}^{-1}$ | 0.466 | 0.696 |
| | $q_e/(\text{mg} \cdot \text{g}^{-1})$ | 0.713 | 0.905 |
| | $R^2$ | 0.975 | 0.983 |
| 伪二级动态吸附模型 | $k_2/(\text{g} \cdot \text{mg}^{-1} \cdot \text{min}^{-1})$ | 0.522 | 0.297 |
| | $q_e/(\text{mg} \cdot \text{g}^{-1})$ | 0.75 | 0.95 |
| | $R^2$ | 0.999 | 0.998 |
| 粒内扩散模型 | $K_i/(\text{g} \cdot \text{mg}^{-1} \cdot \text{min}^{-0.5})$ | 0.012 | 0.006 |
| | $C$ | 0.610 | 0.839 |
| | $R^2$ | 0.897 | 0.524 |

　　从图 3-5 可以看出，伪一级动态吸附模型和伪二级动态吸附模型可较好地描述红黏土对 Cr(Ⅵ)和 Zn(Ⅱ)的吸附动力学特征。其中，伪二级动态吸附模型拟合效果最佳(表 3-6)。红黏土对 Cr(Ⅵ)和 Zn(Ⅱ)的伪二级吸附速率常数分别为 0.522 g/(mg·min)和 0.297 g/(mg·min)，表明红黏土对 Cr(Ⅵ)的吸附速率更大。然而，红黏土对 Zn(Ⅱ)的粒内扩散模型相关系数 $R^2$ 远小于1(0.524)，说明该模型不适合模拟红黏土对 Zn(Ⅱ)的吸附动力学过程。此外，粒内扩散模型拟合直线不通过原点，即参数 $C \neq 0$，表明膜扩散和颗粒内扩散共同控制吸附反应速率。

　　(2)膨润土对重金属离子的吸附。

　　通过开展膨润土对重金属 Cr(Ⅵ)的吸附动力学试验，发现膨润土对 Cr(Ⅵ)的吸附量几乎为 0，即膨润土对重金属 Cr(Ⅵ)几乎没有吸附。图 3-6 绘制了膨润土对 Zn(Ⅱ)的吸附动力学曲线。试验结果表明，随着时间的增长，膨润土对 Zn(Ⅱ)的吸附率先迅速增长，再转为平缓发展直至达到平衡。在初始浓度 160 mg/L 条件下，膨润土对 Zn(Ⅱ)的最大吸附率可达 95%，吸附平衡时间约为 30 min。

　　按照上述计算方法，采用伪一级动态吸附模型、伪二级动态吸附模型和粒内扩散模型对吸附动力学曲线进行拟合，如图 3-7 所示，拟合参数汇总于表 3-7。

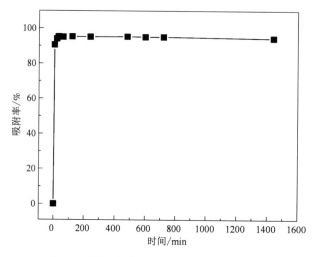

**图 3-6　膨润土对 Zn(Ⅱ)的吸附动力学曲线**

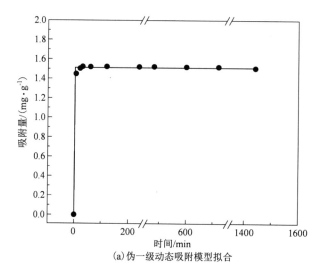

(a)伪一级动态吸附模型拟合

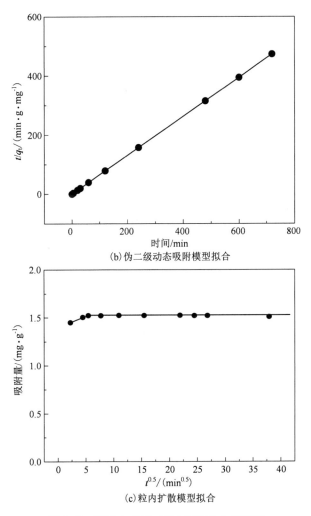

(b)伪二级动态吸附模型拟合

(c)粒内扩散模型拟合

**图 3-7　膨润土对 Zn(Ⅱ)吸附动力学曲线**

**表 3-7　膨润土对 Zn(Ⅱ)的吸附动力学模型参数拟合结果**

| 吸附动力学模型 | 模型参数 | 参数拟合结果 |
|---|---|---|
| 伪一级动态吸附模型 | $k_1/(\mathrm{min}^{-1})$ | 17193 |
| | $q_e/(\mathrm{mg \cdot g^{-1}})$ | 1.512 |
| | $R^2$ | 0.997 |
| 伪二级动态吸附模型 | $k_2/(\mathrm{g \cdot mg^{-1} \cdot min^{-1}})$ | 43.17 |
| | $q_e/(\mathrm{mg \cdot g^{-1}})$ | 1.522 |
| | $R^2$ | 1 |

**续表3-7**

| 吸附动力学模型 | 模型参数 | 参数拟合结果 |
|---|---|---|
| 粒内扩散模型 | $K_i/(\mathrm{g} \cdot \mathrm{mg}^{-1} \cdot \mathrm{min}^{-0.5})$ | 0.023 |
| | $C$ | 1.398 |
| | $R^2$ | 0.991 |

从表 3-7 可知，三种模型相关系数 $R^2$ 均大于 0.99。其中，伪二级动态吸附模型拟合效果最佳。膨润土对 Zn(Ⅱ) 的伪二级吸附速率常数为 43.17，远远大于红黏土对 Zn(Ⅱ) 的伪二级速率常数。上述分析表明，膨润土对 Zn(Ⅱ) 的吸附效果较好。此外，粒内扩散模型拟合直线不通过原点，即参数 $C \neq 0$，表明膜扩散和颗粒内扩散共同控制吸附反应速率。

（3）红黏土-膨润土混合土对重金属离子的吸附。

图 3-8 为膨润土掺入比 10% 的红黏土-膨润土混合土样对 Cr(Ⅵ) 和 Zn(Ⅱ) 的吸附动力学曲线。随着吸附时间的延长，红黏土-膨润土混合土对 Cr(Ⅵ) 和 Zn(Ⅱ) 的吸附率逐渐增大直至达到平衡。Cr(Ⅵ) 溶液和 Zn(Ⅱ) 溶液的吸附平衡时间分别为 240 min 和 120 min。可见膨润土的增加延长了红黏土-膨润土混合土样对 Cr(Ⅵ) 的吸附平衡时间，而缩短了红黏土-膨润土混合土样对 Zn(Ⅱ) 的吸附平衡时间。从侧面说明膨润土对 Zn(Ⅱ) 的吸附性能比对 Cr(Ⅵ) 的吸附性能好，此外，红黏土-膨润土混合土样对 Zn(Ⅱ) 的最大吸附率约为 93%，而对 Cr(Ⅵ) 的最大吸附率仅为 34%。

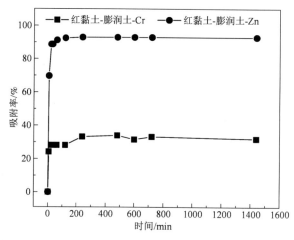

**图 3-8 红黏土-膨润土混合土样（膨润土掺入比 10%）对 Cr(Ⅵ) 和 Zn(Ⅱ) 的吸附动力学曲线**

采用伪一级动态吸附模型、伪二级动态吸附模型和粒内扩散模型对吸附动力学曲线进行拟合，如图 3-9 所示。

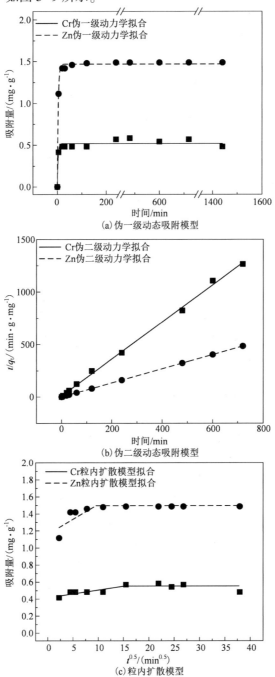

(a) 伪一级动态吸附模型

(b) 伪二级动态吸附模型

(c) 粒内扩散模型

**图 3-9** 红黏土-膨润土混合土样(膨润土掺入比 10%)对 Cr(Ⅵ)和 Zn(Ⅱ)吸附动力学拟合曲线

上述模型计算结果汇总于表 3-8。结果表明，伪二级动态吸附模型拟合相关系数 $R^2$ 值最大，表明该模型的模拟效果最好。红黏土-膨润土混合土对 Zn(Ⅱ) 的伪二级吸附速率常数较 Cr(Ⅵ) 的伪二级吸附速率常数高，表明膨润土的掺入大大提高了红黏土对 Zn(Ⅱ) 的吸附速率。

表 3-8　红黏土-膨润土混合土样对重金属离子的吸附动力学模型参数拟合结果

| 吸附动力学模型 | 模型参数 | 参数拟合结果 | |
|---|---|---|---|
| | | Cr(Ⅵ) | Zn(Ⅱ) |
| 伪一级动态吸附模型 | $k_1/(\mathrm{min}^{-1})$ | 0.318 | 0.283 |
| | $q_e/(\mathrm{mg}\cdot\mathrm{g}^{-1})$ | 0.52 | 1.469 |
| | $R^2$ | 0.931 | 0.996 |
| 伪二级动态吸附模型 | $k_2/(\mathrm{g}\cdot\mathrm{mg}^{-1}\mathrm{min}^{-1})$ | 0.32 | 0.699 |
| | $q_e/(\mathrm{mg}\cdot\mathrm{g}^{-1})$ | 0.568 | 1.490 |
| | $R^2$ | 0.998 | 1 |
| 粒内扩散模型 | $K_i/(\mathrm{g}\cdot\mathrm{mg}^{-1}\cdot\mathrm{min}^{-0.5})$ | 0.00897 | 0.035 |
| | $C$ | 0.417 | 1.162 |
| | $R^2$ | 0.723 | 0.478 |

2）黏土类屏障材料的等温吸附模式

（1）红黏土对重金属离子吸附规律。

图 3-10 为红黏土对 Cr(Ⅵ)、Zn(Ⅱ) 的静平衡吸附曲线。由图 3-10 可知，随着吸附后溶液中 Cr(Ⅵ)、Zn(Ⅱ) 的平衡浓度增加，红黏土对重金属离子的吸附量也迅速增加直至达到饱和。

根据上述四种等温吸附模型，分别计算分析红黏土对重金属 Cr(Ⅵ) 和 Zn(Ⅱ) 的吸附等温线，拟合结果如图 3-11 和表 3-9 所示。试验结果表明，Langmuir 模型、Freundlich 模型和 D-R 模型均能较好地反映红黏土对 Cr(Ⅵ) 和 Zn(Ⅱ) 的吸附过程，其中 Langmuir 模型得到的计算结果与试验数据最为接近。根据 Freundlich 模型确定的常数 $N$ 值（$N=0.267$）可得出，当溶液初始浓度为 20~1000 mg/L 时，红黏土对 Cr(Ⅵ) 和 Zn(Ⅱ) 的吸附是非线性的。同 Langmuir 模型计算的吸附容量相比，D-R 模型计算得到的最大吸附量 $q_m$ 更高。此外，由图 3-10 和图 3-11(d) 可得，当溶液初始浓度小于 160 mg/L 时，红黏土对重金属离子的吸附符合线性规律。根据表 3-9 中的阻滞因子计算公式，可通过 Henry 线性吸附模型计算获取红黏土对 Cr(Ⅵ) 和 Zn(Ⅱ) 的阻滞因子分别为 27.58 和 31.93。

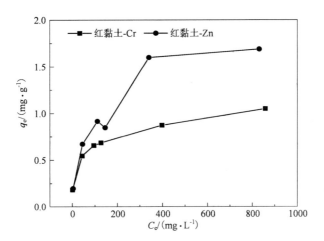

图 3-10　红黏土对 Cr(Ⅵ) 和 Zn(Ⅱ) 的静平衡吸附曲线

表 3-9　红黏土对 Cr(Ⅵ) 和 Zn(Ⅱ) 的静平衡吸附模型参数

| 计算模型 | 等温吸附模型及相关参数 | Cr(Ⅵ) | Zn(Ⅱ) |
|---|---|---|---|
| Langmuir 模型 | $\alpha$ | 0.02 | 0.011 |
| | $\beta$ | 1.081 | 1.866 |
| | $R_d$ | $1+72.454\times(1+0.02C)^{-2}$ | $1+68.787\times(1+0.011C)^{-2}$ |
| | $R^2$ | 0.988 | 0.968 |
| Freundlich 模型 | $K_F/(L \cdot kg^{-1})$ | 184.077 | 127.35 |
| | $N$ | 0.267 | 0.406 |
| | $R_d$ | $1+164.708C^{-0.733}$ | $1+173.272C^{-0.594}$ |
| | $R^2$ | 0.987 | 0.965 |
| D-R 模型 | $K/(mol^2 \cdot kJ^{-2})$ | 0.003 | 0.005 |
| | $E/(kJ \cdot mol^{-1})$ | 13 | 10 |
| | $R^2$ | 0.997 | 0.972 |
| Henry 模型 | $K_d/(L \cdot g^{-1})$ | 0.00793 | 0.00923 |
| | $R_d$ | 27.58 | 31.93 |
| | $R^2$ | 0.843 | 0.883 |

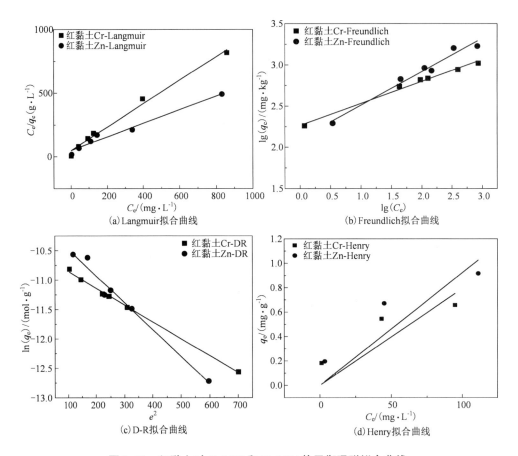

**图 3-11  红黏土对 Cr(Ⅵ)和 Zn(Ⅱ)静平衡吸附拟合曲线**

(2)膨润土对重金属离子的吸附规律。

图 3-12 为 Zn(Ⅱ)在膨润土上的静平衡吸附曲线。由图 3-12 可知,随着吸附后溶液中 Zn(Ⅱ)的平衡浓度的增加,膨润土对 Zn(Ⅱ)的吸附量也迅速增加。值得注意的是,在选定的初始浓度范围内(20~1000 mg/L),膨润土对 Zn(Ⅱ)的吸附还未达到饱和。

采用 Langmuir 模型、Freundlich 模型、D-R 模型和 Henry 模型对吸附等温线进行拟合(图 3-13),拟合参数及由各模型计算的阻滞因子见表 3-10。

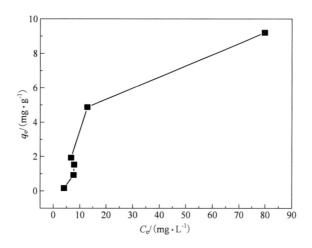

图 3-12　膨润土对 Zn(Ⅱ)的静平衡吸附曲线

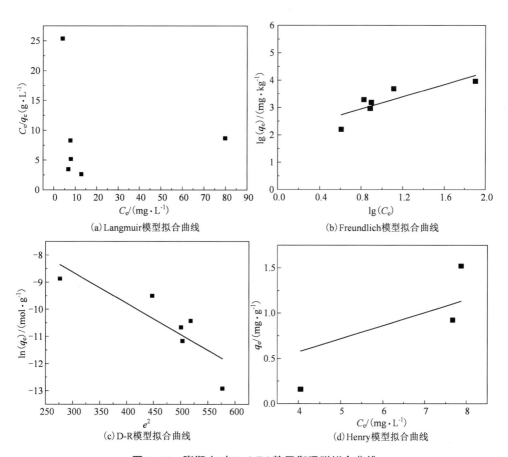

图 3-13　膨润土对 Zn(Ⅱ)静平衡吸附拟合曲线

表 3-10　膨润土对 Zn(Ⅱ)的静平衡吸附模型参数

| 计算模型 | 等温吸附模型及相关参数 | Zn(Ⅱ) |
|---|---|---|
| Langmuir 模型 | $\alpha$ | — |
| | $\beta$ | — |
| | $R_d$ | — |
| | $R^2$ | — |
| Freundlich 模型 | $K_F/(\mathrm{L \cdot kg^{-1}})$ | 114.025 |
| | $N$ | 1.116 |
| | $R_d$ | $1+437.793C^{-0.116}$ |
| | $R^2$ | 0.6 |
| D-R 模型 | $K/(\mathrm{mol^2 \cdot kJ^{-2}})$ | 0.0116 |
| | $E/(\mathrm{kJ \cdot mol^{-1}})$ | 7 |
| | $R^2$ | 0.651 |
| Henry 模型 | $K_d/(\mathrm{L \cdot g^{-1}})$ | 0.144 |
| | $R_d$ | 496.41 |
| | $R^2$ | 0.83 |

如图 3-13 所示,Freundlich 模型能较好地模拟膨润土对 Zn(Ⅱ)的等温吸附过程。膨润土对 Zn(Ⅱ)的吸附不符合 Langmuir 模型可能是因为当 Zn(Ⅱ)溶液初始浓度小于 1000 mg/L 时,膨润土对 Zn(Ⅱ)的吸附尚未饱和。红黏土对重金属离子的 Freundlich 模型常数 $N$ 均小于 1,然而膨润土对 Zn(Ⅱ)的 Freundlich 模型常数 $N$ 为 1.116。由 D-R 模型计算得到的膨润土对 Zn(Ⅱ)最大吸附量 $q_m$ 为 372.7 mg,远远大于所选定的初始浓度下实际最大吸附量 9.2 mg。此外,与红黏土对 Zn 的吸附相比[图 3-13(d)],当溶液初始浓度小于 160 mg/L 时,膨润土对 Zn(Ⅱ)的吸附量与平衡浓度之间的线性关系较差。对于干密度为 1.5 g/cm³ 的压实膨润土,根据表 3-11 中阻滞因子 $R_d$ 计算公式,基于 Henry 线性吸附模型拟合参数值计算得到膨润土对 Zn(Ⅱ)的阻滞因子为 496.4。

(3)红黏土-膨润土混合土对重金属离子吸附规律。

图 3-14 为 Cr(Ⅵ)、Zn(Ⅱ)在混合土上的静平衡吸附曲线。由图 3-14 可见,随着吸附后溶液中 Cr(Ⅵ)、Zn(Ⅱ)的平衡浓度增加,混合土对重金属离子的吸附量也迅速增加直至达到饱和。

采用 Langmuir 模型、Freundlich 模型、D-R 模型和 Henry 模型对吸附等温线进行拟合(图 3-15),拟合参数及由各模型计算的阻滞因子见表 3-11。

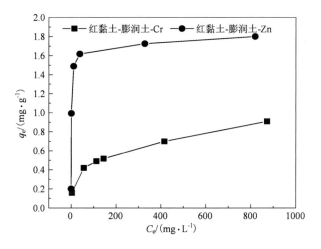

图 3-14　混合土对 Cr( Ⅵ ) 和 Zn( Ⅱ ) 的静平衡吸附曲线

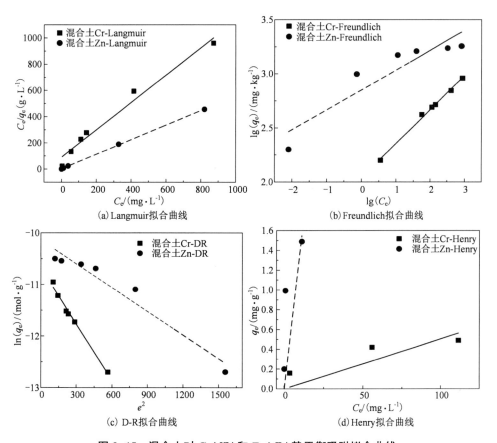

图 3-15　混合土对 Cr( Ⅵ ) 和 Zn( Ⅱ ) 静平衡吸附拟合曲线

表 3-11 混合土对 Cr(Ⅵ) 和 Zn(Ⅱ) 的静平衡吸附模型参数

| 计算模型 | 等温吸附模型及相关参数 | Cr(Ⅵ) | Zn(Ⅱ) |
|---|---|---|---|
| Langmuir 模型 | $\alpha$ | 0.0115 | 0.296 |
| | $\beta$ | 0.959 | 1.80 |
| | $R_d$ | $1+37.26\times(1+0.0115C)^{-2}$ | $1+1800\times(1+0.296C)^{-2}$ |
| | $R^2$ | 0.971 | 0.9997 |
| Freundlich 模型 | $K_F$ | 110.66 | 707.95 |
| | $N$ | 0.312 | 0.183 |
| | $R_d$ | $1+116.64C^{-0.688}$ | $1+437.69C^{-0.817}$ |
| | $R^2$ | 0.994 | 0.815 |
| D-R 模型 | $K$ | 0.00363 | 0.00153 |
| | $E$ | 12 | 18 |
| | $R^2$ | 0.987 | 0.937 |
| Henry 模型 | $K_d$ | 0.005 | 0.139 |
| | $R_d$ | 17.9 | 470.6 |
| | $R^2$ | 0.849 | 0.613 |

Langmuir 模型、Freundlich 模型、D-R 模型均能较好地模拟混合土对 Cr(Ⅵ) 和 Zn(Ⅱ) 的等温吸附过程，相关系数 $R^2>0.9$。Langmuir 模型拟合得到混合土对 Cr(Ⅵ) 和 Zn(Ⅱ) 吸附容量分别为 0.959 mg/g 和 1.80 mg/g。Freundlich 模型常数 $N$ 为 0.312 和 0.183，表明当溶液初始浓度为 20~1000 mg/L 时，混合土对 Cr(Ⅵ) 和 Zn(Ⅱ) 的吸附是非线性的。由 D-R 模型计算得到的混合土对 Cr(Ⅵ)、Zn(Ⅱ) 最大吸附量 $q_m$ 分别为 1.196 mg/g 和 2.58 mg/g，大于 Langmuir 模型计算的吸附容量。此外，由图 3-14 和图 3-15(d) 可得，当溶液初始浓度小于 160 mg/L 时，混合土对重金属离子的吸附符合线性规律。根据表 3-11 中阻滞因子 $R_d$ 计算公式，基于 Henry 线性吸附模型拟合参数值计算得到混合土对 Cr(Ⅵ) 和 Zn(Ⅱ) 的阻滞因子分别为 17.9 和 470.6。

3) 不同因素影响下黏土材料的吸附特性

(1) 离子强度对红黏土吸附特性的影响。

① 离子强度对红黏土吸附 Cr(Ⅵ) 的影响。

如 3.1.2 节所述，本书通过改变溶液中 NaCl 浓度来研究离子强度变化对红黏土吸附特性的影响，图 3-16 绘制了不同 NaCl 浓度下红黏土对 Cr(Ⅵ) 的吸附结果。试验结果表明，当 NaCl 溶液浓度由 0.001 mol/L 增加至 1.0 mol/L 时，红黏土吸附 Cr(Ⅵ) 的量略有降低。这一现象说明离子强度的增加有助于弱化红黏土对重金属的吸附作用。

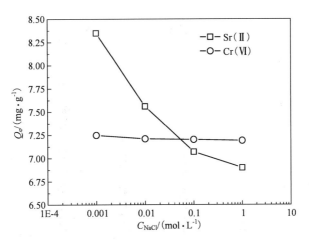

图 3-16　离子强度对红黏土吸附 Cr(Ⅵ) 的影响

②离子强度对红黏土-膨润土混合土吸附 Cr(Ⅵ) 的影响。

采用线性 Langmuir 方程表征混合土对 Cr(Ⅵ) 的吸附特征，图 3-17 为不同离子强度下混合土对 Cr(Ⅵ) 的吸附等温线。结果表明，Langmuir 模型能够较好地反映不同离子强度下混合土对 Cr(Ⅵ) 的吸附规律。

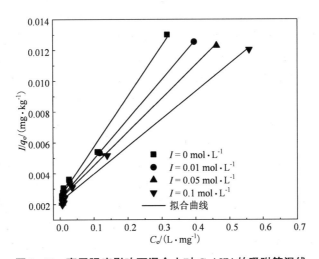

图 3-17　离子强度影响下混合土对 Cr(Ⅵ) 的吸附等温线

图 3-18 为不同离子强度下混合土对 Cr( Ⅵ)的最大吸附量和阻滞因子变化特征。结果表明,随着离子强度的增加,混合土样的 $Q_{max}$ 从 406.51 mg/kg( 0 mol/L)增加到 456.62 mg/kg( 0.1 mol/L),相应地,$K_d$ 从 2.346 mg/L( 0 mol/L)增加到 2.716 mg/L( 0.1 mol/L)。因此,离子强度可促进混合土对 Cr( Ⅵ)的吸附效果。

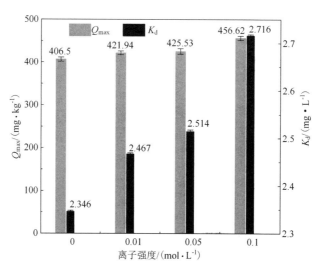

图 3-18　$Q_{max}$ 和 $K_d$ 随离子强度的演化

(2)pH 对离子吸附特性的影响。

①pH 对红黏土吸附 Cr( Ⅵ)和 Zn( Ⅱ)的影响。

为表征溶液初始 pH 对红黏土吸附 Cr( Ⅵ)和 Zn( Ⅱ)的影响,图 3-19 分别绘制了红黏土对 Cr( Ⅵ)和 Zn( Ⅱ)吸附率随溶液 pH 的变化关系。由图 3-19 可得,当溶液 pH 由 2 增加至 11,红黏土对 Cr( Ⅵ)的吸附率从 61.3%降至 43.7%。相反,红黏土对 Zn( Ⅱ)的吸附率由 1.15%升高至 97.02%。这一现象的出现主要是由于溶液中离子赋存形态和黏土颗粒表面带电性。根据红黏土矿物组成,红黏土含有大量高岭石,因此其离子交换量会受 pH 影响。当颗粒表面净电荷为 0 时,相应的 pH 通常称为零电荷点(ZPC)。当溶液 pH 小于红黏土 ZPC 时,红黏土中存在阴离子吸附点位,裸露在边缘的铝氧八面体将从介质中吸附大量孔隙水中的质子而产生净正电荷。相反,当溶液 pH 大于红黏土 ZPC 时,红黏土表面存在大量阳离子吸附点位,对阳离子污染物产生较大的吸附(Chatterjee 等,2017)。此外,根据红黏土的化学成分,红黏土中主要含有 $SiO_2$、$Fe_2O_3$ 和 $Al_2O_3$ 等氧化物。根据已有的研究成果可知(Srivastava 等,2006;Mondal 等,2009),$SiO_2$、$Fe_2O_3$ 和 $Al_2O_3$ 的零电荷点分别为 2.2、8.0 和 8.3。当溶液 pH 高于 ZPC 时,金属氢氧化物与溶液中的 OH⁻结合,颗粒表面产生净负电荷。当溶液 pH 低于零电荷点时,金属氢氧化物与溶液中的 H$^+$ 结合，颗粒表面产生净正电荷。在本研究中，Cr(Ⅵ)在溶液中主要以含氧络合阴离子的形式存在（Cr$_2$O$_7^{2-}$、CrO$_4^{2-}$、HCrO$_4^-$），而 Zn(Ⅱ)在溶液中主要以阳离子形式存在［Zn$^{2+}$、Zn(OH)$^+$］。当处于低 pH 条件时，红黏土表面存在带正电荷的吸附点位，对 Cr(Ⅵ)的吸附率较高。即使此时土样表面存在一定量的负电荷吸附点位，由于溶液中大量存在的 H(Ⅰ)与 Zn(Ⅱ)产生竞争吸附，导致绝大部分吸附点位被 H$^+$ 占据，因此，在低 pH 条件下红黏土对 Zn(Ⅱ)的吸附率较低。随着溶液 pH 的增大，红黏土表面所带正电荷减少，故其对 Cr(Ⅵ)的吸附率降低。当溶液 pH 超过红黏土 ZPC 时，红黏土表面所带负电荷增多，有利于 Zn(Ⅱ)的吸附。例如，当溶液 pH 增大至 7 时，红黏土对 Zn(Ⅱ)的吸附率增大至 59.8%。此外，随着 pH 继续增大，溶液中的 Zn(Ⅱ)近乎被去除，这可能由于碱性条件下 Zn 发生沉淀。Mitra 等（2016）研究 pH 对红黏土吸附 Cr(Ⅵ)的影响时也得到了上述类似的结果。

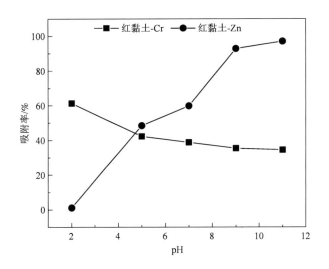

**图 3-19　溶液初始 pH 对红黏土吸附重金属离子的影响**

②pH 对膨润土吸附 Cr(Ⅲ)和 Zn(Ⅱ)的影响。

在 Cr(Ⅲ)溶液浓度 100 mg/L、溶液体积 50 mL、振荡时间 2 h 和膨润土用量 1.0 g 条件下，膨润土吸附 Cr(Ⅲ)量随 pH 的变化关系如图 3-20 所示。从图中可以看出，随着 pH 从 4.0 增至 7.0，吸附容量从 0.5 mg/g 增至 4.7 mg/g。当 pH 高于 7.0 时，pH 对吸附量变化影响不再显著。究其原因，在低 pH 下，膨润土对 Cr(Ⅲ)的吸附主要与离子交换点位上 Cr(Ⅲ)和 H$^+$/Na$^+$ 间离子交换作用有关。在 pH=7.0 时，Cr(Ⅲ)将在溶液中发生沉淀。膨润土的零电位 pH 为（6.3±0.1），因此，膨润土对 Cr(Ⅲ)的吸附量保持较高水平（Wang 等，2009b）。

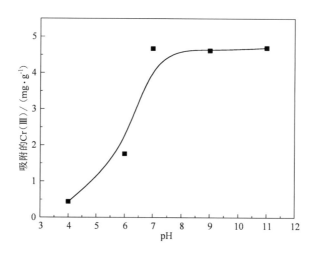

**图 3-20　pH 对膨润土吸附 Cr(Ⅲ)的影响**
（$C_0 = 100$ mg/L, $m/v = 20$ g/L, $I = 0.01$ mol/L NaCl, $T = 293.15$ K）

溶液初始 pH 对膨润土吸附 Zn(Ⅱ)的影响如图 3-21 所示。当溶液 pH 为 2 时，膨润土对 Zn(Ⅱ)的吸附率为 82.48%；当溶液 pH 升高至 7，膨润土对 Zn(Ⅱ)的吸附率增大至 98.21%。随着溶液 pH 的增大，膨润土对 Zn(Ⅱ)的吸附率逐渐增大。这种趋势在 pH 小于 7 时更加明显，当 pH>7，膨润土对 Zn(Ⅱ)的吸附率增长较为缓慢。不同 pH 条件下 Zn(Ⅱ)的存在形态如图 3-22 所示，当 pH 小于 7 时，Zn 主要以 Zn(Ⅱ)形式存在于溶液中。膨润土主要通过离子交换吸附溶液中重金属离子。当 pH 较低时，溶液中存在大量的 H⁺，由于存在竞争吸附作用，导致低 pH 条件下膨润土对 Zn(Ⅱ)的吸附率较低。随着 pH 的增大，竞争吸附作用变弱，膨润土对 Zn(Ⅱ)的吸附率逐渐增加。当 pH 大于 7 时，溶液中开始出现 Zn(OH)₂ 的沉淀。此时，随着溶液 pH 的继续增大，膨润土对 Zn(Ⅱ)的吸附率增大可能是 Zn 沉淀所致。通过对比图 3-19 和图 3-21，可以发现 pH 对膨润土吸附重金属离子的影响较小，当 pH 为 2~11 时，吸附率最大相差为 15.73%。相比之下，pH 对红黏土吸附重金属离子的影响更大。黏土对重金属离子主要存在两种吸附机制：①基于离子交换作用的外层络合；②重金属离子与黏土颗粒边缘的硅烷醇基和铝醇基形成直接的配位共价键，即内层络合。其中，由于质子化或去质子化作用对形成内层络合的吸附影响较大，后者更容易受 pH 影响（Abollino 等，2008；Chen 等，2009；Chen 等，2011）。膨润土具有较大的阳离子交换量（0.773 mmol/g），对重金属离子的吸附机制主要为离子交换。此时膨润土对重金属离子的吸附不易受 pH 影响。

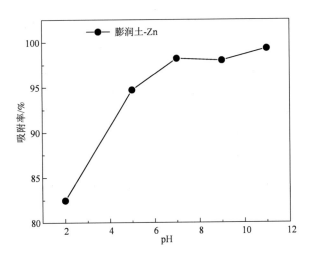

**图 3-21　溶液初始 pH 对膨润土吸附 Zn(Ⅱ)的影响**

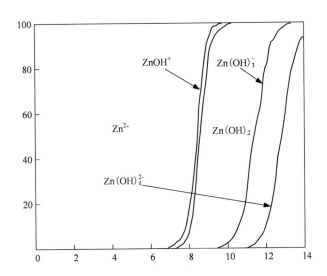

**图 3-22　不同 pH 溶液中 Zn(Ⅱ)的存在形态(Vásquez 等，2007)**

③初始 pH 对红黏土-膨润土混合土吸附 Cr(Ⅵ)和 Zn(Ⅱ)的影响。

溶液初始 pH 对红黏土-膨润土混合土吸附 Cr(Ⅵ)和 Zn(Ⅱ)的影响如图 3-23 所示。结果表明，随着 pH 的增大，混合土对 Cr(Ⅵ)的吸附率降低，对 Zn(Ⅱ)的吸附率升高。当溶液初始 pH 为 2 时，混合土对 Cr(Ⅵ)、Zn(Ⅱ)的吸附分别达到最高和最低，为 52.7% 和 36.6%；当 pH 为 11 时，混合土对 Cr(Ⅵ)、Zn(Ⅱ)的吸附率分别为27.6%和99.3%。由于混合土中膨润土掺入比较低，pH对混合土吸附重金属离子的影响机理与pH对红黏土吸附重金属离子的影响机理一致。不同之处在于，同红黏土吸附Cr(Ⅵ)相比，在所设定的pH范围内(2~11)，混合土对Cr(Ⅵ)的吸附率均有所降低，对Zn(Ⅱ)的吸附率均有所提高，表明膨润土的掺入不利于混合土对Cr(Ⅵ)的吸附，但是可以显著增强土样对Zn(Ⅱ)的吸附。此外，与红黏土对Zn(Ⅱ)的吸附不同，当pH由2增大至7时，混合土对Zn(Ⅱ)的吸附急剧增大，当pH>7时，混合土对Zn(Ⅱ)的吸附率呈缓慢增加趋势。

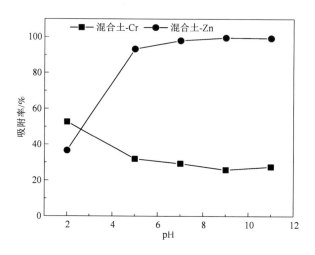

**图3-23　溶液初始pH对红黏土-膨润土混合土吸附重金属离子的影响**

2.黏土类屏障材料的解吸附特性

本章节主要探究解吸附时间、离子浓度、吸附/解吸循环、pH等因素对重金属Cr(Ⅲ)在膨润土上解吸附特性的影响。

1)解吸附时间对黏土类屏障材料解吸附特性的影响

Cr(Ⅲ)在膨润土上的解吸附率时程曲线如图3-24所示。结果表明，在解吸附开始的0.5~2h，解吸率随解吸附时间的延长而迅速增加；2~3h时，解吸率增加比较缓慢；解吸3h后，解吸率不再增加，表明解吸附过程达到平衡状态，对应解析率约为80%。根据上述膨润土对Cr(Ⅲ)的吸附试验结果可知，吸附平衡时间为2h，由此可得重金属离子的解吸附速率小于膨润土的吸附速率。

2)化学溶液对黏土类屏障材料解吸附特性的影响

①NaCl溶液浓度的影响。

常温时，NaCl溶液浓度对膨润土上Cr(Ⅲ)解吸附率的影响如图3-25所示。从图3-25可以看出，随着NaCl浓度的增加，Cr(Ⅲ)的解吸附率近似呈线性增

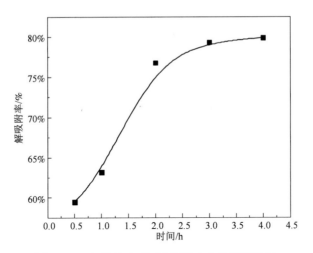

**图 3-24　Cr(Ⅲ)在 GMZ 膨润土上的解吸时间**

长；当 NaCl 浓度为 1.5 mol/L 时，解吸附率达到最高；随后，随着 NaCl 浓度的增加，解吸附率基本不再变化。究其原因，当吸附 Cr(Ⅲ)的膨润土被置于 NaCl 溶液中，Na(Ⅰ)和 Cr(Ⅲ)在振动作用下发生离子交换反应。在膨润土吸附 Cr(Ⅲ)过程中，Cr(Ⅲ)将置换膨润土中的 Na(Ⅰ)，提高 Na(Ⅰ)浓度可抑制 Cr(Ⅲ)的吸附作用。反之，作为吸附反应的逆过程，解吸附过程中提高 Na(Ⅰ)浓度将促进 Cr(Ⅲ)的解吸附作用。

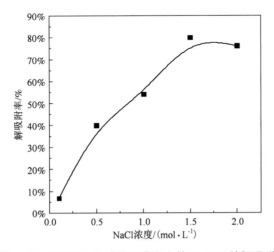

**图 3-25　不同 NaCl 浓度下膨润土的 Cr(Ⅲ)的解吸附**

②溶液 pH 的影响。

膨润土上 Cr(Ⅲ)的解吸率随溶液 pH(NaCl 溶液)的变化关系如图 3-26 所示。从图 3-26 中可以看出, Cr(Ⅲ)的解吸率随 pH 的增加逐渐降低。当 pH 为 1 时, Cr(Ⅲ)的解吸率为 89.4%;当 pH 由 1 增至 5 时,解吸率显著降至 60%;当 pH 为 5~7 时,解吸率的下降变缓甚至有所增加;但当 pH 为 7~9 时,解吸率再次急剧下降。基于上述现象可知,强酸性环境不利于膨润土吸附 Cr(Ⅲ)的进行,这是因为酸性环境中存在大量的 H(Ⅰ)和 Na(Ⅰ),有助于促进 Cr(Ⅲ)的解吸附作用。而在碱性环境下, OH⁻ 离子较多,阻碍了 Na⁺ 对吸附 Cr(Ⅲ)的交换,同时 Cr(Ⅲ)容易发生沉淀。

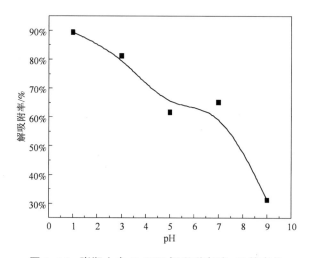

图 3-26　膨润土中 Cr(Ⅲ)解吸附率随 pH 的变化

3)吸附/解吸循环的影响

3 次吸附/解吸附循环试验获取的解吸率柱状图如图 3-27 所示。结果表明,经过 2 次吸附/解吸循环后, NaCl 溶液对膨润土中 Cr(Ⅲ)仍具有较高的解吸率,第 3 次吸附/解吸循环试验后,解吸率略有降低,表明膨润土对 Cr(Ⅲ)的吸附/解吸附重复利用性较好,其吸附/解吸能力和再生能力较强,在处理 Cr(Ⅲ)污染场地时具有较好的经济性。

3. 黏土类屏障材料的竞争吸附特性

1)Na(Ⅰ)/Cr(Ⅲ)在二元体系中的吸附

分配系数($K_d$)是衡量不同材料对任何特定离子吸附能力的有效参数。本研究获得的 Na(Ⅰ)/Cr(Ⅲ)二元溶液体系中 Cr(Ⅲ)的 $K_d$ 值如图 3-28 所示。从图 3-28 可以看出,随着 NaCl 浓度从 0 mol/L 增至 2.0 mol/L, $K_d$ 值迅速降低,并

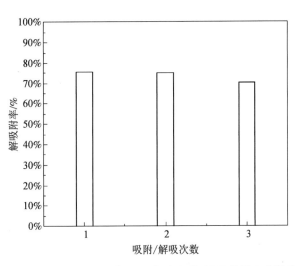

**图 3-27　膨润土中 Cr(Ⅲ)解吸附率随吸附/解吸附循环次数的变化**

在 1.5 mol/L 左右保持低水平，在高浓度下变化不大。这些现象可以解释为 Cr(Ⅲ)离子在膨润土中的主要吸附机理为化学吸附，当 NaCl 浓度增加时，溶液中 Na(Ⅰ)增多，由于 Na(Ⅰ)在膨润土中的亲和力较 Cr(Ⅲ)更强，导致后者可能优先与 K、Ca、Mg 进行离子交换(Chen 等，2015；He 等，2020)。

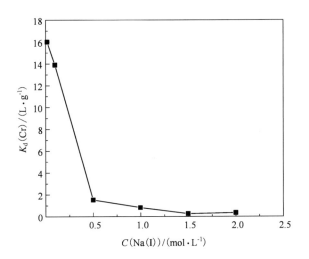

**图 3-28　Na(Ⅰ)浓度对二元体系中 Cr(Ⅲ)吸附的影响**

2）Cu（Ⅱ）/Cr（Ⅲ）在二元体系中的吸附

图 3-29 和图 3-30 显示了不同温度下目标重金属离子的 $K_d$ 值。结果表明，固相通过吸附和化学反应对重金属离子的阻滞率较高。

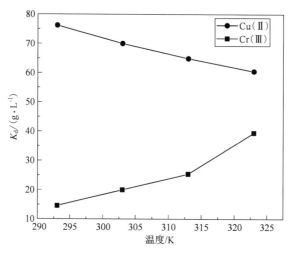

图 3-29　一元体系中的 $K_d$ 值

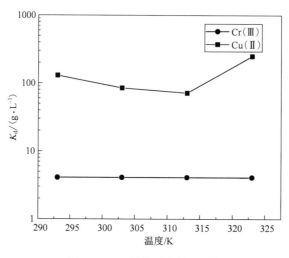

图 3-30　二元体系中的 $K_d$ 值

根据所获分配系数（$K_d$），可发现重金属离子对膨润土的吸附亲和性顺序为二元（Cr）>一元（Cu）>一元（Cr）>二元（Cu），表明膨润土对 Cr（Ⅲ）的吸附能力比

Cu(Ⅱ)强,且 Cu(Ⅱ)的存在对二元重金属离子体系中 Cr(Ⅲ)的吸收有促进作用。Irha 等(2009)、Covelo 等(2007)和 Alumaa 等(2001)也得出底泥、高岭土和黏土对 Cr(Ⅲ)的吸附亲和性高于 Cu(Ⅱ)的结论(表 3-12)。

表 3-12　不同土壤样品的重金属分配系数($K_d$)

| 土壤样品 | $K_d/(\text{mL} \cdot \text{g}^{-1})$ | | 参考文献 |
| --- | --- | --- | --- |
| | Cr | Cu | |
| 膨润土 | 129090 | 4230 | 本试验 |
| 底泥 | 6010 | 2360 | Irha 等(2009) |
| 高岭土 | $9.74 \times 10^{-3}$ | — | Covelo 等(2007) |
| 黏土 | 537 | 58 | Alumaa 等(2001) |

**3)竞争吸附机理**

为明确某一重金属离子的吸附是否受到溶液体系中存在的其他重金属离子的影响,故针对二元重金属离子体系中的重金属离子进行竞争吸附研究。重金属离子和膨润土之间的相互作用平衡可以描述为:

$$x\text{Cr}^{3+}_{(s)} + 3M^{x+}_{(b)} \rightarrow x\text{Cr}^{3+}_{(b)} + 3M^{x+}_{(s)} \tag{3-4}$$

$$y\text{Cu}^{2+}_{(s)} + 2M^{y+}_{(b)} \rightarrow y\text{Cu}^{2+}_{(b)} + 2M^{y+}_{(s)} \tag{3-5}$$

式中:$x$ 和 $y$ 是可交换阳离子 $M$(Na、K、Ca、Mg)的化合价;下标(s)和(b)分别表示溶液相和膨润土相。

当膨润土用作废水处理的吸附剂时,受污染溶液通常含有各种大量金属离子,这些金属离子可能相互竞争膨润土上的吸附位置。根据所选金属离子的特性,吸附剂可能会对不同金属离子产生相对选择性。一般来说,影响溶液中金属阳离子相对选择性的最重要因素是价态和水合离子半径。而 Cr(Ⅲ)的存在对 Cu(Ⅱ)的吸附有负面影响,这一现象可以由相关金属离子的特性解释,故基于金属离子半径、原子量、电负性、离子电势和水解常数可以预测吸附亲和力顺序(表 3-13)。

表 3-13　$\text{Cr}^{3+}$ 和 $\text{Cu}^{2+}$ 离子的化学性质

| 阳离子 | 离子半径/nm | 原子量 | 电负性 | 离子势($z^2/r$) | 水解常数 |
| --- | --- | --- | --- | --- | --- |
| $\text{Cr}^{3+}$ | 0.061 | 52.00 | 1.66 | 147.54 | - |
| $\text{Cu}^{2+}$ | 0.07 | 63.54 | 1.90 | 57.14 | 8 |

注:-表示 Cr(Ⅲ)的水解是复杂的,它产生单核离子 $\text{CrOH}^{2+}$、$\text{Cr(OH)}_2^+$、$\text{Cr(OH)}_4^-$、中性离子 $\text{Cr(OH)}_3$ 和多核离子 $\text{Cr}_2\text{(OH)}_2^{4+}$ 和 $\text{Cr}_3\text{(OH)}_4^{5+}$。

通常,黏土的吸附分为两类,选择性吸附和非选择性吸附。非选择性吸附属于静电效应,由黏土矿物控制永久电荷,其中选择性吸附属于化学吸附。重金属离子的选择性吸附取决于膨润土上的吸附点位。为了分析一元和二元重金属离子体系的吸附量,在吸附试验中加入定量的膨润土,结果如图 3-31 所示。

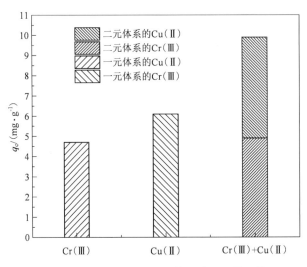

图 3-31  一元体系和二元体系的吸附量比较

二元体系中 Cr(Ⅲ)和 Cu(Ⅱ)的总吸附量(9.96 mg/g)大于一元体系中的 Cr(Ⅲ)(4.68 mg/g)或 Cu(Ⅱ)(6.10 mg/g),表明这两种重金属离子可能在膨润土上占据部分不同的吸附点位(图 3-31)。然而,在二元体系中,两种重金属离子在膨润土上存在显著的竞争吸附,这说明 Cr(Ⅲ)和 Cu(Ⅱ)在膨润土上具有部分相同的吸附点位(图 3-29 和图 3-30)。因此,部分 Cr(Ⅲ)和 Cu(Ⅱ)占据不同的吸附点位,而部分 Cr(Ⅲ)和 Cu(Ⅱ)在膨润土上具有相同的吸附点位。Cr(Ⅲ)在二元体系中的吸附容量大于一元体系,表明 Cu(Ⅱ)的存在对 Cr(Ⅲ)的吸附有促进作用,这可能是因为二元体系中 Cu(Ⅱ)的"柱撑效应"而导致膨润土中蒙脱石晶层层间距 $d_{001}$ 值有所增大(Li 等,2009)。目前,关于膨润土吸附点位的研究较少,特别是重金属离子占据吸附点位的比例等相关问题还需进一步探究。

## 3.2　黏土类工程屏障中重金属污染物弥散特性

### 3.2.1　试验材料与试样制备

1. 黏土材料基本性质

试验采用的黏土材料为红黏土和膨润土，二者的基本性质详见 3.1.1 节。

2. 试样制备

试样压制前，首先测定土样含水率，再按照膨润土的掺入比（膨润土干土质量与干土总质量的百分比）制备混合土样，所需红黏土与膨润土质量计算方法见式（3-6）~式（3-10）。将称取的土样按照如图 3-32 所示混合，混合后土样含水率可按照式（3-10）计算。

$$\lambda = \frac{m_B}{m_R + m_B} \tag{3-6}$$

$$w = \frac{M_B / (1 + w_B)}{M_R / (1 + w_R) + M_B / (1 + w_B)} \tag{3-7}$$

$$M_{B(5\%)} = \frac{M_R (1 + w_B)}{19(1 + w_R)} \tag{3-8}$$

$$M_{B(10\%)} = \frac{M_R (1 + w_B)}{9(1 + w_R)} \tag{3-9}$$

$$w = \frac{(M_R + M_B - m_R - m_B)}{m_R + m_B} \tag{3-10}$$

式中：$\lambda$ 为膨润土掺入比（5%、10%）；$m_R$ 和 $m_B$ 分别为红黏土和膨润土的干土质量；$M_R$ 为红黏土质量；$M_{B(5\%)}$ 和 $M_{B(10\%)}$ 分别为掺 5% 膨润土和掺 10% 膨润土所需膨润土质量；$w_R$、$w_B$ 和 $w$ 分别为红黏土、膨润土和混合土的含水率。

弥散试验所需土柱样采用静压法制备，制样过程如下：首先，将自然风干后的红黏土或膨润土过 0.2 mm 筛，分别按照 2%、5%、10%、20% 的膨润土掺入比称量并混合红黏土和膨润土，制备过程如图 3-32 所示。

试验过程中，所有试样的初始含水率均控制为 12%。配制好混合土样后，按照目标干密度和目标高度分别为 1.5 g/cm³ 和 50 mm，称取相应质量的混合土样，将其倒入不锈钢试样环中，利用电子万能试验机和压样模具（图 3-33），以恒定速率（0.2 mm/min）将其压制成柱形试样。待压制到目标位移后，静置 1 h 以保持土样均匀，降低试样回弹变形量。通过测定土样的尺寸，可发现土样的实际干密度为（1.5±0.02）g/cm³（图 3-34）。

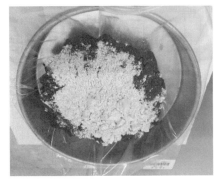

(a) 掺10%膨润土混合前　　　　　　　　　(b) 掺10%膨润土混合后

图 3-32　混合土样制备过程

(a) 万能试验机　　　　　　　　　(b) 压样模具

图 3-33　压样仪器实物图

(a) 掺5%膨润土　　　　　　　　　(b) 掺10%膨润土

图 3-34　压实土柱样

弥散试验所需粉质黏土压实土柱样的制备过程与红黏土–膨润土混合土压实土柱样制备过程相同。

## 3.2.2　试验方法与方案

1. 扩散试验

1) 试验仪器与方法

样品制备完成后，将样品放置在试验仪器内部，在真空饱和器内（100 kPa）用蒸馏水真空饱和 24 h。为了在试样两侧保持稳定的浓度梯度，在大储液罐中装入 200 mL 模拟污染溶液，小储液罐中装入 20 mL 蒸馏水且每隔 12 h 更换 1 次蒸馏水（图 3-35），原溶液中重金属浓度采用二苯碳酰二肼分光光度法测定。

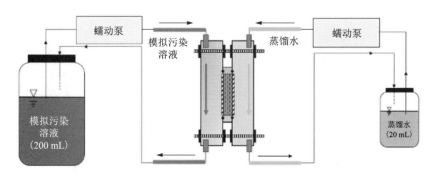

(a) 测试仪器示意图

(b) 试验仪器实物图

图 3-35　弥散试验装置

2）数据分析

试验采用 Fick 第二定律计算有效扩散系数（$D_e$）和样品容量因数（$\alpha$），并将混合土中一维非稳态扩散过程描述为：

$$\frac{\partial C}{\partial t} = \frac{D_e}{\alpha} \frac{\partial^2 C}{\partial x^2} \tag{3-11}$$

式中：$C$ 为模拟污染溶液中 Cr（Ⅵ）的浓度，mol/L；$t$ 为扩散时间，s；$x$ 为扩散距离，m。

通过适当的初始和边界条件计算击穿压实样的累积质量 $A_{cum}$（$\mu$g）：

$$C(x, t) = 0; \quad t = 0, \ \forall x \tag{3-12}$$

$$C(0, t) = C_0; \quad x = 0, \ t > 0 \tag{3-13}$$

$$C(L, t) = C_L; \quad x = L, \ t > 0 \tag{3-14}$$

$$A_{cum} = S \cdot L \cdot C_0 \left( \frac{D_e \cdot t}{L^2} - \frac{\alpha}{6} - \frac{2 \cdot \alpha}{\pi^2} \right) \sum_{n=1}^{\alpha} \frac{(-1)^n}{n^2} \cdot \exp\left( -\frac{D_e \cdot n^2 \cdot \pi^2 \cdot t}{L^2 \alpha} \right) \tag{3-15}$$

式中：$L$ 为黏土样品的厚度，m；$C_0$ 为 Cr（Ⅵ）的初始浓度，$\mu$g/m$^3$；$S$ 为样品的横截面积，m$^2$。

$D_e$ 和 $\alpha$ 由 $A_{cum}$ 与时间的突破曲线的最佳拟合得到，如式（3-16）和式（3-17）所示：

$$J(L, t) = \frac{1}{S} \cdot \frac{\delta A}{\delta t} \tag{3-16}$$

$$\varepsilon_{acc} = \alpha - \rho_d \cdot K_d \tag{3-17}$$

式中：$\rho_d$ 为试样的体积干密度，kg/m$^3$；$\varepsilon_{tot}$ 为试样总孔隙率。$\varepsilon_{tot}$ 的计算公式为：

$$\varepsilon_{tot} = 1 - \frac{\rho_d}{\rho_s} \tag{3-18}$$

式中：$\rho_s$ 为试样的土粒密度，kg/m$^3$。压实试样的 $\rho_s$ 计算为：

$$\rho_s = m_N \cdot \rho_{sN} + m_B \cdot \rho_{sB} \tag{3-19}$$

式中：$m_N$ 为样品的天然黏土含量，%；$m_B$ 为样品的膨润土含量，%；$\rho_{sN}$ 为天然黏土的粒密度，kg/m$^3$；$\rho_{sB}$ 为膨润土土粒密度，kg/m$^3$。

**2. 水动力弥散试验**

1）试验仪器

试验采用课题组自主研制的渗透-弥散试验装置，如图 3-36 所示。该装置主要由三部分组成：定水头装置、渗透装置和排水装置。采用常水头法开展饱和渗透试验。

试验过程中，首先将土样填入金属环内，采用静压法制备圆柱形压实样；随后，将盛有土样的金属环同活塞、顶盖、底座等安装拼合，采用螺杆固定，其中，土样上、下表面均铺设有滤纸；待土样安装完毕后，将渗透仪放置真空饱和器中，采用真空饱和法对试样进行饱和；最后，将渗透仪与定水头装置连接，定期测定渗出溶液的体积，计算试样的饱和渗透系数，计算公式见式（3-20）。当相邻较长时间段内计算的渗透系数不变时，认为渗透达到稳定。

$$k = \frac{q}{Ai} = \frac{LV_t}{\Delta hAt} \qquad (3-20)$$

式中：$k$ 为渗透系数，cm/s；$q$ 为渗透流量，cm³/s；$i$ 为水力梯度；$A$ 为试样横截面积，cm²；$L$ 为试样高度，cm；$V_t$ 为 $t$ 时间内流经试样的溶液体积，cm³；$\Delta h$ 为水头差，cm；$t$ 为时间，s。

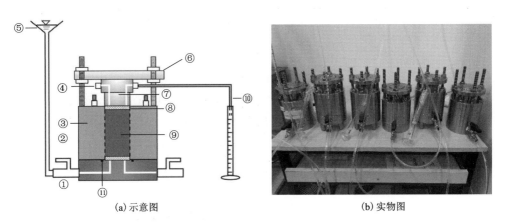

(a) 示意图　　　　　　　　　　(b) 实物图

①—底座；②—进水阀门；③—试样室；④—出液口；⑤—定水头装置；⑥—顶盖；⑦—活塞；⑧—透水石；⑨—土样；⑩—取样管；⑪—O 形圈。

**图 3-36　渗透-弥散试验装置**

2）试验方法与数据分析

为探究膨润土掺入比对混合土样渗透系数的影响，试验分别设置四种膨润土掺入比，包括2%、5%、10%和20%。随后，开展蒸馏水条件下混合土样的饱和渗透试验，待测定的渗透系数稳定后，从土样底端通入浓度为 160 mg/L 的 Cr(Ⅵ) 溶液，并测定 Cr(Ⅵ) 溶液入渗下土样的渗透系数变化，同时，定期收集量筒内溶液，测定流出液中 Cr(Ⅵ) 浓度；待流出液 Cr(Ⅵ) 浓度与初始溶液 Cr(Ⅵ) 浓度接近时，停止试验。

上述试验方案见表3-14。

表 3-14　渗透-弥散试验方案

| 试样编号 | 干密度/(g·cm⁻³) | 掺入比/% | 化学溶液 | 浓度/(mg·L⁻¹) |
|---|---|---|---|---|
| R | 1.5 | 0 | 蒸馏水、Cr(Ⅵ) | 160 |
| BR₂ | 1.5 | 2 | 蒸馏水、Cr(Ⅵ) | 160 |
| BR₅ | 1.5 | 5 | 蒸馏水、Cr(Ⅵ) | 160 |
| BR₁₀ | 1.5 | 10 | 蒸馏水、Cr(Ⅵ) | 160 |
| BR₂₀ | 1.5 | 20 | 蒸馏水、Cr(Ⅵ) | 160 |
| S1 | 1.5 | — | 蒸馏水、Cr(Ⅵ) | 160 |
| S2 | 1.5 | — | 蒸馏水、Cr(Ⅵ) | 1000 |

注：R 表示红黏土，BR 表示混合土，BR10 表示掺入 10% 膨润土的混合土，S1、S2 为通入不同浓度 Cr(Ⅵ)溶液渗透的粉质黏土试样。

通过弥散试验，获取粉质黏土和不同膨润土掺入比压实红黏土-膨润土混合土样的溶质击穿曲线和累积质量曲线，结合 Van Genuchten 和 Parker 提出的对流-弥散-反应解析模型($T$-$RC$ 法) 和基于 Shackelford 提出的溶质累积质量的穿透理论($T$-$CMR$ 法)，采用参数反演法、图解法对压实黏土的水动力弥散系数和阻滞因子进行测定。两种方法具体如下。

(1) $T$-$RC$ 法。

$$RC = \frac{C(L, t)}{C_0} = \frac{1}{2}\left[\mathrm{erfc}\left(\frac{LR_d - v_s t}{2\sqrt{DtR_d}}\right) + \exp\left(\frac{v_s L}{D}\right) \cdot \mathrm{erfc}\left(\frac{LR_d + v_s t}{2\sqrt{DtR_d}}\right)\right] \quad (3-21)$$

定义无量纲时间因子，表示流体的孔隙体积数，即一定时间内流出土样的溶液体积与土样孔隙体积之比：

$$T = \frac{v_s t}{L} \quad (3-22)$$

将式(3-21)代入式(3-22)得，

$$RC = \frac{C(L, t)}{C_0} = \frac{1}{2}\left[\mathrm{erfc}\left(\frac{R_d - T}{2\sqrt{\frac{TR_d D}{v_s L}}}\right) + \exp\left(\frac{v_s L}{D}\right)\mathrm{erfc}\left(\frac{R_d + T}{2\sqrt{\frac{TR_d D}{v_s L}}}\right)\right] \quad (3-23)$$

式中：$RC$ 表示相对浓度；$C(L, t)$ 为时间 $t$ 对应的流出溶液中溶质浓度，$M/L^3$；$C(L, t)$ 为无量纲时间 $T$ 对应的流出溶液中溶质浓度，$M/L^3$；$C_0$ 为重金属溶液初始浓度，$M/L^3$；$L$ 为试样长度，L；$R_d$ 为阻滞因子；$D$ 为水动力弥散系数，$L^2/T$；$v_s$ 为渗透速度，$L/T$。

（2）$T$-$CMR$ 法。

Shackelford（1994）提出了一种不同于 $T$-$RC$ 法的土柱试验溶质迁移参数分析方法（累积质量法）。该方法基于流出溶液中溶质的累积质量（而不是流出物中的溶质浓度）与无量纲时间 $T$ 的关系曲线计算溶质迁移参数。区别于传统的 $T$-$RC$ 法收集孤立的、离散的流出溶液样本进行化学浓度分析，$T$-$CMR$ 法需连续收集所有的流出溶液并进行化学浓度分析。该方法与基于流出溶液浓度的分析方法相比能更加准确地描述溶质迁移过程，而且可以在不影响试验准确性的前提下大大减少取样次数。$CMR$ 表示流出溶液中累积溶质质量与溶质达到稳态迁移后土样孔隙水中相同种类溶质质量之比：

$$CMR = \frac{\sum \Delta m}{m_0} = \frac{\sum \Delta m}{V_p C_0} \qquad (3-24)$$

恒定源浓度的土柱试验中 $CMR$ 与 $T$ 的表达式如下：

$$CMR = \frac{R_d}{2P_L}\left[\left(\frac{Tv_sL}{DR_d} - \frac{v_sL}{D}\right)\text{erfc}\left(\frac{R_d - T}{2\sqrt{\dfrac{TR_dD}{v_sL}}}\right) + \left(\frac{Tv_sL}{DR_d} + \frac{v_sL}{D}\right)\exp\left(\frac{v_sL}{D}\right)\text{erfc}\left(\frac{R_d + T}{2\sqrt{\dfrac{TR_dD}{v_sL}}}\right)\right]$$

$$(3-25)$$

式中：$CMR$ 表示溶质累积质量比；$\Delta m$ 表示每个时间间隔所接溶液中溶质的累积质量，M；$V_p$ 为土体孔隙体积，$L^3$；其他同前。

### 3.2.3　试验结果与分析

1. 扩散试验结果与分析

1）离子强度的影响

压实混合土试样 B2（B2 试样中膨润土与红黏土比值为 2：10）的累计击穿质量 $A_{cum}$ 与时间的关系如图 3-37 所示。在累计击穿质量 $A_{cum}$ 曲线的开始和结束处绘制切线（Cherkov，2000），可将击穿过程分为三个阶段：①稳定穿透阶段，这个阶段 Cr（Ⅵ）的累积击穿质量接近 0；②快速增长阶段，Cr（Ⅵ）的累积击穿质量显著增加，$A_{cum}$ 增长速率逐渐增大，离子强度也逐渐增大；③线性增长阶段，Cr（Ⅵ）的扩散达到平衡，$A_{cum}$ 曲线的斜率恒定，离子强度越大，斜率越大。

B2 样品的 Cr（Ⅵ）扩散通量 $J$ 随时间的变化情况如图 3-38 所示。结果表明，扩散通量 $J$ 随时间的变化曲线近似分为三个阶段：缓慢增长阶段、快速增长阶段和稳定阶段。随着离子强度的增加，扩散通量逐渐增加。同时，扩散通量曲线的发展趋势均呈相似的三段式。离子强度促进了快速增长阶段扩散通量的增加速率。

表 3-15 为不同离子强度下压实 B2 样品中 Cr（Ⅵ）扩散的相关参数。结果表

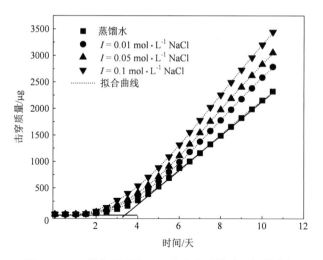

图3-37 不同离子强度下累计击穿质量随时间的变化

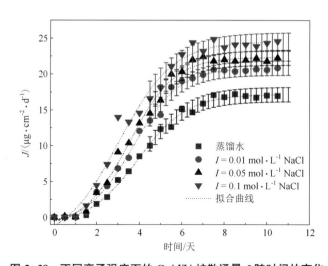

图3-38 不同离子强度下的Cr(Ⅵ)扩散通量 $J$ 随时间的变化

明，随着离子强度的增加，有效扩散系数 $D_e$ 值略有增加。当离子强度从 0 mol/L 增加到 0.1 mol/L 时，有效扩散系数 $D_e$ 值增加了 21.54%。同时，土体的孔隙率 $\varepsilon_{acc}$ 也随离子强度的增加而增加，这可能是由于 Cr(Ⅵ) 在扩散过程中受到明显的阴离子排斥力。

表 3-15　不同离子强度下压实 B2 样品中 Cr(Ⅵ)扩散相关参数

| 离子强度 | $c_0/(mg \cdot L^{-1})$ | $D_e \times 10^{-10}/(m^2 \cdot s^{-1})$ | $\varepsilon_{acc}(-)$ | $\varepsilon_{tot}(-)$ | $\alpha(-)$ |
|---|---|---|---|---|---|
| DW | | 0.651 | 0.268±0.010 | | 3.77±0.013 |
| 0.01 | 160±2 | 0.672 | 0.299±0.002 | 0.441 | 3.94±0.013 |
| 0.05 | | 0.731 | 0.311±0.002 | | 4.06±0.013 |
| 0.1 | | 0.794 | 0.323±0.002 | | 4.42±0.013 |

根据上述试验结果，可以发现 Cr(Ⅵ)的扩散程度随着离子强度的增加而增加，这可能是由于 B2 样品中除高岭石(带正电或带负电)和蒙脱石(带负电)等带电矿物外，还存在少量不带电的方解石和石英，且由于静压法中压实样品中矿物的随机排列性，导致 B2 样品中孔隙存在以下三种可能：①部分带电孔隙和不带电孔隙，在该种孔隙中阴离子可以自由扩散[图 3-39(a)]；②带电孔隙[图 3-39(b)]；③死端孔隙，这类孔隙中末端离子扩散受阻[图 3-39(c)]。根据 DDL 理论，对于带电孔隙，孔隙通道可分为扩散层所在的非零电位区和允许离子自由迁移的零电位区(Shakelford，2012)。当孔隙足够小时，膨润土中的层间孔隙(带负电)、带负电颗粒(膨润土或带负电高岭石)形成的粒间孔隙以及 DDL 的重合可导致整个通道携带负电，完全排斥阴离子迁移(Shackelford，2012)。然而，DDL 的重合对带正电孔隙中阴离子的迁移几乎没有影响。作为一种含氧阴离子，Cr(Ⅵ)只能在不带电或部分带电的孔隙中迁移(He 等，2016；Hu 等，2010；He 等，2019)。孔隙流体中的高离子强度压缩了 DDL，拓宽了迁移通道。因此，Cr(Ⅵ)扩散程度随着离子强度的增加而增加。

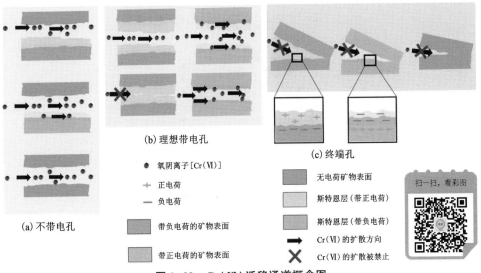

(a) 不带电孔　　(b) 理想带电孔　　(c) 终端孔

● 氧阴离子[Cr(Ⅵ)]
✛ 正电荷
— 负电荷

■ 带负荷的矿物表面
■ 带正电荷的矿物表面

■ 无电荷矿物表面
■ 斯特恩层(带正电荷)
■ 斯特恩层(带负电荷)
➡ Cr(Ⅵ)的扩散方向
✕ Cr(Ⅵ)的扩散被禁止

扫一扫，看彩图

图 3-39　Cr(Ⅵ)迁移通道概念图

2)膨润土掺入比的影响

不同膨润土掺入比下土样的累计击穿质量 $A_{cum}$ 和 Cr(Ⅵ)扩散通量 $J$ 随时间的变化情况分别如图 3-40 和图 3-41 所示。

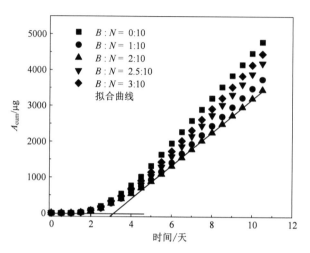

图 3-40　不同 $B:N$ 比值下累计击穿质量 $A_{cum}$ 的变化

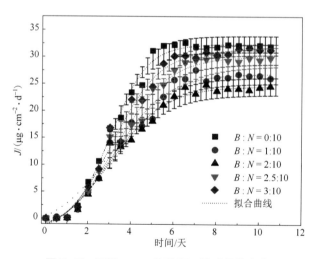

图 3-41　不同 $B:N$ 比值下 $J$ 随时间的变化

计算所得不同膨润土掺入比下 Cr(Ⅵ)的扩散参数如表 3-16 所示。

表 3-16　不同 $B : N$ 比值下 Cr(Ⅵ)的扩散参数

| 掺入比 | $C_0/(\text{mg} \cdot \text{L}^{-1})$ | $D_e \times 10^{-10}/(\text{m}^2 \cdot \text{s}^{-1})$ | $\varepsilon_{acc}(-)$ | $\varepsilon_{tot}(-)$ | $\alpha(-)$ |
|---|---|---|---|---|---|
| 膨润土掺入比，离子强度=0.1 mol·L$^{-1}$ | | | | | |
| 0 : 10 | | 1.861±0.047 | 0.401±0.008 | 0.443±0.008 | 7.18±0.012 |
| 1 : 10 | | 0.878±0.035 | 0.342±0.007 | 0.442±0.008 | 3.80±0.016 |
| 2 : 10 | 160±2 | 0.792±0.026 | 0.322±0.009 | 0.441±0.009 | 4.42±0.016 |
| 2.5 : 10 | | 1.022±0.032 | 0.382±0.008 | 0.440±0.007 | 3.77±0.011 |
| 3 : 10 | | 1.076±0.035 | 0.391±0.009 | 0.440±0.007 | 3.80±0.014 |

Cr(Ⅵ)扩散的关键参数($D_e$ 和 $\varepsilon_{acc}$)与膨润土掺入比的相关性如图 3-42 所示。

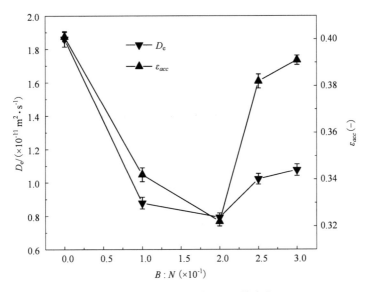

图 3-42　$D_e$ 和 $\varepsilon_{acc}$ 随 $B : N$ 的变化

如图 3-42 所示，随着 $B : N$ 的增大，$D_e$ 和 $\varepsilon_{acc}$ 均呈现先减小后增大的趋势；这表明，混合土样对 Cr(Ⅵ)的阻滞存在最优膨润土掺入比($B : N = 2 : 10$)。膨润土掺入比过高或者过低都会加速 Cr(Ⅵ)的扩散。这可能是因为高岭石与蒙脱石粒径大小的差异。对 B0 样品而言，Cr(Ⅵ)的迁移在很大程度上受控于高岭石颗粒间孔隙大小及多少[图 3-43(a)]。并且 0.1 mol/L NaCl 的孔隙溶液环境也会进一步加剧 B0 样品中土颗粒排列方式的转变，进而拓宽 Cr(Ⅵ)的迁移通道。随着试样中膨润土的掺入，高岭石颗粒间孔隙逐渐被更为细小的蒙脱石填充，使得

Cr(Ⅵ)迁移通道变得狭窄和曲折[图3-43(b)]。而当膨润土掺量达到最优值时[图3-43(c)]，蒙脱石粒间孔隙恰好被膨润土颗粒完全填充，Cr(Ⅵ)迁移通道基本被封锁，此时混合土试样阻滞性能将显著提升，达到最优状态；然而，当膨润土掺入量再增加时，高岭石颗粒将被蒙脱石完全包裹，原本相互连接、彼此接触的高岭石连续骨架遭到破坏[图3-43(d)]。加之蒙脱石较高岭石活性更强，蒙脱石含量的增加将导致混合土样整体活性增加，化学相容性降低。故此时混合土样阻滞性能反而下降。

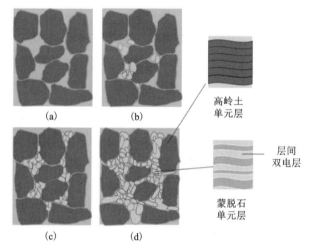

图3-43 （a）天然黏土孔隙（B0）；（b）膨润土混合物结构（B1）；（c）膨润土混合物结构（B2）；（d）膨润土混合物结构（B2.5和B3）

2. 水动力弥散试验结果与分析

1）混合土中Cr(Ⅵ)的迁移特征

Cr(Ⅵ)在红黏土和不同膨润土掺入比的红黏土-膨润土混合土中的 $T$-$RC$ 溶质穿透曲线如图3-44所示。

从图3-44可以看出，Cr(Ⅵ)在红黏土和红黏土-膨润土混合土中的迁移可近似分为3个阶段。在初始阶段，试样渗出液中Cr(Ⅵ)的浓度为0。随后，渗出液Cr(Ⅵ)浓度逐渐增大，直至趋于稳定，穿透曲线近似呈非对称"S"形，表明Cr(Ⅵ)在红黏土及混合土中的迁移方式以扩散为主，且土样对Cr(Ⅵ)的吸附为非线性吸附（Shackelford，2021）。同时，对比不同中试样的渗出液浓度时程曲线可发现，随着膨润土掺入比的增加，溶质迁移过程中初始阶段对应的无量纲时间间隔逐渐变大。此外，结果表明，红黏土和2%膨润土掺入比下混合土样的最终渗出液相对浓度接近1，而5%和10%膨润土掺入比混合土样的相对浓度小于1。

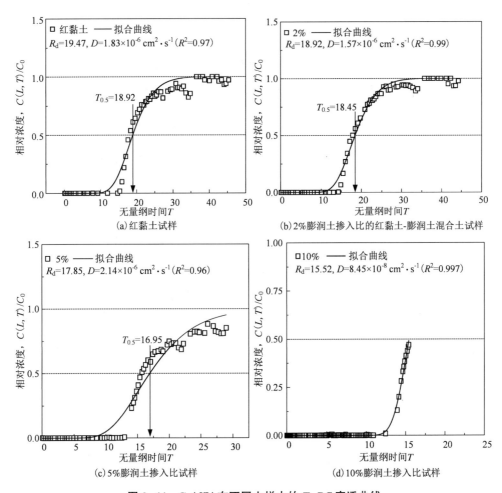

图 3-44  Cr(Ⅵ)在不同土样中的 T-RC 穿透曲线

本研究中 Cr(Ⅵ)在土样中的渗透速度较低，符合细颗粒黏土类工程屏障现场实际工况。因此，Cr(Ⅵ)穿透曲线的非对称性更有可能是溶质扩散作用导致的。

本书采用 T-RC 对流-弥散-反应解析模型对上述 T-RC 溶质穿透曲线进行拟合，计算结果如图 3-45 所示。结果表明，T-RC 对流-弥散-反应解析模型可较好地描述 T-RC 溶质穿透曲线，相关系数为 0.960~0.997。此外，根据模型计算可确定不同种土样的阻滞因子，分别为 19.47(红黏土)、18.92(2%膨润土掺入比混合土)、17.85(5%膨润土掺入比混合土)和 15.52(10%膨润土掺入比混合土)。

基于 T-RC 法得到的 Cr(Ⅵ)水动力弥散系数 $D$ 为 $8.45×10^{-8}$~$2.14×10^{-6}$ cm$^2$/s，小于 Cr(Ⅵ)在溶液中的自由扩散系数。结合穿透曲线的非对称性，这表明

Cr(Ⅵ)在红黏土和混合土中的迁移主要受扩散控制,机械弥散作用可忽略不计。

溶质 $T-RC$ 穿透曲线中相对浓度为 0.5 时对应的 $T$ 定义为 $T_{0.5}$。为了比较不同计算方法对溶质迁移参数测定的影响,基于 $T-RC$ 溶质穿透曲线确定不同土样 $T_{0.5}$,结果见表 3-17。由于时间限制,弥散试验进行至 304.7 天后,10% 膨润土掺入比试样最终流出溶液相对浓度为 0.47<0.5,所以无法根据模型拟合得到 $T_{0.5}$。红黏土、2% 膨润土掺入比的混合土和 5% 膨润土掺入比的混合土对应的 $T_{0.5}$ 分别为 18.92、18.45 和 16.95。采用 $T_{0.5}$ 估算的阻滞因子相对参数反演法拟合得到的相同土样对应的阻滞因子分别减少 2.8%、2.5% 和 5%。这是因为当溶质迁移受对流控制时,$T_{0.5}=R_d$,当溶质迁移受扩散控制时,$T_{0.5}$ 小于 $R_d$,因此计算 $T_{0.5}$ 提供了一种较为保守的阻滞因子预测方法。

Cr(Ⅵ)在红黏土和不同膨润土掺入比的红黏土-膨润土混合土中的 $T-CMR$ 累积质量曲线如图 3-45 所示,土样 $T-CMR$ 累积质量曲线最初的非线性段对应 Cr(Ⅵ)瞬态迁移,随着 $T$ 的增大,$CMR$ 呈线性增加,对应于溶质稳态迁移阶段。基于溶质累积质量的穿透理论拟合得到 Cr(Ⅵ)的 $T-CMR$ 拟合曲线(图 3-45),阻滞因子和水动力弥散系数汇总于表 3-17。与 $T-RC$ 法相比,基于溶质累积质量的穿透理论对 $T-CMR$ 曲线的拟合程度更高,$R^2$ 为 0.998~1。红黏土、膨润土掺入比 2% 的混合土、膨润土掺入比 5% 的混合土和膨润土掺入比为 10% 的混合土对 Cr(Ⅵ)阻滞因子分别为 20.22,19.38、17.78 和 15.27。表明土样对 Cr(Ⅵ)均具有较好的阻滞作用,这可能与红黏土中高岭土矿物对 Cr(Ⅵ)吸附以及膨润土的有效孔隙效应相关。基于 $T-CMR$ 法得到的 Cr(Ⅵ)水动力弥散系数 $D$ 为 $4.15\times10^{-8}\sim2.42\times10^{-6}$ cm$^2$/s,小于 Cr(Ⅵ)在溶液中的自由扩散系数,表明在本试验条件下 Cr(Ⅵ)在红黏土和混合土中的迁移受扩散控制。

将 $T-CMR$ 曲线的稳态迁移直线段延长,其与 $x$ 轴的交点定义为 $T_0$,$T_0=R_d$。基于土样 $T-CMR$ 曲线确定 $T_0$,如图 3-45 所示,$T_0$ 值见表 3-17。

**表 3-17 不同分析方法下试验数据溶质迁移参数结果**

| 膨润土掺入比 | $T-RC$ 法 | | | | $T-CMR$ 法 | | | | 图解法 | |
|---|---|---|---|---|---|---|---|---|---|---|
| | $P_L$ | $D/10^{-6}$ /(cm$^2\cdot$s$^{-1}$) | $R_d$ | $R^2$ | $P_L$ | $D/10^{-6}$ /(cm$^2\cdot$s$^{-1}$) | $R_d$ | $R^2$ | $T_{0.5}$ | $T_0$ |
| 0% | 33.80 | 1.83 | 19.47 | 0.97 | 25.61 | 2.42 | 20.22 | 0.999 | 18.92 | 19.59 |
| 2% | 38.58 | 1.57 | 18.92 | 0.99 | 32.91 | 1.84 | 19.38 | 1.000 | 18.45 | 18.76 |
| 5% | 18.48 | 2.14 | 17.85 | 0.96 | 18.73 | 2.11 | 17.78 | 0.998 | 16.95 | 15.53 |
| 10% | 173.33 | 0.0845 | 15.52 | 0.997 | 352.62 | 0.0415 | 15.27 | 0.998 | — | 14.28 |

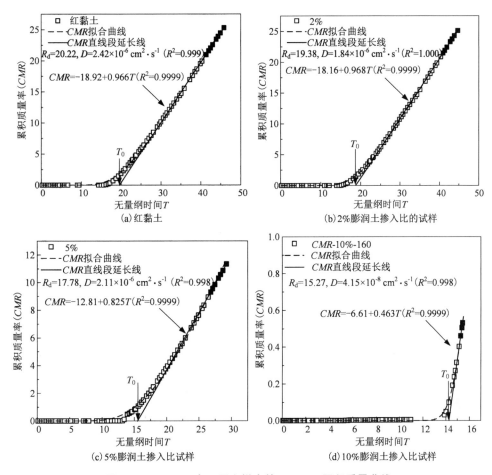

图 3-45　Cr(Ⅵ)在不同土样中的 *T-CMR* 累积质量曲线

红黏土、膨润土掺入比为 2% 的混合土、膨润土掺入比为 5% 的混合土和膨润土掺入比为 10% 的混合土对应的 $T_0$ 分别为 19.59、18.76、15.53 和 14.28。由图 3-45 得，除了 5% 掺入比混合土样和 10% 掺入比混合土样外，其余土样中 *CMR* 直线段延长线斜率为 0.966 和 0.968，接近 1。实际上，结合 *CMR* 定义，只有当斜率为 1 时才表明溶质迁移达到稳态条件。5% 膨润土掺入比试样和 10% 膨润土掺入比试样 *CMR* 直线段延长线的斜率分别为 0.825 和 0.463，表明该试验未达到稳态，这也阐明了 5% 试样和 10% 试样 $T_0$ 较小的原因。

2）膨润土掺量对 Cr(Ⅵ)迁移的影响

膨润土掺入比对 Cr(Ⅵ)在红黏土和 2%、5%、10% 膨润土掺入比混合土中的迁移的影响如图 3-46 所示。

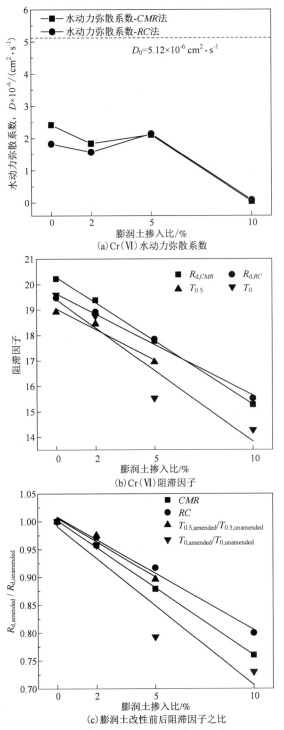

(a) Cr(Ⅵ)水动力弥散系数

(b) Cr(Ⅵ)阻滞因子

(c) 膨润土改性前后阻滞因子之比

**图 3-46　膨润土掺入比对 Cr(Ⅵ) 在红黏土和混合土中迁移性能的影响**

图 3-46(a)表示膨润土掺入比对 Cr(Ⅵ)水动力弥散系数的影响。如图 3-46(a)所示，随着膨润土掺入比的增大，采用 CMR 法和 RC 法计算得到的水动力弥散整体呈减小趋势(Shackelford 等，2014；Tertre 等，2006；Wu 等，2012)。掺入膨润土后，土样水动力弥散系数的变化可能是溶液在试样中的渗透速度和试样孔隙结构的变化所致。水动力弥散系数为机械弥散系数和分子扩散系数之和。随着膨润土掺入比的增大，土样渗透速度变小，溶质机械弥散作用变弱，水动力弥散系数减小。然而，在膨润土掺入比从 2%增大至 5%时，土样水动力弥散系数出现增大现象。这种现象可能是因为：当膨润土掺入比继续增大，土样中溶液渗透速度进一步减小，溶质迁移受扩散控制，此时水动力弥散系数主要受分子扩散作用影响。膨润土的粒径较红黏土粒径更小，膨润土的掺入会造成混合土样孔隙大小和孔隙连通性的变化，导致溶质在孔隙尺度上的流动路径更加曲折，这种孔隙结果的变化增强了分子扩散作用，所以 D 增大(Shackelford 和 Moore，2013)。

图 3-46(b)表示膨润土掺入比对 Cr(Ⅵ)阻滞因子的影响。如图 3-46(b)所示，无论采用何种方法计算阻滞因子，随着膨润土掺入比的增大，混合土的阻滞因子减小，对 Cr(Ⅵ)的阻滞效果降低。这是因为膨润土中含有大量的蒙脱石，黏土颗粒表面带负电；红黏土为高岭土矿物，在低 pH 条件下黏土颗粒表面带正电。Cr(Ⅵ)在溶液中主要以络合阴离子的形式存在(Misscana 等，2005；Chen 等，2013；He 等，2019b)。所以，混合土对 Cr(Ⅵ)阻滞机理主要是由于红黏土对 Cr(Ⅵ)的吸附作用。因此，随着膨润土掺入比的增大，混合土阻滞因子呈线性降低。然而，当掺入比为 0~10%，混合土对 Cr(Ⅵ)阻滞因子与红黏土阻滞因子之比大于 0.76(由于 5%、10%试样未达到稳态，$T_0$ 未参与统计)，表明混合土的阻滞因子最大降低了 24%。这里需要特别指出的是，如果不掺入膨润土，混合土的渗透系数将无法达到要求指标($<10^{-7}$ cm/s)，Cr(Ⅵ)可以通过对流作用迁移。因此，掺入一定量的膨润土虽然会造成混合土阻滞因子的略微降低，但更能有效地阻滞污染羽流的对流迁移。

# 参考文献

[1] Abolino O, Giacomino A, Malandrino M, et al. Interaction of metal ions with montmorillonite and vermiculite[J]. Applied Clay Science. 2008, 38(3-4): 227-236.

[2] Chen Y G, He Y, Ye W M, et al. Effect of shaking time, ionic strength, temperature and pH value on desorption of Cr(Ⅲ) adsorbed onto GMZ bentonite[J]. Transactions of Nonferrous Metals Society of China. 2013, 23(11): 3482-3489.

[3] Chen Y G, Ye W M, Yang M X, et al. Effect of contact time, pH, and ionic strength on Cd(Ⅱ) adsorption from aqueous solution onto bentonite fromGaomiaozi, China[J]. Environmental Earth Sciences. 2011, 64(2): 329-336.

［4］ Covelo E F, Vega F A, Andrade M L. Competitive sorption and desorption of heavy metals by individual soil components［J］. Journal of Hazard. Materials. 2007（140）：308.

［5］ Chen Y G, He Y, Ye W M, et al. Competitive adsorption characteristics of Na（Ⅰ）/Cr（Ⅲ）and Cu（Ⅱ）/Cr（Ⅲ）on GMZ bentonite in their binary solution［J］. Journal of Industrial and Engineering Chemistry, 2015, 26：335−339.

［6］ Chertkov V Y. Modeling the pore structure and shrinkage curve of soil clay matrix［J］. Geoderma, 2000, 95（3−4）：215−246.

［7］ He Y, Chen Y G, Ye W M, et al. Influence of salt concentration on volume shrinkage water retention characteristics of compacted GMZ bentonite［J］. Environmental Earth Sciences, 2016b, 75（6）：535.

［8］ He Y, Chen Y G, Ye W M. Equilibrium, kinetic, and thermodynamic studies of adsorption of Sr（Ⅱ）from aqueous solution onto GMZ bentonite［J］. Environmental Earth Sciences, 2016, 75（9）：807.

［9］ He Y, Li B B, Zhang K N, et al. Experimental and numerical study on heavy metal contaminant migration and retention behavior of engineered barrier in tailings pond［J］. Environmental Pollution, 2019, 252：1010−1018.

［10］ He Y, Wang M M, Wu D Y, et al. Effects of chemical solutions on the hydromechanical behavior of a laterite/bentonite mixture used as an engineered barrier［J］. Bulletin of Engineering Geology and the Environment, 2020, 80（3）：1−12.

［11］ He Y, Ye W M, Chen Y G, et al. Effects of NaCl solution on the swelling and shrinkage behavior of compacted bentonite under one−dimensional conditions［J］. Bulletin of Engineering Geology and the Environment, 2019, 79（3）：399−410.

［12］ He Y, Chen Y G, Ye W M, et al. Effects of contact time, pH, and temperature on Eu（Ⅲ）sorption onto MX−80 bentonite［J］. Chemical Physics, 2020, 534：110742.

［13］ He Y, Ye W M, Chen Y G, et al. Effects of $K^+$ solutions on swelling behavior of compacted GMZ bentonite［J］. Engineering Geology, 2019, 249：241−248.

［14］ Hu J, Xie Z, He B, et al. Sorption of Eu（Ⅲ）on GMZ bentonite in the absence/presence of humic acid studied by batch and XAFS techniques［J］. Science China（Chemistry）. 2010, 53：1420−1428.

［15］ Irha N, Eiliv S, Uuve K, et al. Mobility of Cd, Pb, Cu, and Cr in some Estonian soil types［J］. 2009, 3（58）：209−214.

［16］ Li J X, Hu J, Sheng G D, et al. Effect of pH, ionic strength, foreign ions and temperature on the adsorption of Cu（Ⅱ）from aqueous solution to GMZ bentonite［J］. Colloids and Surfaces A Physicochemical and Engineering Aspects. 2009, 349（1−3）：195−201.

［17］ Missana T, García−Gutiérrez M, Alonso, et al. Evolution of the sorption studies on a Spanish bentonite during 8 years of the FEBEX project［J］. Geochmica et Cosmochimica Acta. 2005, 69（10）：A421.

［18］ Mitra S, Thakur L S, Rathore V K, et al. Removal of Pb（Ⅱ）and Cr（Ⅵ）by laterite soil from synthetic waste water: single and bicomponent adsorption approach[J]. Desalination & Water Treatment, 2016, 57(39): 18406-18416.

[19] Montavon G, Rabung T, Geckeis H, et al. Interaction of Eu(Ⅲ)/Cm(Ⅲ) with alumina-bound poly(acrylic acid): sorption, desorption and spectroscopic studies[J]. Environmental Science & Technology. 2004, 38: 4314-4318.

[20] Mondal P, Mohanty B, Majumder C B, et al. Removal of arsenic from simulated groundwater by GAC-Fe: A modeling approach[J]. Aiche Journal, 2009, 55(7): 1860-1871.

[21] Shackelford C D, Charles D. Cumulative mass approach for column testing[J]. Journal of Geotechnical Engineering. 1995, 121(10), 696-703.

[22] Shackelford C D. Fundamental considerations for column testing of engineered, clay-based barriers[J]. Japanese Geotechnical Society Special Publication, 2021, 2021: 441-460.

[23] Shackelford C D. The ISSMGE Kerry Rowe Lecture: The role of diffusion in environmental geotechnics[J]. Canadian Geotechnical Journal, 2014, 51: 1219-1242.

[24] Srivastava V C, Swamy M M, Mall I D, et al. Adsorptive removal of phenol by bagasse fly ash and activated carbon: Equilibrium, kinetics and thermodynamics[J]. Colloids and Surfaces A: Physicochemical and Engineering Aspects, 2006, 272(1-2): 89-104.

[25] Shackelford C D. Critical concepts for column testing[J]. Journal of Geotechnical Engineering, 1994, 120(10): 1804-1828.

[26] Shackelford C D. Membrane behavior in engineered bentonite-based containment barriers: State of the art[C]. Coupled Phenomena in Environmental Geotechnics: From Theoretical and Experimental Research to Practical Applications, 2013: 45-60.

[27] Shackelfor C D, Moore S M. Fickian diffusion of radionuclides for engineered containment barriers: Diffusion coefficients, porosities, and complicating issues[J]. Engineering Geology, 2013, 152(1): 133-147.

[28] Tertre E, Berger G, Simoni E, et al. Europium retention onto clay minerals from 25 to 150℃: Experimental measurements, spectroscopic features and sorption modeling[J]. Geochmica et Cosmochimica Acta. 2006, 70: 4563-4578.

[29] Van Genuchten M T, Parker J C. Boundary conditions for displacement experiments through short laboratory soil columns[J]. Soil Science Society of America Journal, 1984, 48(4): 703-708.

[30] Wang S W, Dong Y H, He M L, et al. Characterization of GMZ bentonite and its application in the adsorption of Pb from aqueous solutions[J]. Applied Clay Science. 2009a, 43: 164-171.

[31] Wang S W, Hu J, Li J X, et al. Influence of pH, soil humic/fulvic acid, ionic strength, foreign ions and addition sequences on adsorption of Pb(Ⅱ) onto GMZ bentonite[J]. Journal of Hazardous Materials. 2009, 167: 44-51.

[32] Wu P X., Dai Y P, Long H, et al. Characterization of organo-montmorillonites and comparison for Sr(Ⅱ) removal: equilibrium and kinetic studies[J]. Chemical Engineering Journal, 2012, 191: 288-296.

[33] Yang S T, Sheng G D, Montavon Z, et al. Investigation of Eu(Ⅲ) immobilization on c−Al$_2$O$_3$ surfaces by combining batch technique and EXAFS analysis: role of contact time and humic acid [J]. Geochimica et Cosmochimica Acta, 2013, 121: 84−104.

[34] 李振泽. 土对重金属离子的吸附解吸特性及其迁移修复机制研究[D]. 杭州: 浙江大学, 2009.

[35] 郑春苗, Bennett G D. 地下水污染物迁移模拟[M]. 北京: 高等教育出版社, 2009.

# 第 4 章　化学溶液作用下压实黏土水力特性

　　污染场地直接与大气环境接触,水、气两相在黏土层中自由渗透(图 4-1)。在干湿循环作用下,黏土颗粒将发生移动重新排列,从而诱发黏土层裂隙发育、渗透系数增大等问题。同时,近场环境中化学溶液与重金属元素富存于土体孔隙中,使得孔隙结构发生改变并加剧干湿循环过程,最终可能导致工程屏障系统阻滞功能失效。因此,化学溶液作用下黏土类工程屏障水力特性研究是重金属污染场地污染防控、修复与再利用的关键,对于污染物场地的治理具有重要的实际意义。

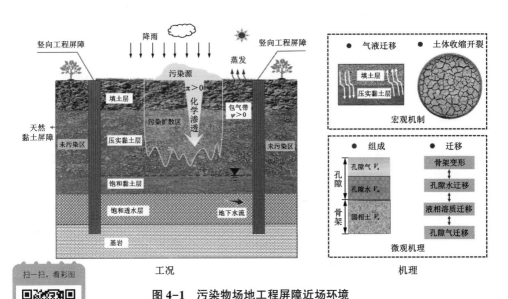

图 4-1　污染物场地工程屏障近场环境

本章通过研究化学溶液作用下压实黏土的渗透与持水特性，旨在解决黏土类工程屏障中液体、气体迁移问题，探究化学作用对压实黏土持水特征的影响规律，最后构建考虑化学影响的压实黏土土水特征模型。

# 4.1　化学溶液作用下压实黏土渗透特性

防渗性能是黏土类工程屏障系统最基本的特性之一。良好的防渗性能可以极大地避免污染溶液入渗。压实黏土层渗透系数的影响因素可分为内在因素和外在因素两方面。内部因素主要指压实黏土材料自身特性，例如黏土材料的粒径和矿物成分；而化学溶液等外部因素主要通过改变黏土材料的内部结构来影响工程屏障渗透性能。此外，干湿循环与化学溶液耦合作用下黏土材料水力耦合行为更为复杂。因此，对化学溶液与干湿循环耦合作用下黏土类材料水力特征的影响有待进行深入的研究。

本节以红黏土-膨润土混合土为主要研究对象，针对填埋场内降雨入渗及近场化学环境的作用，选取蒸馏水、NaCl 溶液和 $Pb(CH_3COO)_2$ 溶液模拟屏障系统所处的化学溶液环境，采用自制膨胀渗透仪，对红黏土-膨润土混合土进行渗透试验。通过改变混合土的干密度、膨润土掺入比、入渗溶液及干湿循环次数等条件，研究不同因素对混合土渗透特性的影响，并从宏/微观角度阐释其机理。

## 4.1.1　试验材料

1. 黏土材料的基本性质

本节采用红黏土、膨润土及其混合土土样进行试验。红黏土与膨润土的基本性质见本书第 3 章。

2. 试样制备

本节红黏土-膨润土混合土试样采用本书 3.2.1 章节中制样方法，压制直径和高度均为 50 mm，干密度和膨润土掺量分别为 1.3 $g/cm^3$、0%，1.4 $g/cm^3$、0%，1.5 $g/cm^3$、0%，1.6 $g/cm^3$、0%，1.2 $g/cm^3$、2%，1.4 $g/cm^3$、0%，1.4 $g/cm^3$、2%，1.4 $g/cm^3$、5%，1.4 $g/cm^3$、10% 和 1.4 $g/cm^3$、20% 共 10 种规格的圆柱体试样。

## 4.1.2　试验方法与方案

1. 试验装置

1）柔性边界渗透试验装置

柔性边界渗透试验仪器如图 4-2、图 4-3 所示，该装置主要由各向等压试腔室、加载系统和变形测量系统等部分组成。

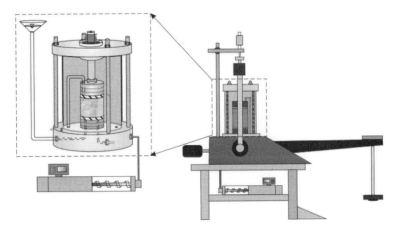

图 4-2　柔性边界渗透试验装置示意图

(a) 实物图

(b) 试验腔室

图 4-3　柔性边界渗透试验装置

2）刚性边界渗透试验装置

自主设计的膨胀渗透仪如图 4-4 所示，膨胀渗透仪包括基座、试样环、活塞、传感器等部件。按照常水头法进行饱和渗透试验：首先，压实土样上、下端依次放置滤纸和透水石，放置在仪器基座中，用活塞固定在腔室中；随后，将仪器各部位螺丝拧紧，基座进水开关连接水头，试样顶部活塞与量筒相连。

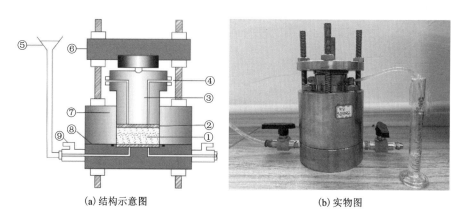

(a) 结构示意图      (b) 实物图

①—试样；②—透水石；③—活塞；④—出水口；⑤—水头；
⑥—顶盖；⑦—腔室；⑧—基底；⑨—进水开关。

**图 4-4　刚性边界渗透试验装置**

2. 试验过程

1) 柔性边界(干湿循环)渗透试验过程

柔性边界渗透试验的试样制备方法详见 3.2.1 节。将压制干密度为 1.4 g/cm³ 的试样放入各向等压干湿循环仪器中，具体试验过程如下。

(1) 放置试样：将压制好的试样放置在各向等压土样干湿循环仪中。

(2) 安装仪器：将带有试样的仪器组装，并检查其密封性。

(3) 轴压与围压的控制：通过砝码和加载杆使试样竖向压力控制为 16 kPa，体积压力控制器保持试样 50 kPa 围压(该应力远小于试样压制时的力，土样处于超固结状态)；

(4) 安置测量仪器：将百分表固定在仪器顶部，记录试验过程中试样竖向变形；将体积压力控制器连接电脑，自动记录整个试验过程中腔室内体积变化。

(5) 试样湿化饱和：分别采用蒸馏水、0.1 mol/L NaCl 溶液和 1.0 mol/L NaCl 溶液入渗，15 天左右试样完全饱和(以出水端流量稳定作为衡量饱和的标准)。

(6) 试样干燥：试验饱和完成后，向试样中通入干燥气体使得其脱水干燥。干燥采用气相法进行，通过恒定湿度的气体循环，形成 110 MPa 的吸力环境(采用气相法控制，循环饱和 $K_2CO_3$ 溶液蒸汽气体)(Tang 等，2005)。待气体稳定透过试样，同时试样体积达到稳定时，完成干燥试验。

(7) 干湿循环：重复循环过程(5)~(6)，同时记录试验过程中百分表和体积压力控制器示数，4 次循环后结束试验。

试验过程中，假设乳胶膜是完全阻水材料，即腔室中的水不会透过乳胶膜渗入土样中,从而体积压力控制器中液体体积的变化即为土样在干湿循环过程中的体变;百分表则记录了试样的竖向变形特征。

试验过程中记录试样体应变,$\varepsilon(\%)$定义为体应变,计算方式如下:

$$\varepsilon = \frac{\Delta V}{V_0} \times 100\% = \frac{V_0 - V_1}{V_0} \times 100\% \tag{4-1}$$

采用常水头试验方法,水头高度设置为 1.5 m,分别测定红黏土和掺 5%、10% 膨润土的混合土试样在不同溶液(蒸馏水、0.1 mol/L NaCl 溶液和 1.0 mol/L NaCl 溶液)入渗下 4 次干湿循环过程中的渗透系数,相应的渗透试验方案见表 4-1。

**表 4-1　柔性边界(干湿循环)渗透试验方案**

| 试样种类 | 入渗溶液 | 循环次数 |
|---|---|---|
| 红黏土 | 蒸馏水 | |
| 95%红黏土+5%膨润土 | 0.1 mol/L NaCl 溶液 | 1、2、3、4 |
| 90%膨润土+10%膨润土 | 1.0 mol/L NaCl 溶液 | |

2)刚性边界渗透试验过程

刚性边界渗透试验的试样制备方法详见 3.2.1 节。将压制干密度为 1.4 g/cm³ 的试样放入如图 4-4 所示的膨胀渗透仪中,具体试验过程如下。

按照常水头法进行饱和渗透试验:首先,压实土样上、下端依次放置滤纸和透水石,然后将三者放置在自主设计的膨胀渗透仪基座中,用活塞固定在腔室中;随后,将仪器各部位螺丝拧紧,基座进水开关连接水头,试样顶部活塞与量筒相连;试验过程中,记录水头高度和量筒中的出水量,根据达西定律[式(4-2)]计算试样渗透系数。

$$k = \frac{Q \cdot L}{A \cdot \Delta h} \tag{4-2}$$

式中:$k$ 为渗透系数,cm/s;$Q$ 为渗流速度,cm³/s;$L$ 为试样高度,cm;$A$ 为试样的横截面积,cm²;$\Delta h$ 为水头差,cm。

选用蒸馏水、不同浓度的 NaCl 溶液(0.1 mol/L、1 mol/L)和不同浓度的 $Pb^{2+}$ 溶液(100 mg/L、200 mg/L)作为入渗液,分别对膨润土掺量为 5%、10%、15% 和 20% 的混合土试样开展相应的渗透试验,相应的试验方案见表 4-2。试验开始时,分别采用试验方案中的溶液入渗压实土样直至完全饱和。试样完全饱和后开始测定渗透系数,当同一工况下所测渗透系数基本不变时,认为渗透达到稳定,结束试验。

表 4-2 刚性边界渗透试验方案

| 入渗溶液 | 浓度/(mol·L⁻¹) | 膨润土掺量/% |
|---|---|---|
| NaCl | 0, 0.1, 1.0 | 5, 10, 15, 20 |
| Pb(CH₃COO)₂ | 100, 200 | 5, 10, 15, 20 |

| 入渗溶液 | 浓度/($mol \cdot L^{-1}$) | 膨润土掺量/% |

3)不同干密度压实黏土渗透试验过程

该试验过程与刚性边界渗透试验过程不同之处是改变混合土样的干密度,试验方案见表 4-3。

表 4-3 渗透性测试方案

| 编号 | 干密度/($g \cdot cm^{-3}$) | 混合比/% | 化学溶液 | 浓度/($mol \cdot L^{-1}$) |
|---|---|---|---|---|
| R1 | 1.3 | 0 | 蒸馏水 | — |
| R2 | 1.4 | 0 | 蒸馏水 | — |
| R3 | 1.5 | 0 | 蒸馏水 | — |
| R4 | 1.6 | 0 | 蒸馏水 | — |
| BR2 | 1.4 | 2 | 蒸馏水 | — |
| BR5 | 1.4 | 5 | 蒸馏水 | — |
| BR10 | 1.4 | 10 | 蒸馏水 | — |
| BR20 | 1.4 | 20 | 蒸馏水 | — |
| B1 | 1.4 | 0 | CuSO₄ | 0.01 |
| B2 | 1.4 | 0 | CuSO₄ | 0.1 |
| B3 | 1.4 | 2 | CuSO₄ | 0.01 |
| B4 | 14 | 2 | CuSO₄ | 0.1 |
| B5 | 1.4 | 2 | NaCl | 0.1 |
| B6 | 1.4 | 2 | NaCl | 0.5 |

## 4.1.3 试验结果与分析

1. 不同干密度下混合土的渗透特性

干密度对红黏土试样渗透系数 $k$ 的影响如图 4-5(a)所示。由图 4-5(a)可知,在蒸馏水入渗初始阶段,干密度为 1.3 g/cm³ 和 1.4 g/cm³ 的红黏土渗透系数相差较小，干密度为 1.5 g/cm³ 和 1.6 g/cm³ 的试样渗透系数基本一致。随着试验的持续进行，不同干密度的渗透系数出现差异，并最终趋于稳定。如图 4-5(b) 所示，随着干密度的增加，红黏土试样的渗透系数逐渐降低，由于干密度越大的试样在较大的压实力下，孔隙比越小，渗透系数越低 (Moon 等，2008)。可知，1.5 g/cm³ 干密度的压实红黏土的渗透性满足黏土类工程屏障防渗要求。将红黏土的渗透系数的对数 (lg$k$) 与干密度 ($\rho_d$) 拟合得到线性关系，如图 4-5(b) 所示，拟合公式如下：

$$\lg k = 8.41 - 5.70\rho_d \tag{4-3}$$

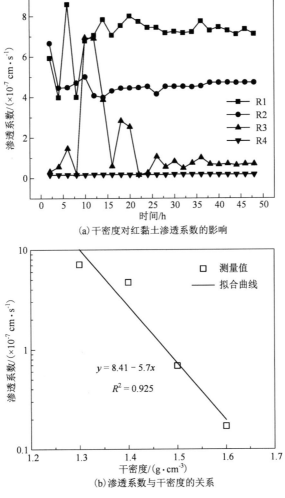

(a) 干密度对红黏土渗透系数的影响

(b) 渗透系数与干密度的关系

**图 4-5　不同干密度下混合土的渗透特性**

2. 不同混合比下混合土的渗透特性

不同混合比下混合土渗透系数 $k$ 的变化如图 4-6 所示。从图 4-6(a) 可以看出,混合土的渗流通量相对稳定,渗透系数变化不明显。从图 4-6(b) 可以看出,随着混合比的增加,混合土的渗透系数逐渐降低。压实红黏土样的渗透系数为 $4.718 \times 10^{-7}$ cm/s。在混合比为 5% 时,混合土的渗透系数低至 $7.899 \times 10^{-8}$ cm/s。当土样为最大混合比(即 20%)时,渗透系数为 $1.641 \times 10^{-8}$ cm/s,可知,混合比显著影响了混合土的渗透特性。研究表明,在相同的干密度下,压实混合土的渗透性比压实红黏土要低(Villar 等, 2004),造成这种现象的原因在于膨润土比红黏

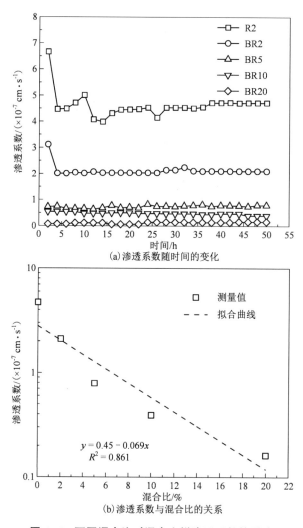

图 4-6  不同混合比对混合土样渗透系数的影响

土具有更细的粒度。此外，膨润土的膨胀能力更强，导致其在水化过程中有更多的孔隙被填充。因此，随着混合比的增加，压实混合土的渗透系数会降低。Morandini 和 Leite（2015）也得到了类似的结果。

通过拟合图 4-6（b）中的测试结果，得到一个表示渗透系数（$k$）与混合比（$\lambda$）之间关系的线性函数：

$$\lg k = 0.45 - 0.069\lambda \tag{4-4}$$

式中：$k$ 为混合土的渗透系数，cm/s；$\lambda$ 为混合比，%。

采用 3.1.2 节试样方法中膨胀渗透仪对不同膨润土掺入比混合土样进行渗透试验，其结果如图 4-7～图 4-9 所示。未掺入膨润土时，压实红黏土的渗透系数为 $3.07 \times 10^{-7}$ cm/s；随着膨润土掺量的增加，混合土渗透系数逐渐降低，在掺入 5%、10%、15% 和 20% 膨润土后渗透系数分别为 $1.57 \times 10^{-7}$ cm/s、$8.69 \times 10^{-8}$ cm/s、$3.61 \times 10^{-8}$ cm/s 和 $1.75 \times 10^{-9}$ cm/s。《生活垃圾卫生填埋处理技术规范》（GB 50869—2013）中提出，压实黏土防渗层饱和渗透系数不应大于 $1.0 \times 10^{-7}$ cm/s。因此，由试验结果可知，当膨润土掺量达 10% 时，混合土防渗性能满足规范要求。对不同膨润土掺入比下蒸馏水饱和混合土的渗透系数结果进行拟合，得到混合土渗透系数与膨润土掺量的函数关系如下：

$$\lg k = 1.504 - 0.062\lambda \tag{4-5}$$

式中：$\lambda$ 为混合土中膨润土的掺量，%；$k$ 为混合土渗透系数，$10^{-8}$ cm/s。

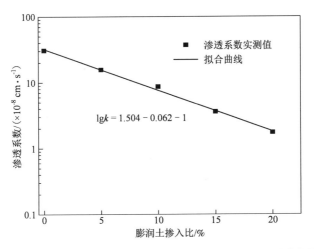

**图 4-7　不同膨润土掺入比下蒸馏水饱和混合土渗透系数的变化规律**

Horpibulsuk（2011）研究发现，膨润土比与其孔隙比相同的高岭土渗透系数低 1~2 个数量级，验证了土中矿物成分是其渗透系数的主要影响因素之一。陈永贵等(2018)研究得出了相同的结论,在高岭土矿物为主的黏土中加入膨润土,混合土渗透系数可呈指数型降低。可见膨润土具备较好的防渗特性,因而常被作为一种防渗材料来使用,如应用在填埋场衬垫系统、止水帷幕及防渗墙中等。

由于实际工况中溶液成分复杂,化学溶液及干湿循环的共同作用,使得黏土渗透性受到不同程度的离子溶液影响。图4-8和图4-9分别为混合土中膨润土不同掺量下 NaCl 溶液和 Pb(Ⅱ)溶液饱和混合土渗透系数的变化规律。从图4-8可知,盐溶液饱和试样的渗透系数同样随膨润土掺入比的增加而逐渐降低,当膨润土掺量达10%时,混合土渗透系数大幅度降低。由图4-9可知, Pb(Ⅱ)溶液饱和试样的渗透系数同样随着膨润土掺量、Pb(Ⅱ)溶液浓度的增加而逐渐降低,这种趋势随着 Pb(Ⅱ)溶液浓度的增大而逐渐减缓,因此当膨润土掺量为20%时, 200 mg/L Pb(Ⅱ)溶液渗透系数略大于 100 mg/L Pb(Ⅱ)溶液。

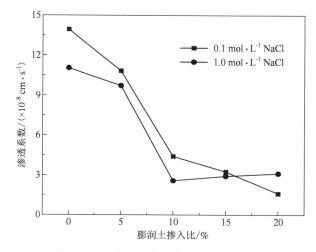

图4-8　不同膨润土掺入比下盐溶液饱和混合土渗透系数的变化规律

3.化学溶液影响下混合土的渗透特性

1)硫酸铜溶液对混合土渗透性能的影响

使用不同浓度(0 mol/L、0.01 mol/L、0.1 mol/L 及 0.5 mol/L)的不同化学溶液(蒸馏水、氯化钠与硫酸铜),对具有不同混合比的混合土样进行了渗透试验。试验结果如图4-10所示。

如图4-10所示,随着化学溶液浓度的增加,压实红黏土和混合土的渗透系数显著降低。图中蒸馏水入渗下的试样的渗透系数是 0.01 mol/L 硫酸铜溶液入渗下试样渗透系数的 3.5 倍。此外,红黏土的渗透系数约为混合土的 2.3 倍。当 0.1 mol/L 的硫酸铜溶液入渗时,红黏土的渗透系数大致是混合土的 2 倍。并且,

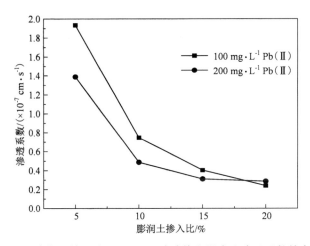

**图 4-9　不同膨润土掺入比下 Pb(Ⅱ)溶液饱和混合土渗透系数的变化规律**

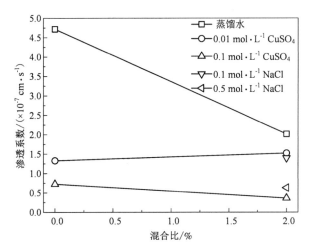

**图 4-10　化学溶液对压实混合土渗透系数的影响**

化学浓度的变化对红黏土和混合土的渗透性也有类似的影响。适量加入膨润土提高了土体对重金属离子化学滞留和防渗能力。Horpibulsuk 等(2011)的试验结果表明：①化学溶液压缩土体引起渗透固结，从而降低有效孔隙率和渗透性；②化学溶液使膨润土在土中扩散，增加土体孔径，加强了土体导水性(Barbour 等，1989；Mokni，2011；He 等，2016)。然而，由于本研究中测试试样中膨润土含量明显低于红黏土含量，可以推断，这一过程由渗透固结的影响起主导作用。

2）氯化钠溶液对混合土渗透性能的影响

针对压实红黏土以及膨润土掺量为 5%、10%、15% 和 20% 的压实混合土，分别开展了 0.1 mol/L 和 1.0 mol/L 两种 NaCl 溶液的渗透试验，结果如图 4-11~图 4-14 所示。从图 4-11 可以看出，掺 5% 膨润土试样渗透系数随着盐溶液增大而降低，这种现象在掺 10%、15% 膨润土试样中同样可以观察到，分别如图 4-12 和图 4-13 所示。然而，当膨润土掺量达 20% 时（图 4-14），渗透系数表现为 1.0 mol/L NaCl 溶液 > 蒸馏水 > 0.1 mol/L NaCl 溶液。由此可见，不同的化学溶液对压实混合土的渗透性能具有较大的影响。

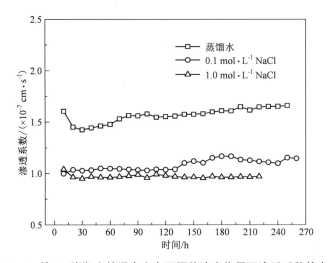

**图 4-11　掺 5% 膨润土的混合土在不同盐浓度作用下渗透系数的变化**

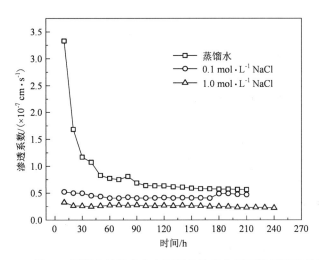

**图 4-12　掺 10% 膨润土的混合土在不同盐浓度作用下渗透系数的变化**

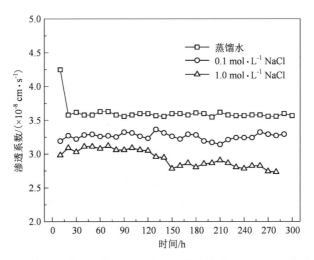

**图 4-13　掺 15%膨润土的混合土在不同盐浓度作用下渗透系数的变化**

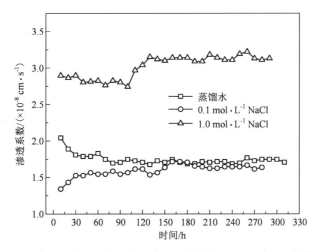

**图 4-14　掺 20%膨润土的混合土在不同盐浓度作用下渗透系数的变化**

　　不同膨润土掺入比及盐溶液浓度饱和后混合土渗透系数汇总如图 4-15 所示,对于同一膨润土掺量的混合土试样而言,盐溶液浓度对混合土试样渗透性能具有较大的影响。

　　混合土主要由高岭土与蒙脱石两种矿物组成,其渗透性能的变化主要是矿物成分对孔隙溶液的响应所带来的宏观表现。Sridharan 等(2007)研究发现,高岭土类黏土渗透性能由其微观结构控制,主要由于以高岭土矿物为主的黏土颗粒呈相

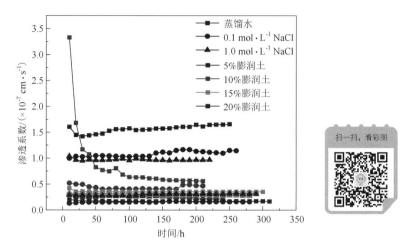

**图 4-15 不同膨润土掺入比及盐溶液浓度饱和后混合土渗透系数汇总**

互排斥的分散结构,当黏土孔隙中盐溶液浓度升高时,盐离子的增加会减少这种排斥作用,使土颗粒之间形成更加密集的絮状结构。Horpibulsuk 等(2011)同样发现,高岭土颗粒表面带负电,盐溶液中阳离子吸附在颗粒表面,进而改变土颗粒的排布规律。然而,对于以蒙脱石矿物为主的膨润土来说,其渗透特性主要受双电层厚度的影响。因此,随着盐溶液浓度的增加,混合土中蒙脱石矿物颗粒双电层被压缩,孔隙间距增大;而高岭土矿物使得土颗粒重新排序,形成更加致密的絮状结构。

由图 4-11~图 4-13 的试验现象分析可知,由于混合土中红黏土含量占 85% 以上,试样渗透性能受微观颗粒排列方式影响显著,宏观表现为盐溶液入渗试样均比蒸馏水入渗低。对比盐溶液,低浓度盐溶液(0.1 mol/L NaCl)入渗试样渗透系数高于高浓度盐溶液(1.0 mol/L NaCl)入渗试样,说明试样在低浓度下受扩散双电层影响较大,扩散双电层被压缩、有效孔隙率增大,导致渗透系数相对增大。而高浓度盐溶液入渗下试样主要受到颗粒间范德华力影响,使颗粒间排斥的分散结构聚集,形成致密的絮状结构。

图 4-14 试验现象表明,当混合土中膨润土含量占 20% 时,混合土中蒙脱石含量显著增加,混合土中渗透特性受蒙脱石矿物影响较大,盐溶液浓度对扩散双电层厚度影响明显,进而随着孔隙盐溶液浓度升高,扩散双电层厚度减少、有效孔隙率增大,导致试样渗透系数增大。

综上可知,盐溶液会影响土颗粒的排布方式,同时改变土颗粒的双电层厚度,两者的综合作用导致试样渗透系数的改变。盐溶液对高岭土类矿物颗粒微观结构具调控作用,因而随着溶液浓度的升高,红黏土颗粒形成絮凝结构的程度加深，导致渗透系数降低。然而，对于以蒙脱石为主的膨润土来说，随着盐溶液浓度的升高，扩散双电层厚度减少，导致渗透系数增大。因此，随着膨润土掺量的增加，蒙脱石含量显著增加，混合土渗透特性受蒙脱石类黏土影响较大。当膨润土掺量为 20% 时，盐溶液浓度对扩散双电层厚度影响大于对微观结构的调控，最终宏观表现为渗透系数增大。

3) Pb(Ⅱ)对混合土渗透性能的影响

膨润土掺量为 5%、10%、15% 及 20% 的试样在不同 Pb(Ⅱ)离子浓度作用下渗透系数变化规律分别如图 4-16~图 4-19 所示。由图可知：当膨润土掺量低于 20% 时，混合土试样渗透系数表现为 100 mg/L Pb(Ⅱ)溶液>蒸馏水>200 mg/L Pb(Ⅱ)溶液，说明高浓度 Pb(Ⅱ)溶液通入试样后，混合土中红黏土同样形成絮状结构。然而，当膨润土掺量达 20% 时，Pb(Ⅱ)溶液入渗下试样渗透系数略大于蒸馏水入渗，且随着 Pb(Ⅱ)溶液浓度的增加而增大。这种现象与高浓度盐溶液入渗试样类似，说明当混合土中蒙脱石含量较高时，试样受蒙脱石类矿物影响显著，Pb(Ⅱ)溶液与高浓度盐溶液一样，会导致试样扩散双电层被压缩、有效孔隙率增大，进而渗透系数增大。对于低浓度 Pb(Ⅱ)溶液入渗，混合土试样渗透系数较高，这是由于 Pb(Ⅱ)溶液对高岭土矿物的微观调控形成了易于溶液入渗的孔隙通道，导致低浓度 Pb(Ⅱ)溶液入渗下表现出较高渗透性的现象。

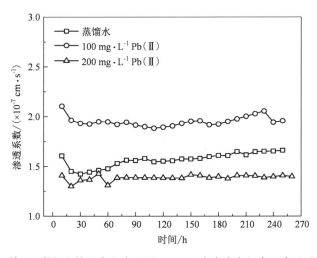

**图 4-16　掺 5% 膨润土的混合土在不同 Pb(Ⅱ)溶液浓度入渗下渗透系数的变化**

图 4-20 对不同浓度 Pb(Ⅱ)溶液入渗混合土试样的渗透系数随时间变化规律进行了汇总。由图可知：在 Pb(Ⅱ)溶液入渗下，随着膨润土掺量的增加，混合土渗透系数同样表现出降低趋势；当入渗 Pb(Ⅱ)溶液浓度逐渐增加，混合土试

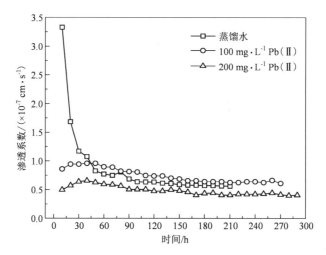

**图 4-17　掺 10%膨润土的混合土在不同 Pb(Ⅱ)溶液浓度入渗下渗透系数的变化**

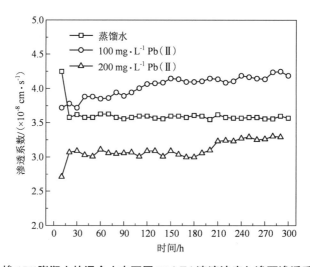

**图 4-18　掺 15%膨润土的混合土在不同 Pb(Ⅱ)溶液浓度入渗下渗透系数的变化**

样渗透系数降低趋势随着膨润土掺量的增加而逐渐减缓；混合土中膨润土掺量低于 20%时，蒸馏水入渗试样渗透系数介于 100 mg/L Pb(Ⅱ)溶液和 200 mg/L Pb(Ⅱ)之间。

综上所述，相比于 200 mg/L Pb(Ⅱ)溶液和蒸馏水，100 mg/L Pb(Ⅱ)溶液作用下导致试样获得较高的渗透系数，说明低浓度的 Pb(Ⅱ)溶液可能使得高岭土颗粒间的排斥作用增加，导致孔隙通道增多，进而表现为渗透系数增大。然而，

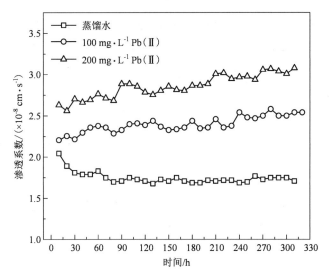

**图 4-19　掺 20%膨润土的混合土在不同 Pb(Ⅱ)溶液浓度入渗下渗透系数的变化**

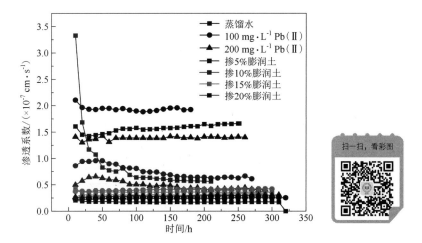

**图 4-20　不同膨润土掺入比及 Pb(Ⅱ)溶液浓度入渗下混合土渗透系数汇总**

较高浓度的 Pb(Ⅱ)溶液对混合土试样的影响与盐溶液类似,在膨润土含量低于
20%时,其减弱高岭土矿物之间的排斥力高于对蒙脱石矿物中扩散双电层的影
响,导致红黏土-膨润土混合土试样渗透系数降低;当膨润土掺量达 20%时,混合
土孔隙中 Pb(Ⅱ)离子压缩蒙脱石扩散双电层,导致渗透系数略有增加,这也进
一步印证上一节中盐溶液对红黏土和红黏土-膨润土混合土试样渗透性能的影响
机理分析。

4. 干湿循环条件下混合土的渗透特性

试样在干湿循环过程中的渗透系数由各向等压干湿循环仪器测得，完全饱和后测定混合土的渗透系数，红黏土、掺 5% 膨润土及掺 10% 膨润土的混合土试样在不同浓度盐溶液入渗下渗透系数随干湿循环次数变化关系如图 4-21~图 23 所示，相应的渗透试验方案见表 4-4。

表 4-4　柔性边界（干湿循环）渗透试验方案

| 试样种类 | 入渗溶液 | 循环次数 |
|---|---|---|
| 红黏土 | 蒸馏水 | |
| 95% 红黏土 +5% 膨润土 | 0.1 mol·L$^{-1}$ NaCl 溶液 | 1、2、3、4 |
| 90% 膨润土 +10% 膨润土 | 1.0 mol·L$^{-1}$ NaCl 溶液 | |

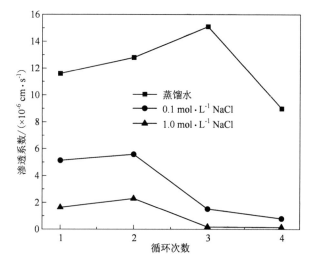

（注：循环次数 1、2、3、4 分别代表试样第 1、2、3、4 次湿化饱和后）

图 4-21　干湿循环过程中，经不同盐浓度饱和纯红黏土试样的渗透系数变化

从图 4-21 可以看出，4 次干湿循环后，试样渗透系数与初始对比均呈明显降低，过程中主要表现为先增大后降低，在 3、4 次循环后渗透系数逐渐稳定。Phifer 等（1994）研究成果表明，压实黏土的渗透特性受其矿物成分、大孔数量和裂隙发育情况等影响显著。4 次干湿循环后，试样发生较大体积收缩，导致有效孔隙减少。以高岭石矿物为主的红黏土颗粒排列方式决定了孔隙分布，渗透性能受土颗粒间的聚集形式影响显著。盐溶液中 Na（Ⅰ）主要改变了高岭土颗粒的絮

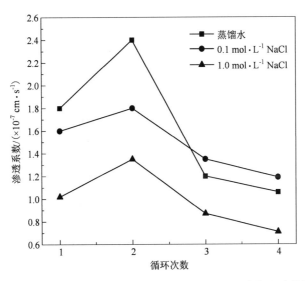

**图 4-22**　干湿循环过程中，经不同盐浓度饱和 95％红黏土+5％膨润土试样的渗透系数变化

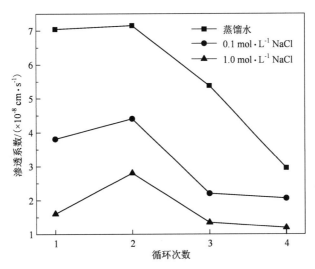

**图 4-23**　干湿循环过程中，经不同盐浓度饱和 90％红黏土+10％膨润土试样的渗透系数变化

状程度，且随着入渗盐溶液浓度的增加，高岭土颗粒易形成絮状胶结，宏观上导致了试样在 4 次干湿循环后表现为渗透系数降低。从图 4-22 和图 4-23 可知，柔性壁试验条件下，混合土渗透系数均在第 2 次湿化饱和后达最大，随循环次数的增加试样渗透系数呈逐渐降低趋势；这与试样由干湿循环作用带来的体应变密不

可分，混合土试样在第 1 次干燥后均产生了较大的塑性应变，这种不可逆的体应变导致了土颗粒及孔隙重新分布，进而导致在第 2 次湿化饱和时表现出较高的渗透系数的现象。

对比图 4-21~图 4-23 可知，随着膨润土掺量的增加，混合土试样渗透系数逐渐降低；当膨润土掺量达 10% 时，渗透系数降低了 2~3 个数量级，这主要是由于随着混合土中蒙脱石矿物的增加，拥有较大比表面积的蒙脱石颗粒在每次饱和时表现出高膨胀性，颗粒体积占据了部分孔隙体积，导致有效孔隙通道减少，进而表现出渗透系数降低的现象。

## 4.2  压实黏土气体渗透特性

工程屏障的功能之一是在一定程度上限制污染气体[如温室气体(GHG)，包括 $CH_4$ 和 $CO_2$]的迁移，同时防止挥发性有机化合物(VOCs)，如二氯甲烷(MC)和三氯乙烯(TCE)，以及含氢气体(如硫化氢、硫化氢)进入大气(Yilmaz, 2018)。积累的气体可能突破屏障系统导致压实黏土产生贯通的通道，进而使得场地内有害气体向外界环境中释放。因此，对于气体在工程屏障系统中迁移突破特性的研究十分必要。此外，耦合作用下可能诱发工程屏障土体开裂，进而导致渗透系数呈数量级增大，促使污染物快速迁移，工程屏障最终失去防渗、隔污能力。压实黏土采用蒸馏水测定渗透系数时，由于黏土的自愈能力，孔隙通道在水化过程中可能闭合，无法反应渗透过程微观孔隙结构调整的情况，而气体渗透试验可以实现这一过程。

目前，已有学者对高放废物深地质处置中缓冲/回填材料的气体突破特性开展了深入研究。部分结果表明：气体持续积累导致气压逐渐增加，会破坏屏障系统，诱发屏障材料的软弱面中张裂隙的形成；当工程屏障中气压增至某一临界压力时，将出现明显的气体突破现象；此外，气压及围压大小对工程屏障材料的气体渗透特性具有重要的影响。尽管国内不少学者对土的渗气特性做了广泛研究，然而以我国南方分布广泛的红黏土作为工程屏障材料的渗气特性研究相对较少，特别针对在红黏土中掺入一定量膨润土的混合土渗气特征的研究报道更为少见。

本节以红黏土-膨润土混合土和 Téguline 黏土为研究对象，以填埋场覆盖系统中压实黏土工程屏障所在的气体环境为背景，研究红黏土-膨润土混合土与 Téguline 黏土作为工程屏障材料的气体渗透特性。采用自制柔性壁气渗试验装置，基于非稳态气体渗透方法，研究混合土气体渗透特性，并揭示不同因素下黏土类工程屏障材料气体渗透特性的变化规律，试验结果可为以后实际工程提供理论依据。

## 4.2.1　试验材料

### 1.黏土材料基本性质

试验采用的Téguline黏土取自法国奥布省Albian Paris盆地,土样采集自该区域某中、低放核废料浅埋处置项目的勘察钻孔试样。钻孔揭露的Téguline黏土作为处置库围岩具有良好的工程性质,土体呈深灰色,结构致密紧实,土质均匀,厚度最大达到80 m;属于浅海相沉积黏性土,碳酸盐含量低,局部富含生物碎屑和磷酸盐结核。

Téguline黏土的阳离子交换能力约为7.35 mmol/kg,主要交换阳离子依次为Ca(Ⅱ)、Mg(Ⅱ)、K(Ⅰ)、Na(Ⅰ)、Sr(Ⅱ)。XRD分析表明土样的主要矿物为石英(38.3%)、伊利石(20.4%)、海绿石(16.6%)、方解石(12.1%)、高岭石(8.9%)、钾长石(3.2%)等。该土体的基本物理力学参数见表4-5。

表4-5　Téguline黏土试样物理力学参数

| 干密度/(g·cm⁻³) | 相对密度 | 最优含水率/% | 液限/% | 塑限/% | 塑性指数 |
|---|---|---|---|---|---|
| 1.73 | 2.70 | 16.30 | 46.9 | 23.2 | 23.70 |

### 2.试样制备

试样制备方法详见3.2.1节。在本节试验中将初始含水率为12.7%和16.0%的Téguline黏土均压制为直径50 mm、高度50 mm、初始干密度1.70 g/cm³的圆柱形试样。

## 4.2.2　试验方法与方案

### 1.试验装置

气体渗透性试验装置如图4-24所示,该装置由三轴围压腔室、塑料水管和气压系统三部分组成。该装置与Yoshimi和Osterberg(1963)以及Delage等(1998)使用的装置相似,区别在于以往试验中仅有垂向压力系统,而本章试验加入了三轴围压系统。加入三轴围压系统,是因为干燥后的试样直径会减小,如果仅有垂向压力系统,在试样和腔室壁之间会产生间隙,构成空气的优先通道。试验通过空气罐施加压力,并采用U形压力计中的水位变化来监测压力。

### 2.试验过程

1)干湿循环试验

压实Téguline黏土试样如图4-25所示,土样压实完成后,在土样顶部和底部均放置直径为50 mm的滤纸和透水石,并用硬质塑料膜缠绕包裹土样,即可开始

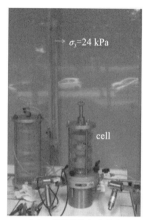

(a) 试验装置外观      (b) 三轴围压试验腔室

**图 4-24　气体渗透试验装置**

进行干湿循环试验。每个循环先进行吸水饱和，再取出土样自然失水干燥至恒重，以此反复，累计进行 5 次循环。采用去离子水从试样顶部渗入土样中约 15 d，即可达到饱和状态；饱和完成后去除塑料膜、透水石和滤纸，拍照记录样品变形特征并量取土样质量、尺寸，计算样品含水率、孔隙比等参数。样品干燥采用室内自然条件风干约 12 h，之后密封养护 12 h 使土中水分均匀化，之后测量土样质量、尺寸，并计算相关参数。

(a)      (b)      (c)

**图 4-25　Téguline 黏土压实土样**

　　根据试验土样的初始质量计算饱和试样的含水率，通过游标卡尺测量试样的直径和长度来计算试样体积，进而求得相应的孔隙比。干燥时将试样暴露在空气中12 h蒸发水分，然后密封静置约12 h以使试样含水均匀化。重复进行此步骤，直到试样的质量不再发生变化[图4-25(c)]。

在不同的试样上共进行了12次干湿循环试验，详细试验方案见表4-6。

表4-6　干湿循环和透气性试验方案

| 试样编号 | 初始含水率 | 循环次数 | 气体渗透方向 |
|---|---|---|---|
| 1 | 12.7% | 1 | 轴向 |
| 2 | | 2 | 轴向 |
| 3 | | 3 | 轴向 |
| 4 | | 4 | 轴向 |
| 5 | | 5 | 轴向 |
| 6 | 16.0% | 1 | 轴向 |
| 7 | | 2 | 轴向 |
| 8 | | 3 | 轴向 |
| 9 | | 4 | 轴向 |
| 10 | | 5 | 轴向 |
| 11 | 12.7% | 1 | 径向 |
| 12 | | 2 | 径向 |

2）气体渗透试验

在气体渗透性测试中，首先，将带有两个透水石的试样放入三轴围压试验腔室，并由乳胶膜包裹[图4-24(a)]。其次，在试验腔室中注入去离子水。然后，通过水柱高度施加24 kPa的侧限压力[图4-24(b)]。因为这个约束压力比压实压力(2.05 MPa和1.0 MPa)低得多，所以该侧限压力既确保了膜和试样之间的良好接触，又不会使试样明显变形。最后，将空气压力从0 kPa增加到6 kPa，当空气压力稳定在6 kPa数分钟后，开始进行气体渗透试验。在试验过程中，记录不同时间的气压。因为在试验前、后试样的质量几乎不发生变化，所以试样的含水率变化也可以忽略不计。

试样的规格如表4-6所示。1~10号试样用于轴向空气渗透性试验。而11号和12号试样（高度35 mm，直径35 mm）是通过在径向上切割分别经过1次和2次干湿循环后的1号和2号试样得到的。换用直径为35 mm的乳胶膜，用同样的方式进行11号和12号试样气体渗透试验。

3)气体渗透率的计算

基于空气等温膨胀的假设,Yoshimi 和 Osterberg(1963)提出了用式(4-6)来计算空气渗透系数:

$$\bar{k} = \left[ \frac{2.30Vh\mu_a}{A\left(P_a + \frac{P_0}{4}\right)} \right] \left[ \frac{-\lg\left(\frac{P_t}{P_0}\right)}{t} \right] \tag{4-6}$$

式中:$\bar{k}$ 是气体渗透系数,$m^2$;$P_a$ 是大气压力,kPa;$P_t$ 是 $t$ 时罐内空气压力;$P_0$ 是 $t=0$ 时的气压,为 6 kPa;$V$ 是气罐的容积,为 $3.368 \times 10^{-3}$ $m^3$;$h$ 是试样的厚度,m;$A$ 是土样的径向面积,$m^2$;$\mu_a$ 是 20℃下空气的动态黏度系数,为 $1.796 \times 10^{-5}$ Pa·s。

## 4.2.3 试验结果与分析

1. 不同初始含水率下黏土的气体渗透特性

在初始含水率为 12.7% 和 16% 时,压实的 Téguline 黏土的透气性结果如图 4-26 所示。由图 4-26(a)可知,$-\lg(P_t/P_0)$ 与 $t$ 之间存在明显的线性关系。在给定的时间 $t$ 内,含水率较低的压实试样的 $-\lg(P_t/P_0)$ 值大于含水率较高的压实试样。图 4-26(b)为由式(4-6)计算出的空气渗透率系数,含水率较高的压实 Téguline 黏土试样气体渗透系数较低。

研究表明,充气孔隙率是控制气体渗透性的主要参数(Delage 等,1998)。对于含水率较低(12.7%)的试样,其土颗粒的内聚力更强,压实土样并不能完全改变土样原有结构,这导致了聚集体内部及聚集体之间存在大量孔隙。对于含水率较高(16.0%)的试样,试样压制使聚集体发生充分变形,便于形成质量更大且排列更致密的微观结构(Delage 等,1996)。所以,在含水率较低的试样中,由于孔隙大、含水率低,气体流动的空间就更多,气体渗透性也就更好。

2. 干湿循环条件下黏土的气体渗透特性

由图 4-27 可知,每个干湿循环周期后,$-\lg(P_t/P_0)$ 与 $t$ 之间存在线性关系。对比 $-\lg(P_t/P_0)$ 值发现,与经历干湿循环后试样相比,压实后的试样 $-\lg(P_t/P_0)$ 值更大。从图 4-28 可以看出,气体渗透系数总体上随干湿循环次数的增加而增大。但含水率为 16.0% 时,气体渗透系数从 1 个循环到 2 个循环过程中有所下降。该现象可以用控制气体渗透性变化的两种机制来解释:①土样体积收缩,导致气体渗透性降低;②土样开裂增加气体渗透性。在第 1 个循环中,从压缩状态开始,第一种机制占主导地位,如图 4-27(b)和图 4-28 所示,而第二种机制在随后的周期中开始发挥作用(He 等,2017)。因此,在 1 个循环到 2 个循环中、含水率为 16.0% 的情况下,气体渗透系数的降低受收缩的影响更为显著。

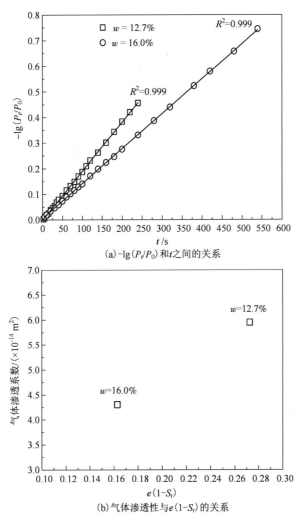

(a) $-\lg(P_t/P_0)$ 和 $t$ 之间的关系

(b) 气体渗透性与 $e(1-S_r)$ 的关系

**图 4-26　12.7% 和 16.0% 初始含水率对压实黏土气体渗透性的影响**

3. 黏土气体渗透的各向异性特征

图 4-29 显示了轴向（垂直）和水平方向上气体渗透系数的结果。经过 1~2 次干湿循环后，试样轴向的气体渗透系数大于径向的气体渗透系数，这一现象表明了压实黏土的各向异性行为。

Tang 等（2011b）研究发现干湿循环会导致土体结构重新排列。此外，随着干燥过程中孔隙体积收缩，表面裂纹的增量也逐渐减小。图 4-30 显示，试验中压实 Téguline 黏土经 4、5 次干湿循环后，试样表面出现径向而非轴向裂纹，而第 1

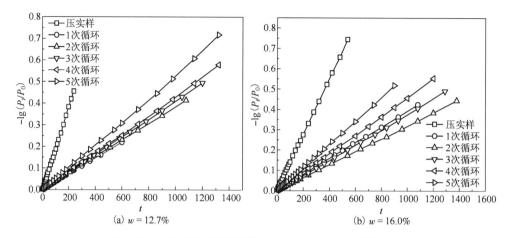

图 4-27  不同干湿循环周期后 $-\lg(P_t/P_0)$ 与 $t$ 之间的关系

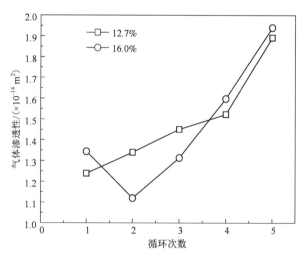

图 4-28  干湿循环次数与气体渗透特性的关系

次循环后试样表面未见明显裂纹。由此可以推测，经过 4、5 次循环后，径向的气体渗透系数大于轴向的气体渗透系数。然而，图 4-28 表明，1~2 次循环后的试样却得到了相反的结果。这说明在第 4 次循环之前，尽管土样出现微裂隙，增加了透气性，但以各向异性的收缩为主，即由于轴向收缩大于径向收缩（图 4-31），气流孔隙尺寸较小，导致径向气体渗透性降低。当肉眼可见的水平裂纹发生时，这种模式发生了变化：经过 4、5 次循环后，径向裂纹的气体渗透性高于轴向裂纹。

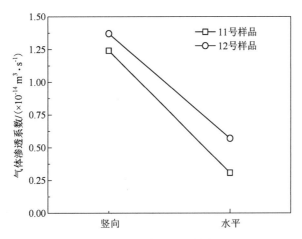

**图 4-29 气体渗透系数与渗透方向的关系($w = 12.7\%$)**

(a)4次循环后 (b)5次循环后

**图 4-30 干湿循环后的试样**

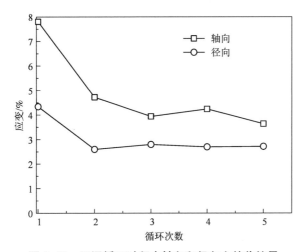

**图 4-31 干湿循环过程中轴向和径向上的收缩量**

# 4.3 化学溶液作用下压实黏土土水特征

土水特征即土吸收水和保留水的能力，用土水特征曲线表示。土水特征曲线（soil water retention curve，SWRC）是研究非饱和土中水分流动和溶质迁移的基础，其反映了土体含水率（饱和度）与吸力之间的关系，被广泛应用于评价土体渗透系数、持水保肥、抗剪强度、体积变形等工程性质（Ye 等，2009；Wang 等，2019）。压实黏土作为污染物场地工程屏障，一般呈非饱和状态，其内部的吸力对黏土的工程特性影响显著（Romero 等，2017；Tao 等，2019）。因此，了解非饱和土水特征对模拟水和污染物通过黏土屏障的流动和传输至关重要。

目前，缺乏考虑化学溶液作用下吸力对压实黏土 SWRC 影响的研究。然而，在城市/危险废物填埋场用作工程屏障的压实黏土通常处于非饱和状态，并且受到渗透吸力梯度的影响。因此，在渗透吸力效应的范围内表征 SWRC 十分很重要。通过研究渗透吸力梯度下润湿路径中的含水率–孔隙率及孔隙率–渗透吸力关系，揭示干湿变形效应下压实红黏土的土水特征和一维条件下 NaCl 溶液对压实膨润土胀缩行为的影响。

## 4.3.1 试验材料

1. 黏土材料的基本性质

试验采用红黏土和膨润土，其基本性质见第 3 章。

2. 试样制备

试样制备方法详见 3.2.1 节。在本节试验中压制三种规格的圆柱形试样，分别为：直径 50 mm、高度 10 mm、初始干密度为 1.30 g/cm³ 的红黏土试样，直径 50 mm、高度 10 mm、初始干密度为 1.50 g/cm³ 的红黏土试样，直径 50 mm、高度 10 mm、初始干密度为 1.70 g/cm³ 的膨润土试样。

## 4.3.2 试验方法与方案

1. 试验装置

本节渗透试验采用刚性壁渗透试验装置，详见 4.1.2 节，吸力控制的干燥试验装置如图 4-32 所示。

2. 试验过程

进行红黏土干湿循环试验时，首先向渗透仪中注入蒸馏水，压实红黏土将吸水膨胀，位移计记录试样水化过程中的轴向变形。当位移计读数不变时，可认为轴向变形达到稳定。变形稳定后，将土样从试样环中取出，放置到105℃烘箱中

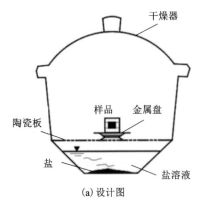

(a) 设计图　　　　　　　　　　(b) 实物图

**图 4-32　干燥器试验装置**

干燥 24 h，测得饱和含水率($w_{\mathrm{sat}}$)。针对不同初始干密度的红黏土土样，重复上述步骤分别进行饱和膨胀试验。

膨胀应变计算式为：

$$\varepsilon = \frac{\Delta H}{H_0} \times 100\% \tag{4-7}$$

式中：$\varepsilon$ 为膨胀应变；$\Delta H$ 为试样变形量，mm；$H_0$ 为试样初始高度，mm。

饱和膨胀试验完成后，通过气相法控制吸力对试样进行干燥。根据盐溶液与吸力的对应关系，将装有土样的试样环分别置于盛有不同盐溶液的干燥皿中，相应的吸力控制为 2.0 MPa、4.2 MPa、12.6 MPa、21.0 MPa、38.0 MPa 和 110.0 MPa，盐溶液及相应的吸力见表 4-7。由于水气交换作用，试样质量将不断变化，直至土样中的含水率与干燥皿中的湿度达到平衡，试样质量将不再变化，此时试样因失水引起的变形达到稳定。从试样环中取出土样，一部分放置到 105℃ 烘箱中烘 24 h 测定含水率($w$)，另一部分采用蜡封法测量密度($\rho$)，并通过式(4-8)计算孔隙比($e$)：

$$e = \frac{G_s(1 + 0.01w)}{\rho} - 1 \tag{4-8}$$

式中：$G_s$ 为土样相对密度。

**表 4-7　盐溶液和相应的吸力(20℃)**

| 盐溶液 | 总吸力/MPa |
|---|---|
| NaCl(0.463 mol/kg) | 2 |
| 饱和 K$_2$SO$_4$ 溶液 | 4.2 |

续表4-7

| 盐溶液 | 总吸力/MPa |
|---|---|
| 饱和 ZnSO₄ 溶液 | 12.6 |
| 饱和 KCl 溶液 | 21 |
| 饱和 NaCl 溶液 | 38 |
| 饱和 K₂CO₃ 溶液 | 110 |

进行膨润土干湿循环试验采用与上述红黏土干湿循环试验同样的方法，膨润土干湿循环试验方案见表4-8。

表 4-8　膨润土干湿循环试验方案

| 编号 | 试样 | 用于润湿的 NaCl 溶液/($mol \cdot L^{-1}$) | 控制吸力/MPa |
|---|---|---|---|
| 1 | DW | 0 | — |
| 2 | DWS4.2 | 0 | 4.2 |
| 3 | DWS38 | 0 | 38 |
| 4 | DWS110 | 0 | 110 |
| 5 | $C0.1$ | 0.1 | — |
| 6 | $C0.1S4.2$ | 0.1 | 4.2 |
| 7 | $C0.1S12.6$ | 0.1 | 12.6 |
| 8 | $C0.1S38$ | 0.1 | 38 |
| 9 | $C0.1S110$ | 0.1 | 110 |
| 10 | $C0.5$ | 0.5 | — |
| 11 | $C0.5S4.2$ | 0.5 | 4.2 |
| 12 | $C0.5S12.6$ | 0.5 | 12.6 |
| 13 | $C0.5S38$ | 0.5 | 38 |
| 14 | $C0.5S110$ | 1.0 | 110 |
| 15 | $C1.0$ | 1.0 | — |
| 16 | $C1.0S4.2$ | 1.0 | 4.2 |
| 17 | $C1.0S12.6$ | 1.0 | 12.6 |
| 18 | $C1.0S38$ | 1.0 | 38 |
| 19 | $C1.0S110$ | 1.0 | 110 |

附注：DW 表示蒸馏水，$C$ 表示盐溶液浓度，$S$ 表示吸力。

## 4.3.3　试验结果与分析

1. 基于干湿变形效应的压实红黏土土水特征

1）初始干密度对土水特征的影响

对不同初始干密度的饱和压实红黏土，在逐级增加吸力条件下，测定相应的饱和度与孔隙比，即可绘制样干燥阶段的土水特征曲线，如图 4-33 所示。

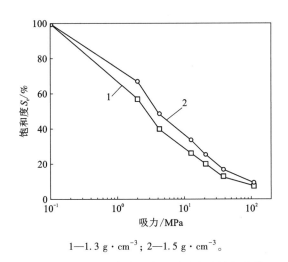

1—1.3 g·cm$^{-3}$；2—1.5 g·cm$^{-3}$。

**图 4-33　不同干密度压实红黏土土水特征曲线**

从图 4-33 可知：对不同初始干密度的压实红黏土，在吸力控制干燥过程中，饱和度随着吸力的增大而迅速降低。当吸力由饱和状态接近 0 MPa 增大至 4.2 MPa 时，土样饱和度减少至 40%；当吸力继续增大至 110 MPa 时，土样饱和度相应减少至 8%，表明在吸力控制干燥过程中试样不断失水。

由图 4-33 也可发现，在同一吸力控制条件下，初始干密度 1.5 g/cm$^3$ 试样的饱和度高于初始干密度 1.3 g/cm$^3$ 试样的饱和度。这主要是由于初始干密度越大，试样越密实，试样中大孔隙数量少，小孔隙数量相对较多，从而持水能力较强。

2）考虑变形的土水特征模型及验证

红黏土中含有一定量的蒙脱石矿物，是一种弱膨胀土，呈现出吸水膨胀和失水收缩特性。在控制吸力干燥过程中，对不同吸力控制点的土样孔隙比进行测定，结果如图 4-34 所示。

由图 4-34 可见：在干燥过程中，试样孔隙比随着吸力的增大而减小，表明试样排水干燥而收缩。土样收缩量基本在较低的吸力阶段完成（吸力<4.2 MPa），

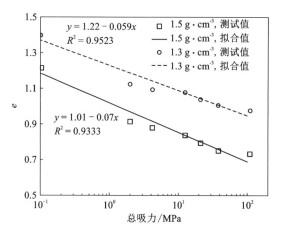

**图 4-34 不同干密度试样吸力与孔隙比的关系**

当吸力增大到 110 MPa 时，土样高度基本与压样时土样高度一致，略有减小。同时，试样饱和完成后，整个干燥过程中干密度为 1.3 g/cm³ 的土样的孔隙比都较 1.5 g/cm³ 的土样要大。为考虑吸力增大干燥过程中土体变形对土水特征的影响，根据 Alonso 等的研究，建立了试样孔隙比与吸力的关系式为：

$$e = f(x) = e_0 - \lambda \times \ln S \tag{4-9}$$

式中：$S$ 为土的吸力，MPa；$e$ 为 $S$ 吸力条件下土的孔隙比；$e_0$ 为土的初始孔隙比；$\lambda$ 为与吸力有关的变形参数。

采用式（4-9）分别对 2 种初始干密度压实红黏土的试验结果进行拟合，拟合参数见表 4-9，拟合结果如图 4-34 所示。结果表明：式（4-9）能很好地描述不同初始干密度压实红黏土的孔隙比与吸力的关系。

**表 4-9 孔隙比与吸力的拟合参数**

| 干密度/(g·cm⁻³) | $e_0$ | $\lambda$ | $R^2$ |
| --- | --- | --- | --- |
| 1.3 | 1.22 | -0.059 | 0.9523 |
| 1.5 | 1.01 | -0.070 | 0.9333 |

Gallipoli 等（2003）基于 VG 模型建立了描述土体变形对土水特征影响的关系式：

$$S_r = f(e, S) = \left\{ 1 + \left[ \frac{e^\varphi}{a} \times S \right]^n \right\}^{-m} \tag{4-10}$$

式中：$S_r$ 为饱和度；$e$ 为孔隙比；$S$ 为吸力；$a$，$\varphi$，$n$ 和 $m$ 均为模型参数。

结合表 4-9、式 (4-9) 和式 (4-10)，对图 4-33 中的土水特征曲线进行拟合，结果如表 4-10 和图 4-35 所示。从表 4-10 和图 4-35 可知：式 (4-10) 能很好地描述压实红黏土考虑变形的土水特征关系。

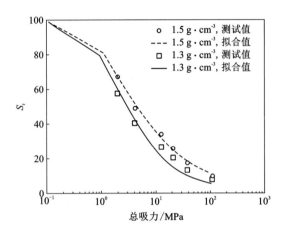

图 4-35　考虑变形的土水特征模型验证

表 4-10　考虑变形的土水特征模型拟合参数

| 干密度/($g \cdot cm^{-3}$) | $a$ | $n$ | $m$ | $\varphi$ | $R^2$ |
|---|---|---|---|---|---|
| 1.3 | 168.6 | 0.6847 | 9.047 | 22.30 | 0.9945 |
| 1.5 | 45.22 | 0.6533 | 5.002 | 16.08 | 0.9699 |

进气值是气体进入饱和土孔隙时必须达到的基质吸力。将土水特征曲线中过渡段的斜率延长并与饱和度为 100% 的吸力轴相交，交点对应的吸力即为进气值。采用该方法，在考虑变形影响的土水特征曲线上，得到了 2 种初始干密度压实红黏土的进气值，分别约为 380 kPa 和 560 kPa，该进气值明显大于黄飞 (2014) 的研究结果，其可能的原因如下：①试样粒径和矿物成分不同。本研究所用红黏土粒径 <0.16 mm，黄飞 (2014) 研究的红黏土粒径 <1 mm，两者相差较大，同时本研究红黏土中的黏粒含量也较多 (69.1%)。②试验方法不同。本研究压实红黏土试样，在吸力控制的干燥过程中不收缩，干密度相对增大，孔隙比减小，微观孔隙尺寸的变化导致进气值相应增大。

2. 化学溶液作用下压实土体的持水特征

1) NaCl 溶液对压实膨润土持水性的影响

根据测得的含水率 ($w$) 和孔隙比 ($e$) 以及黏土颗粒的相对密度 ($G_s$)，可以采用式 (4-11) 计算饱和度 ($S_r$)。在一维条件下的饱和过程中，考虑到水的密度为

1.00 g/cm³，而结合水的密度可能大于 1 g/cm³，所以黏土试样可能会出现计算的饱和度高于 100% 的情况（Villar 等，2004）。但是本章假设最大饱和度为 100%。

$$S_r = \frac{wG_s}{e} \tag{4-11}$$

根据饱和度和吸力之间的关系，绘制不同 NaCl 溶液浓度饱和黏土试样干燥过程的 SWRC，如图 4-36 所示。

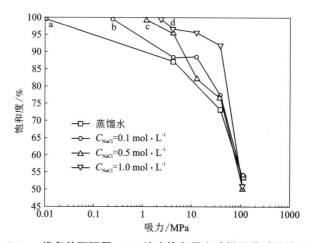

**图 4-36　一维条件下不同 NaCl 浓度饱和黏土试样干燥过程的 SWRC**

图 4-36 表明，黏土试样的饱和度随着吸力的增加而降低。当吸力增加到 12.6 MPa 时，黏土试样的饱和度保持在约 85%，而当吸力达到 110 MPa 时，饱和度约为 52%。同时，初始饱和的压实膨润土试样在不同 NaCl 溶液浓度下的保水能力不同。对于给定的控制吸力，用更高浓度的 NaCl 溶液饱和的试样比用蒸馏水饱和的试样表现出更高的饱和度。对于用更高浓度的 NaCl 溶液饱和黏土试样，干燥后可以获得更大的孔隙比。然而，用较高浓度的 NaCl 溶液饱和黏土试样也具有较高的含水率。在这两个变量的耦合效应下，用较高浓度的 NaCl 溶液饱和的试样比用蒸馏水饱和的试样表现出更高的饱和度。

根据 Fredlund 等（1993）提出的图解法，通过延长 SWRC 的恒定斜率部分并在 100% 饱和度时与吸力轴相交，可以得到相应的吸力值，即为进气值。用蒸馏水饱和的试样的空气进气值约为 400 kPa，如图 4-36 所示。由于黏土中存在盐溶液，压实膨润土试样的孔隙结构将发生变化（Musso 等，2013；He 等，2016），而在总吸力控制条件下，基质吸力将因渗透吸力的存在而降低（Mata 等，2002；Mokni 等，2011；Zhang 等，2012）。因此，盐溶液饱和黏土试样的进气值不能通过与蒸馏水饱和试样相同的方法获得。此外，得出盐溶液饱和黏土试样的进气值大于蒸馏水饱和黏土试样进气值的结论显然是不恰当的。目前，仅有少数学者研究盐溶液影响下的压实膨润土试样的 SWRC，对 SWRC 的进气值的相关研究则更少（Ravi 等，2013）。

2）考虑 NaCl 溶液影响的 SWRC 模型验证

基于图 4-36 中测得的 SWRC 数据、式（4-9）、式（4-10）以及表 4-11 中参数 $e_0$ 和 $\lambda$ 的值，计算了干燥过程中一维条件下受 NaCl 溶液浓度影响下的压实膨润土试样 SWRC，结果如表 4-12 和图 4-37 所示。

表 4-11　孔隙比与吸力关系的拟合参数

| 参数 | 去离子水 | $C=0.1$ mol/L | $C=0.5$ mol/L | $C=1.0$ mol/L |
|---|---|---|---|---|
| $e_0$ | 1.678 | 1.478 | 1.911 | 2.314 |
| $\lambda$ | 0.3252 | 0.2651 | 0.3361 | 0.4001 |
| $R^2$ | 0.9428 | 0.9197 | 0.9135 | 0.9777 |

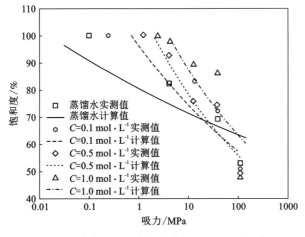

图 4-37　考虑 NaCl 溶液影响的 SWRC 模型验证

表 4-12　NaCl 溶液饱和的压实膨润土试样的拟合 SWRC 参数

| 参数 | $C=0$ mol/L | $C=0.1$ mol/L | $C=0.5$ mol/L | $C=1.0$ mol/L |
|---|---|---|---|---|
| $a$ | 0.2040 | 0.2460 | 0.3110 | 0.3931 |
| $n$ | $-1.01659$ | $-0.034$ | $-0.04624$ | $-0.04391$ |
| $m$ | 6.153 | 7.822 | 7.637 | 6.736 |
| $\varphi$ | $-3.951$ | 5.392 | 2.180 | $-1.849$ |
| $R^2$ | 0.8487 | 0.6696 | 0.8438 | 0.7276 |

比较发现，修正方程[式(4-11)]能有效地反映干燥过程中一维条件下 NaCl 溶液对压实膨润土试样的 SWRC 的影响。然而，对于吸力大于 110 MPa 的情况会观察到一定偏差。这种差异可归结于以下原因：①SWRC 模型验证取决于等式(4-11)的拟合结果；②在较高吸力下(≥110 MPa)，可能会在试样中产生微裂纹，导致黏土表面的水通道增加，从而通过进一步蒸发导致含水率或饱和度降低。

应注意的是，所提出的模型仅通过约束压实膨润土的试验结果进行验证，其他材料和大规模应用可能需要额外的改进。

## 4.4　化学溶液作用下基于压实黏土孔隙结构演化的土水特征模型

一般地，在建立化学溶液影响的压实黏土土水特征预测模型时，可采取两种方法：①直接建立含水率与基质吸力(孔径)、土性及溶液浓度的函数方程；②建立含水率与基质吸力(孔径)的函数方程，再用化学溶液处理土样的压汞试验数据对模型进行验证。前者建立的模型中参数较多，对土性参数的精度要求较高；而后者建立的模型中参数较少，只与孔隙结构相关，且众多学者通过试验发现，化学溶液对土样持水特性的影响主要是通过改变其孔隙结构实现的，故通过该方法建立的模型适用性较强。本节采用方法②建立模型，同时考虑到基于分形理论推导的 SWRC 模型相较于一般的经验模型更容易确定模型参数的物理意义(杨明辉等，2019)；而基于双孔理论推导的 SWRC 预测模型更能反映压实膨润土的实际孔隙结构(Hu 等，2019)。因此，本节基于上述两种理论建立 SWRC 预测模型。

### 4.4.1　压实黏土微观结构

1.压实黏土基本结构

黏土矿物与黏土内部孔隙共同组成了黏土微观结构，矿物成分和孔隙结构对黏土的某些工程性质通常具有同等的影响。大多数黏土矿物由硅氧四面体晶层和铝氧八面体晶层组成，属于层状硅酸盐类物质(Nasir 等，2014)。

如图 4-38 所示，压实黏土的结构层次包含大颗粒、集聚体、片晶层群(或称为层叠体)、片晶层等。其中，片晶层之间存在众多的水分子、阳离子及层间空隙。研究表明，在干燥状态下，钠基蒙脱石片晶层之间的基层间距为 9.7 Å，在水化过程中，这个距离随层间水分子层数的增加而增大，水分子层数达到三层时，基层间距为 18.4~19 Å(Holmboe 等，2012)。

如图 4-38 所示，以钠基蒙脱石黏土为例，组成每个片晶层的是硅氧四面体

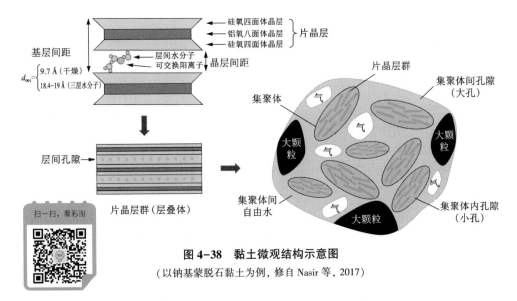

**图 4-38　黏土微观结构示意图**

(以钠基蒙脱石黏土为例，修自 Nasir 等，2017)

晶层和铝氧八面体晶层，硅氧四面体和铝氧八面体的晶体结构如图 4-39 所示。硅氧四面体中的一个硅原子被紧邻的四个氧原子包围，在同一平面上，四面体之间通过共享顶角的氧原子而相互连接，可在水平方向上无限延展，构成平面六边形网格；铝氧八面体的中间是 1 个阳离子 [ $Al(III)$ ，其他八面体的中间阳离子还可能为 $Fe(III)$ 或 $Mg(II)$ ]，其上、下各有 3 个紧邻的氢氧根离子(或氧离子)，八面体之间也可以通过共享阴离子而相互连接，在水平面上无限扩展，形成晶层结构。假设用"T"表示多个硅氧四面体同平面排列形成的晶层结构，用"O"表示多个铝氧八面体同平面排列形成的结构，则 T 和 O 的组合排列形式决定了其形成的黏土矿物种类，典型的排列方式有 1∶1 型和 2∶1 型两种，代表性的黏土矿物分别为高岭石 [ $Al_2Si_2O_5(OH)_4$ ] 和蒙脱石 [ $(Na，Ca)_{0.33}(Al，Mg)_2Si_4O_{10}(OH)_2·nH_2O$ ]。高岭石的结构特征是由一个四面体晶层与一个八面体晶层堆叠在一起，组成一个片晶层，四面体的一个顶角氧原子与八面体的阴离子层共用一个氧原子平面，在该共用层中，由硅和铝共用的氧原子约占三分之二，原本的氢氧根离子会发生向氧离子的转化。由于片晶层间范德华力和氢键强度大，所以高岭石矿物在遇水时不易发生层间吸水膨胀。而对于蒙脱石而言，上、下两层硅氧四面体的顶角氧原子与中间八面体共用，形成片晶层。蒙脱石片晶层间的范德华力较弱，遇水后易吸附水分子，发生晶层间膨胀，晶层间距增大，干燥时，片晶层失水收缩，晶层间距减小。

　　压实黏土的微观结构对其渗透和变形特性有直接影响，选取合适的测定方法有助于快速获取需要的信息。在现有文献中，XRD(X 射线衍射)、ESEM(环境扫

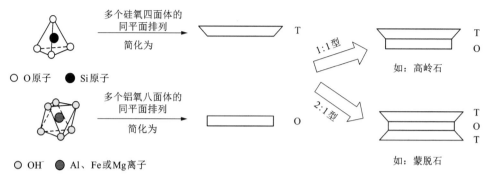

**图4-39　黏土晶层结构示意图**

描电镜)、μCT(微型 CT)及 MIP(压汞法)等四种微观结构测试手段被广泛应用于压实黏土微观结构研究中，表 4-13 对这四种压实黏土微观结构测定方法进行了优、缺点分析，结果表明，虽然 MIP 试验存在一定的测量误差，但相较于其他方法，其更加省时、测定的范围更广，因此更适用于测定孔径分布。试验中需注意的是，由于 MIP 是一种破坏性测试方法，因此，若要同时对试样进行其他试验，则需制备多组相同条件的土样。而 XRD 技术是一种识别矿物晶体种类或分析黏土矿物组成的方法，对试样不产生破坏作用，现有研究中也可将其用于测定压实黏土的晶层间距。考虑到 ESEM 虽然能通过扫描图像直观表现试样的微观结构，但其不能完整呈现试样中的所有孔隙大小，因此通常将其与 MIP 结合，从而描述试样的孔隙组成和分布情况。μCT 虽然也是一种非破坏试验手段，但是对制样过程有较高要求。

**表4-13　压实黏土微观结构测定技术对比**

| 测定方法 | 优点 | 局限性 |
| --- | --- | --- |
| XRD | ①能在不破坏试样的情况下分析试样的微观结构；②能分析黏土矿物组成及测定晶层间距 | ①XRD 图像的峰强度还受结晶程度、化学处理、矿物分布的均匀性、水化状态、晶体在 X 射线扫描表面的择优取向等因素的影响；②黏土矿物的定量分析因受试验条件和试样自身结构影响而变得复杂 |
| ESEM | 可以控制不同的湿度，观察润湿土样的微观结构 | 无法测定层间孔隙和集聚体内孔隙 |
| μCT | 能在保持试样完整性的情况下测定黏土的孔隙分布和含水量分布 | 在制样过程中进行的干燥会使试样发生收缩，也会破坏试样的微观结构 |

| 测定方法 | 优点 | 局限性 |
|---|---|---|
| MIP | ①能测量的孔径范围较广；<br>②所需试样的体积较小；<br>③测试耗时较短（只需数小时），且具有高度的可重复性 | ①假定孔隙为圆柱形，而实际情况下只有很少的孔隙是由圆柱形孔隙组成；<br>②该方法无法测定四周完全封闭的孔隙；<br>③该方法计算的只是孔隙入口的大小，而非实际孔径，当存在"墨水瓶"效应时，压汞试验的结果可能会高估微观孔隙的分布密度；<br>④在制样时需采用风干、烘烤、冷冻干燥或临界点干燥技术对试样进行脱水，不同的取样、制样和干燥方法都会影响结果 |

## 2. 压实黏土双孔隙结构

集聚体是由多个黏土片晶层群（或称为层叠体）和群间孔隙构成的集合体，Delage 等人将 MIP 与扫描电镜法（SEM）结合，在试验中观测到黏土集聚体内孔隙（大孔）和集聚体间孔隙（小孔）（Delage 等，1984）。此后，双孔隙结构理论被多数学者应用于黏土微观结构的研究之中，由于重金属溶液和盐溶液为常见的孔隙流体，许多学者围绕这两种溶液对孔隙结构的影响开展了研究。

重金属溶液的影响：Dutta 和 Mishra 用含 Zn（Ⅱ）、Pb（Ⅱ）和 Cu（Ⅱ）的溶液分别处理膨润土，对重金属离子与黏土工程性质的关系进行了一系列的试验研究，结果表明，随着重金属浓度的增加，膨润土的液限、自由膨胀的膨胀力减小、渗透系数增大，推测这是由重金属作用下膨润土的扩散双电层厚度减小、颗粒间距减小，导致金属离子浓度对膨润土的影响更加明显（Dutta 等，2016）。另有学者在分析渗滤液影响时追加了 XRD 和 SEM 分析，发现随着渗滤液浓度的增加，伊利石类矿物的峰值明显增大，SEM 图像中出现较大的集聚体结构，表明重金属污染液使黏土内产生伊利石等新的矿物，黏土颗粒发生絮凝，聚集成较大的集聚体，与此同时，集聚体间孔隙和颗粒间孔隙增大，黏土内总孔隙体积增大（Li 等，2015）。用含单一重金属离子的溶液进行试验时，除了上述现象，不同种类的重金属离子还会对黏土的微观结构存在不同的影响机制。如 Zn（Ⅱ）的存在能阻止高岭土中 C-S-H 和钙矾石的生成，且随着 Zn（Ⅱ）浓度的增大，高岭土中会产生 $CaZn_2(OH)_6 \cdot 2H_2O$，Zn（Ⅱ）浓度增加到 2% 时，集料间孔隙的体积和平均直径明显增大，而集料内孔隙的大小基本保持不变，用峰值分析法模拟锌污染高岭土在该过程的 PSD 曲线，发现模拟曲线由双峰形过渡到单峰形。而 Cd（Ⅱ）在压实黏土柱中迁移时，沿迁移方向，黏土颗粒由"点对点"排列变为"片对片"排列，颗粒间微孔增多，次生孔隙减少，孔隙比表面积和体积均减小。

盐溶液的影响：Zhu 等(2013)用去离子水和低浓度 NaCl 溶液处理干密度为 1.70 g/cm³ 的压实膨润土(图 4-40)，发现溶液浓度低于 0.5 mol/L 时，其膨胀压力随时间的变化曲线具有双峰特性。这可以通过图 4-41 进行解释，膨润土从初始状态到阶段 1，片晶层间的可交换阳离子发生水合作用，导致其体积膨胀，层间水分子数达到最大值时，膨胀压力曲线出现第一个峰值。在侧限条件下，土骨架由于集聚体膨胀而发生破坏，膨润土内较厚的准晶体分解为较薄的准晶体(阶段 2)，移动到集聚体间孔隙中，使得大孔减小，膨胀压力变弱。在阶段 3，压实膨润土的片晶层间的水分子进入准晶体间孔隙，形成扩散双电层(DDL)，导致膨胀压力增大到第二个峰值。如前所述，高浓度盐溶液能抑制 DDL 的形成，DDL 膨胀受到限制，因此当浓度高于 0.5 mol/L 时，膨胀力与时间曲线转变为单峰曲线，同时，水化作用对大孔的减小效应变弱，膨润土的孔隙比随盐浓度的增加而增大，渗透系数随之增大(Mishra 等，2006；陈永贵等，2018)。

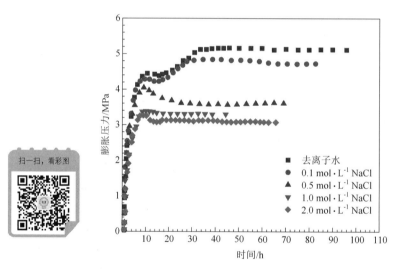

图 4-40　NaCl 溶液对膨润土($\rho_d = 1.70$ g/cm³)膨胀压力的影响(修自 Zhu 等，2013)

此后，通过对膨润土的深入研究，一些学者发现吸力降低时，侧限条件下小孔体积增大，大孔体积减小，孔径趋于均匀化，而自由膨胀条件下，小孔体积基本不变，大孔的吸水膨胀主导了膨润土的膨胀过程。在渗滤液入渗时，不仅有膨润土中固体物质对渗滤液化学成分的吸附，还存在大孔向小孔的转化，导致渗透系数降低，从而延缓渗滤液的污染。

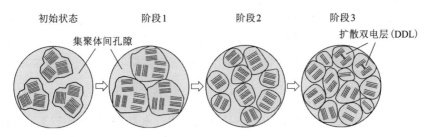

初始状态　　阶段 1　　阶段 2　　阶段 3

集聚体间孔隙　　　　　扩散双电层 (DDL)

**图 4-41　膨润土恒体积膨胀过程中微观结构演化 ( 修自 Zhu 等，2013)**

## 4.4.2　基于压实黏土微观结构演化的土水特征模型

1. 基于孔径变化和分形理论的土水特征模型

1) 分形理论概述

Mandelbrot 最先从非传统几何学的研究出发，建立了对具有自相似性的不规则几何对象的研究理论，即分形理论。这种研究对象称为分形体，描述分形体自相似性的参数为分形维数。文献表明，土壤是一种具有多层统计自相似性的分形体 (Tyler 等，1992)，其在微观尺度的某些性质 ( 如孔隙分布和颗粒结构) 往往能反映土壤的宏观特性 (Gallipoli 等，2003)。与一般的经验方程相比，基于分形理论建立的 SWRC 模型参数有更明确的几何解释。

为建立合适的 SWRC 模型，众多学者对土壤的分形特性进行了深入研究。Huang 和 Zhang(2004) 指出，土中固体颗粒相和孔隙相的分形特征主要表现为：①粒度分形，包括孔径分形及粒径分形 (He 等，2022)；②表面分形；③质量分形，包括固体质量分形和孔隙质量分形；④孔隙-固体分形。Huang 考虑了孔隙-固体分形特征，建立了广义的 SWRC 模型，提供了从粒径分布估算分形维数的方法，并用 400 组试验数据验证了该方法的可靠性。Sun 等 (2019) 对环境扫描电镜图像和压汞试验数据进行了分形分析，研究了干湿循环、吸力、压实功对压实 Czech 膨润土 B75 分形维数的影响。结果表明，分形维数随吸力和干密度的增加而增大；结构表面越粗糙，分形维数越大。Qi 等 (2018) 用多重分形的方法评价了定量评价了不同土质对土壤 PSD 的影响，根据分形维数与黏粒含量之间为正相关的特点，分析得到土中细粒 ( 黏土颗粒和粉粒) 的质量损失是造成坡耕地不均匀性增加的重要原因 ( 贺勇等，2022；He 等，2019)。

综上，土壤具有较明显的分形特征，根据分形维数可以判断其颗粒粗糙度和黏粒含量。由分形理论推导土水特征模型是一种间接描述非饱和土持水性的方式，相较于一般的经验模型更容易确定模型参数的物理意义。

2)基于分形理论的土水特征模型

如前所述，土中固相颗粒与孔隙相具有四种典型的分析特性，现有的 SWRC 分形模型主要是基于这四种特性建立的。其中，Bird(2000)基于孔隙-固体分形性质建立的 SWRC 模型具有一般性，能作为建立新模型的基础。其方程为：

$$\theta(h) = n - \frac{p}{s+p}\left[1 - \left(\frac{h}{h_{\min}}\right)^{D-d}\right], \quad h_{\min} \leqslant h \leqslant h_{\max} \tag{4-12}$$

式中：$\theta(h)$ 为与基质吸力水头 $h(\text{cm})$ 对应的体积含水量；$n$ 为总孔隙率；$p$ 和 $s$ 分别为土中孔隙分数和固相分数；$h_{\max}$ 和 $h_{\min}$ 分别为土中最大孔和最小孔排水时对应的吸力水头，cm；$d$ 为欧式维数；$D$ 为分形维数。

Bird 指出，若假设在任意小的尺度下，土中的孔隙-固体分形性质均不会消失，且 $p$ 和 $s$ 均不为零，则 $n=p/(p+s)$，故上式化为：

$$\theta(h) = n\left(\frac{h}{h_{\min}}\right)^{D-d}, \quad h_{\min} \leqslant h \leqslant h_{\max} \tag{4-13}$$

该方程与前述的 Brooks-Corey 模型是一致的。

此外，若分别假设 $p=0$ 和 $s=0$，可分别得到考虑固体质量分形特征的 SWRC 模型和考虑孔隙质量分形特征的模型，进一步证明了该模型的通用性。本章在后续建模过程中采用改模型作为建模的基础。

3)基于孔径变化和分形理论的土水特征模型

MIP 试验过程中，汞为非润湿相，空气为润湿相，二者的接触角 $\theta_{\text{Hg}} = 140°$，汞的表面张力 $\sigma = 0.485 \text{ N/m}$。施加的压汞压力 $p_i(\text{Pa})$ 与孔径 $d_i(\text{m})$ 服从 Washburn 方程：

$$p_i = \frac{-4\sigma\cos\theta_{\text{Hg}}}{d_i} = \frac{1.4861}{d_i} \tag{4-14}$$

利用上式求得一系列孔径值，绘制孔径分布曲线。在实际数据处理过程中，对孔径大小进行标号 $d_i$，使 $\lg d_i$ 的差分 $\Delta\lg d_i$ 为定值，再依照下式分别求得单位质量试样中累计压汞体积 $V_c$ 和对数微分体积 $V_{\text{diff}, i}$：

$$V_c = \sum_{i=1}^{n} \Delta V_i \tag{4-15}$$

$$V_{\text{diff}, i} = \frac{\Delta V_i}{\Delta\lg d_i} \tag{4-16}$$

式中：$\Delta V_i$ 为单位质量试样压汞体积的增量。则可根据孔径分布曲线求得离散概率函数：

$$f(\lg d_i) = \frac{V_{\text{diff}, i}}{V_c}\Delta\lg d_i \tag{4-17}$$

$$\sum_{i=1}^{n} f(\lg d_i) = 1 \tag{4-18}$$

式中：$f(\lg d_i)$ 为半对数平面上孔径的离散概率函数。

SWRC 测定试验中，水为润湿相，空气为非润湿相，二者的接触角 $\alpha = 0°$，水的表面张力 $T_s = 0.072$ N/m，基质吸力 $\psi_i$(Pa) 与孔径 $d_i$(m) 服从 Young-Laplace 方程：

$$\psi_i = \frac{4T_s \cos \alpha}{d_i} = \frac{0.288}{d_i} \tag{4-19}$$

当 $d_i = d_{max}$ 时，基质吸力等于进气值，即

$$\psi_{AEV} = \frac{4T_s \cos \alpha}{d_{max}} \tag{4-20}$$

将式(4-14)代入式(4-20)，则可得到基质吸力 $\psi_i$ 与压汞压力 $p_i$ 之间的关系：

$$\psi_i = \frac{-T_s \cos \alpha}{\sigma \cos \theta_{Hg}} p_i = 0.194 p_i \tag{4-21}$$

因此可根据压汞压力或孔径数据计算基质吸力，从而推导 SWRC 曲线。

若假设土样的总孔隙率为 $n_{total}$，在土-汞-气系统中，大于 $d_i$ 的孔隙被汞填充，所占的孔隙率为 $n(>d_i)$，$n(>d_i)$ 和 $n_{total}$ 的分形表达式分别为：

$$n(>d_i) = \beta[1 - (d_i/d_{max})^{3-D}] \tag{4-22}$$

$$n_{total} = \theta_s = \beta[1 - (d_{min}/d_{max})^{3-D}] \tag{4-23}$$

式中：$D$ 为分形维数；$\theta_s$ 为饱和体积含水量；$\beta$ 为模型参数，取值为 $[0,1]$；$d_{min}$ 为土样中最小孔隙直径；$d_{max}$ 为土样中最大孔隙直径，并忽略压汞试验误差，认为汞开始侵入的孔径即为 $d_{max}$。

而在土-气-水系统中，小于 $d_i$ 的孔隙被水填充，则土样的体积含水量 $\theta_w$ 可表示为：

$$\theta_w = n(\leq d_i) = n_{total} - n(>d_i) = n_{total} - \beta[1 - (d_i/d_{max})^{3-D}] \tag{4-24}$$

根据孔径与基质吸力的对应关系，将上式的孔径用基质吸力表示，得：

$$\theta_w = n_{total} - \beta[1 - (\psi_{AEV}/\psi_i)^{3-D}] \tag{4-25}$$

根据体积含水量 $\theta_w$ 与质量含水量 $\omega$ 的关系 $[\omega = (1+e)\theta_w/G_s]$，可将上式的 $\theta_w$ 替换为 $\omega$：

$$\omega = \frac{e}{G_s} - \frac{\beta(1+e)}{G_s}\left[1 - \left(\frac{\psi_{AEV}}{\psi}\right)^{3-D}\right] \tag{4-26}$$

式中：$e$ 为孔隙比；$G_s$ 为土颗粒的相对密度；上式的适用条件为：$d_{min} < d < d_{max}$（即 $\psi_i > \psi_{AEV}$），当 $\psi_i \leq \psi_{AEV}$ 时，$\omega = e/G_s$。故由基于孔径变化和分形理论的土水特征模型（简称为分形模型，下同）可表示为：

$$\omega = \begin{cases} \dfrac{e}{G_s} - \dfrac{\beta(1+e)}{G_s}\left[1 - \left(\dfrac{\psi_{AEV}}{\psi}\right)^{3-D}\right], & \psi_i > \psi_{AEV} \\[3mm] \dfrac{e}{G_s}, & \psi_i \leqslant \psi_{AEV} \end{cases} \tag{4-27}$$

式中：$e$ 和 $G_s$ 为常数，可通过试验测得；$D$ 与 $\beta$ 为拟合参数；$\psi_{AEV}$ 为与孔径 $d_{max}$ 相关的吸力。

2. 基于孔径变化和双孔结构的土水特征模型

1) 模型理论框架

如前所述，孔径分布可用概率函数的形式表示，孔径积分函数 $F(d)$ 与孔径分布之间的关系为：

$$F(d) = \int_{d_{min}}^{d} f(x)\,\mathrm{d}x \tag{4-28}$$

式中：$f(x)\mathrm{d}x$ 代表单位体积土体中直径为 $[x, x+\mathrm{d}x]$ 的孔隙所占的百分比，$F(d)$ 代表单位体积土体中直径小于 $d$ 的孔隙所占的百分比。如图 4-42(a) 和图 4-42(b) 所示，$f(d)$ 曲线与横轴围成的面积与 $F(d)$ 图像上的数值点相对应。MIP 试验测定的孔径为 $[d_{min}, d_{max}]$，文献表明，在此范围之外的孔隙对孔径积分函数 $F(d)$ 的影响较小，故：

$$F(d_{max}) = \int_{d_{min}}^{d_{max}} f(x)\,\mathrm{d}x = 1 \tag{4-29}$$

在土-气-水系统中，小于 $d$ 的孔隙被水填充，此时的相对饱和度 $S_r(d)$ 为：

$$S_r(d) = \frac{\theta(d) - \theta_r}{\theta_s - \theta_r} = \frac{\displaystyle\int_{d_{min}}^{d} f(x)\,\mathrm{d}x}{\displaystyle\int_{d_{min}}^{d_{max}} f(x)\,\mathrm{d}x} = F(d) \tag{4-30}$$

式中：$\theta(d)$ 为当前体积含水量；$\theta_r$ 为残余体积含水量；$\theta_s$ 为饱和体积含水量。被水填充的孔隙 $V_w$ 的孔隙比 $e_w(d)$ 为：

$$e_w(d) = \frac{V_w}{V_s} = \frac{V_w}{V_v} \cdot \frac{V_v}{V_s} = e \cdot S_r(d) = e \cdot F(d) = F^e(d) \tag{4-31}$$

式中：$V_s$ 为土颗粒占据的体积；$e$ 为总孔隙比。

在 MIP 试验中，通常将试验数据表示在 PSD$(d)$-$d$ 图像上，如图 4-42(c) 所示。孔径密度函数 PSD$(d)$ 可以通过下式求得：

$$\mathrm{PSD}(d) = \frac{\mathrm{d}F^e(d)}{\mathrm{d}(\lg d)} = e \cdot d \cdot f(d) \cdot \ln(10) \tag{4-32}$$

由 van Genuchten 模型：

$$S_r(\psi) = \frac{1}{[1 + (\alpha_0 \psi)^n]^m} = \frac{1}{\left[1 + \left(\alpha_0 \dfrac{4T_s \cos \alpha}{d}\right)^n\right]^m} = F(d) = S_r(d) \quad (4-33)$$

式中：$\alpha_0$、$m$、$n$ 为模型参数，$m = 1 - 1/n$。用土水特征曲线表示 $F(d)$、$S_r(\psi)$ 与 $\psi$ 的关系，如图 4-42(d) 所示。

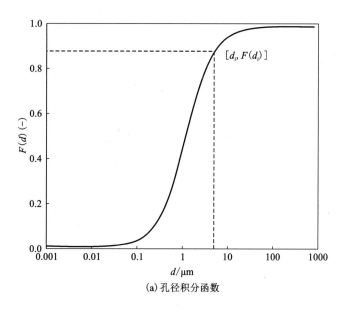

(a) 孔径积分函数

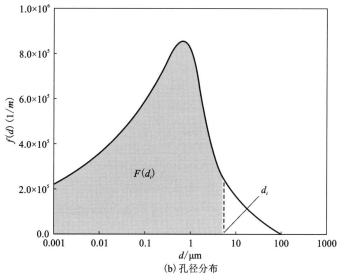

(b) 孔径分布

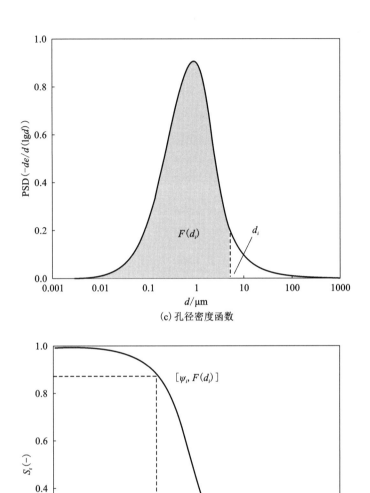

**图 4-42  $d$、$F(d)$、$f(d)$、$\mathrm{PSD}(d)$、$S_r(\psi)$ 与 $\psi$ 基本关系示意图**

2)双孔参数的引入

考虑双孔效应,在小于 $d$ 的孔隙中,既有集聚体间孔隙,也有集聚体内孔隙,故可将这部分孔隙的孔隙比表示为:

$$e_w(d) = F^e(d) = e_{wm}(d) + e_{wM}(d) = e_m S_{rm}(d) + e_M S_{rM}(d) \quad (4-34)$$

式中：$e_{wm}(d)$ 和 $e_{wM}(d)$ 分别为直径小于 $d$ 的孔隙中集聚体内孔隙的孔隙比和集聚体间孔隙的孔隙比；$S_{rm}(d)$ 和 $S_{rM}(d)$ 则分别为相应情况下的饱和度；$e_m$ 和 $e_M$ 分别为整个土样中集聚体内孔隙的孔隙比和集聚体间孔隙的孔隙比。

故可以通过对孔径求导，得到孔径分布如下：

$$f^e(x) = e_m \frac{dS_{rm}(x)}{dx} + e_M \frac{dS_{rM}(d)}{dx} \quad (4-35)$$

$$\mathrm{PSD}(d) = \frac{dF^e(d)}{d(\lg d)} = e_m \cdot d \cdot f^{e_m}(d) \cdot \ln(10) + e_M \cdot d \cdot f^{e_m}(d) \cdot \ln(10)$$

$$(4-36)$$

由 van Genuchten 模型，得：

$$S_{rm}(d) = \frac{1}{\left[ 1 + \left( \alpha_{0m} \dfrac{4T_s \cos \alpha}{d} \right)^{n_m} \right]^{m_m}} \quad (4-37)$$

$$S_{rM}(d) = \frac{1}{\left[ 1 + \left( \alpha_{0M} \dfrac{4T_s \cos \alpha}{d} \right)^{n_M} \right]^{m_M}} \quad (4-38)$$

式中：$\alpha_{0m}$、$m_m$、$n_m$、$\alpha_{0M}$、$m_M$、$n_M$ 为拟合参数，$m_m = 1-1/n_m$，$m_M = 1-1/n_M$。则：

$$e_w(d) = e_m \frac{1}{\left[ 1 + \left( \alpha_{0m} \dfrac{4T_s \cos \alpha}{d} \right)^{n_m} \right]^{m_m}} + e_M \frac{1}{\left[ 1 + \left( \alpha_{0M} \dfrac{4T_s \cos \alpha}{d} \right)^{n_M} \right]^{m_M}}$$

$$= e_m \frac{1}{\left[ 1 + (\alpha_{0m} \psi)^{n_m} \right]^{m_m}} + e_M \frac{1}{\left[ 1 + (\alpha_{0M} \psi)^{n_M} \right]^{m_M}} = e_w(\psi) \quad (4-39)$$

$e_m$ 和 $e_M$ 满足如下关系：

$$e = e_m + e_M \quad (4-40)$$

为便于与双孔模型的结果相比较，将 $e_w(d)$ 转化为质量含水量 $\omega$。则基于孔径变化和双孔结构的土水特征模型（简称为双孔模型，下同）可表示为：

$$\omega = \frac{e_w(\psi)}{G_s} = \frac{e_m}{G_s} \frac{1}{\left[ 1 + (\alpha_{0m} \psi)^{n_m} \right]^{m_m}} + \frac{e - e_m}{G_s} \frac{1}{\left[ 1 + (\alpha_{0M} \psi)^{n_M} \right]^{m_M}} \quad (4-41)$$

而上式中的 $e_m$ 可根据累计压汞曲线求得：

$$e_m = G_s V_{zm} \rho_w \quad (4-42)$$

式中：$V_{zm}$ 为每克土样中压入集聚体内的汞的体积，$\mathrm{cm}^3/\mathrm{g}$；$\rho_w$ 为水的密度，$\mathrm{g/cm}^3$。

### 4.4.3 压实黏土孔径分布(PSD)相关数据

1. Mokni(2011)

1)试验工况及数据

沥青化废料中有大量以 $NaNO_3$ 为主的盐类物质，Mokni(2011)以 Boom Clay (相对密度为2.55，主要矿物成分为伊利石)为研究对象，在用冷镜式精密露点仪 (WP4C)测定 SWRC 前，开展了压汞试验，探究 $NaNO_3$ 溶液对压实黏土孔隙结构的影响。

试验前，先用去离子水和6.53 mol/L $NaNO_3$ 溶液分别处理土样，将试样的渗透吸力($\pi$)分别控制为 0 MPa 和 30.82 MPa，再用应变控制的方式施加荷载，将黏土静压至干重度为 12 kN/m³，含水量为20%，试样的初始孔隙率为0.52。随后，为防止试样产生较大的收缩，采用冷冻干燥的方式对试样进行脱水，并制备成1 cm³ 土样，经过1次压汞和去汞循环，其孔径密度曲线和累计压汞曲线分别如图4-43和图4-44所示。

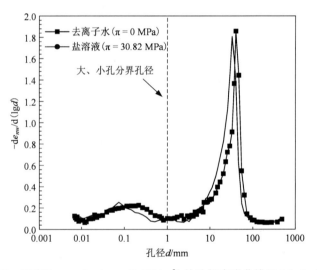

图4-43 压实 Boom clay($\gamma_d$=12 kN/m³)的孔径密度曲线(Mokni, 2011)

2)假设及数据计算

①虽然该试验的累计压汞曲线中包含去汞段的曲线，但是由于 Mokni 的研究中给出了分界孔径(1 μm)，故采用1 μm 作为大孔和小孔的分界孔径。由下式分别求得去离子水和盐溶液处理后试样中、小孔的孔隙比：

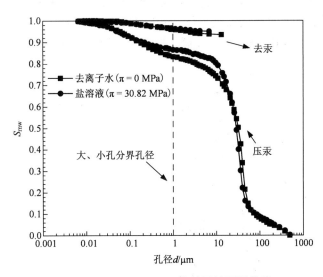

**图 4-44　压实 Boom clay（$\gamma_d = 12$ kN/m³）的累计压汞曲线（Mokni，2011）**

$$e_m = \frac{n_m}{1 - n_m} = \frac{n_0(1 - S_{rnw})}{1 - n_0(1 - S_{rnw})} \tag{4-43}$$

②注意到累计压汞曲线以 $S_{rnw}$（汞饱和度）为纵坐标，需要将其转化为质量含水量，假设水饱和度 $S_{nw}$ 和汞饱和度 $S_{rnw}$ 满足 $S_{nw} = 1 - S_{rnw}$，则试样的质量含水量数据可由下式求得：

$$\omega = \frac{e_w}{G_s} = \frac{n_w}{G_s(1 - n_0)} = \frac{n_0(1 - S_{rnw})}{G_s(1 - n_0)} \tag{4-44}$$

③由于试样体积越大，土样内完全连通的孔隙越小，而 MIP 试验中土样的体积（1 cm³）远小于直接测定 SWRC 的试样体积，若直接以孔径 $d$ 计算基质吸力，则可能会低估吸力值，因此需要考虑体积效应。采用陶高粱等人的方法，在 Young-Laplace 方程中引入一个不大于 1 的系数 $\lambda$（本试验取 0.1），从而求得基质吸力：

$$\psi = \frac{4T_s \cos \alpha}{\lambda d} \tag{4-45}$$

2. He 等（2016）

1）试验工况及数据

He 等（2016）以膨润土（相对密度为 2.66，主要矿物成分为蒙脱石）为研究对象，将试样压实至干密度为 1.70 Mg/m³，将制备好的试样放在改装的固结仪中，用去离子水（DW）和不同浓度（0.1 mol/L 和 1.0 mol/L）的 NaCl 溶液饱和试样，在侧限条件下逐级增大总吸力，将试样进行干燥处理，完成 1 次干湿循环，随后进行压汞试验，得到的试验数据如图 4-45 和图 4-46 所示。其中，$C0.1S110$ 代表用 0.1 mol/L 的 NaCl 溶液处理土样，控制吸力为 110 MPa。

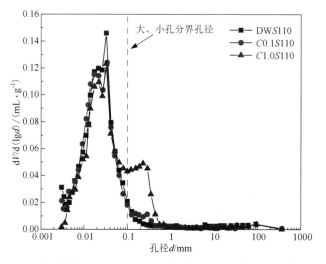

图 4-45　压实膨润土($\rho_d = 1.7$ g/cm$^3$)的孔径密度曲线(He 等，2016)

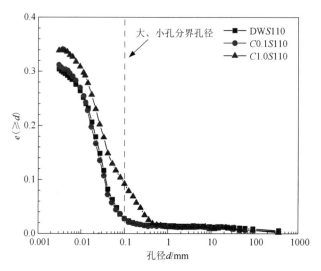

图 4-46　压实膨润土($\rho_d = 1.7$ g/cm$^3$)的累计压汞曲线(He 等，2016)

2) 假设及数据计算

①采用孔径密度曲线最低谷对应的孔径作为大、小孔分界孔径，即孔径小于 0.1 μm 的孔隙为小孔，大于 0.1 μm 的为大孔。

②本试验的累计压汞曲线是以 $e(\geqslant d)$（孔径大于 $d$ 的孔隙所占的孔隙比）为纵坐标，通过下式将其转化为质量含水量：

$$\omega = \frac{e_w}{G_s} = \frac{e - e(\geqslant d)}{G_s} \tag{4-46}$$

式中：$e$ 为控制吸力为 110 MPa 时试样的孔隙比。

③由于本试验中用于压汞试验的试样与用于测定 SWRC 的试样同时经历了 1 次干湿循环，并最终处于稳定状态，假设体积效应在干湿循环作用下已经不明显，故在计算基质吸力时，取 $\lambda = 1$。

$$\psi = \frac{4T_s \cos\alpha}{d} \tag{4-47}$$

**3. Musso 等(2013)**

**1）试验工况及数据**

Musso 等(2013)以 FEBEX 膨润土（相对密度为 2.70，主要矿物成分为蒙脱石）为研究对象，将试样压实至干密度为 1.65 mg/m³，初始孔隙比为 0.64。随后，将试样放在固结仪中，在侧限条件和恒定竖向应力(200 kPa)加载下，用去离子水和不同浓度(0.5 mol/L、2.0 mol/L、3.5 mol/L 和 5.5 mol/L) NaCl 溶液饱和试样，用压汞法测定试样饱和后的孔径密度曲线，得到的试验数据如图 4-47 所示(Musso 等，2013)。

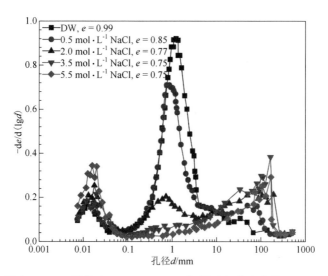

**图 4-47　压实 FEBEX 膨润土($\rho_d = 1.65$ g/cm³)的孔径密度曲线(Musso 等，2013)**

**2）假设及数据计算**

①Musso 在此前采用 FEBEX 膨润土在最初压实状态下压汞曲线峰值对应的

孔径(1 μm)作为大、小孔的分界孔径,以相同的值作为划分依据。

②本试验只获得了孔径密度曲线,因此通过积分依次求得大于某孔径的孔隙所占的百分比,再通过下式将其转化为质量含水量:

$$\omega = \frac{e - e(\geqslant d)}{G_s} \tag{4-48}$$

式中: $e$ 为用不同浓度溶液饱和后试样的孔隙比,已在孔径密度曲线中标出。

③假设在计算基质吸力时不考虑体积效应,取 $\lambda = 1$。

$$\psi = \frac{4T_s \cos \alpha}{d} \tag{4-49}$$

### 4.4.4 模型拟合与验证

1. 基于 Mokni(2011)数据预测土水特征曲线

根据 Mokni(2011)试验获得的孔径分布数据,通过 4.2.1 节的方法分别求得去离子水和盐溶液处理试样的含水量和基质吸力数据,再用前述方法建立的分形模型和双孔模型分别对此进行拟合,得到预测的 SWRC 和模型参数如图 4-48、表 4-14 和表 4-15 所示。

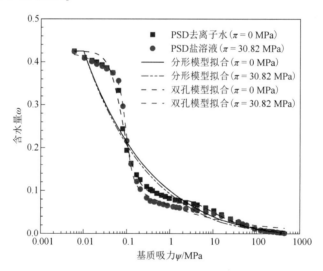

图 4-48 基于 Mokni(2011)孔径分布数据预测压实黏土的 SWRC

表 4-14 基于 Mokni(2011)孔径分布数据的分形模型参数

| 参数 | 去离子水 | 盐溶液 |
| --- | --- | --- |
| $e$(试验求得) | 1.0833 | 1.0833 |
| $G_s$(试验给出) | 2.55 | 2.55 |

续表4-14

| 参数 | 去离子水 | 盐溶液 |
|---|---|---|
| $\beta$(拟合参数) | 0.5553 | 0.5571 |
| $\psi_{AEV}/MPa^{-1}$(由孔径求得) | 0.01 | 0.01 |
| $D$(拟合参数) | 2.7264 | 2.7157 |
| $R^2$ | 0.9327 | 0.9070 |

表 4-15　基于 Mokni(2011)孔径分布数据的双孔模型参数

| 参数 | 去离子水 | 盐溶液 |
|---|---|---|
| $e_m$(试验求得) | 0.2186 | 0.6103 |
| $e$(试验求得) | 1.083 | 1.083 |
| $G_s$(试验给出) | 2.55 | 2.55 |
| $\alpha_{om}/MPa^{-1}$(拟合参数) | 0.1992 | 10.9514 |
| $\alpha_{oM}/MPa^{-1}$(拟合参数) | 15.3513 | 52.7286 |
| $n_m$(拟合参数) | 1.6297 | 5.8674 |
| $n_M$(拟合参数) | 2.9904 | 1.2652 |
| $m_m$(拟合参数) | 0.3864 | 0.8295 |
| $m_M$(拟合参数) | 0.6655 | 0.2096 |
| $R^2$ | 0.996 | 0.9976 |

图 4-48 的含水量和基质吸力数据是完全通过压汞试验获得的孔径分布求得的，而 Mokni 在文献中通过压汞试验数据仅推导了小吸力范围内(<2 MPa)的含水量和基质吸力，在大吸力范围内(>2 MPa)，则用冷镜式精密露点仪(WP4C)直接测定 SWRC，将两个吸力范围内的数据拼接后，即得到完整的含水量和基质吸力数据。通过这种方式获得的 SWRC 数据较为准确，用前述方法建立的分形模型和双孔模型分别对此进行拟合，得到拟合的 SWRC 和模型参数如表 4-16、表 4-17 和图 4-49 所示。

表 4-16　基于 Mokni(2011)孔径分布数据和 WP4C 数据的分形模型参数

| 参数 | 去离子水 | 盐溶液 |
|---|---|---|
| $e$(试验求得) | 1.083 | 1.083 |
| $G_s$(试验给出) | 2.55 | 2.55 |

续表4-16

| 参数 | 去离子水 | 盐溶液 |
|---|---|---|
| $\beta$(拟合参数) | 0.5133 | 0.52 |
| $\psi_{AEV}/MPa^{-1}$(由孔径求得) | 0.01 | 0.01 |
| $D$(拟合参数) | 2.8178 | 2.7725 |
| $R^2$ | 0.8085 | 0.6458 |

表 4-17　基于 Mokni(2011)孔径分布数据和 WP4C 数据的双孔模型参数

| 参数 | 去离子水 | 盐溶液 |
|---|---|---|
| $e_m$(试验求得) | 0.4134 | 0.4840 |
| $e$(试验求得) | 1.083 | 1.083 |
| $G_s$(试验给出) | 2.55 | 2.55 |
| $\alpha_{om}/MPa^{-1}$(拟合参数) | 109.5441 | 97.6951 |
| $\alpha_{oM}/MPa^{-1}$(拟合参数) | 0.2964 | 0.2258 |
| $n_m$(拟合参数) | 3.8237 | 4.8394 |
| $n_M$(拟合参数) | 1.4695 | 1.4863 |
| $m_m$(拟合参数) | 0.7384 | 0.3195 |
| $m_M$(拟合参数) | 0.7933 | 0.3271 |
| $R^2$ | 0.9883 | 0.9810 |

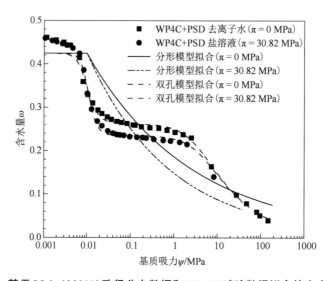

图 4-49　基于 Mokni(2011)孔径分布数据和 WP4C 试验数据拟合的土水特征曲线

如图 4-48 所示，单独通过 PSD 预测的全吸力范围内的 SWRC 在中间吸力段明显变缓，土水特征曲线出现类似于双峰的性质，且这种现象在图 4-49 中更加明显。这是由于在高吸力段，压实黏土的大孔和小孔同时持水，随吸力降低，黏土从大孔开始失水，土水特征曲线出现第一个下降段，当大孔完全干燥时，对应 SWRC 平缓段的初始阶段，此时，土中的水大部分滞留于小孔中。由于黏土中孔隙的孔径并不是连续分布的，且各种大部分孔隙聚集于孔径密度曲线的两个峰值位置，所以当吸力继续降低时，只有极小的一部分孔隙发生失水，黏土的含水量波动较小，所以 SWRC 保持较为平缓的状态；当吸力降低到某一个值时，孔径密度曲线中小孔峰值附近的孔隙开始去饱和，土中的含水量快速下降，压实黏土的 SWRC 结束平缓段，转为下降段。此时，注意到该下降段的斜率要低于 SWRC 的第一个下降段，这是因为大孔脱水普遍快于小孔脱水。

如图 4-48 和图 4-49 所示，利用分形模型和双孔模型分别拟合 SWRC 数据，结果表明，在本试验的工况下，双孔模型具有更好的拟合效果。相较于分形模型，双孔模型的拟合结果能明显反映 SWRC 曲线的双峰性质，较完美地体现了压实黏土双孔隙结构对 SWRC 的影响。虽然从 $R^2$ 值的角度，分形模型也符合拟合要求，但是其拟合曲线丢失了真实曲线的本质特征。

图 4-48 和图 4-49 均表明，当以质量含水量为纵坐标、基质吸力为横坐标表示 SWRC 时，盐溶液处理后土样的 SWRC 低于去离子水处理的试样，该现象在曲线的平缓段尤为明显，分析其原因为：盐溶液的作用限制了集聚体的膨胀，使得原本因集聚体膨胀造成的集聚体间孔隙减小的效应变弱，在相同的条件下，盐溶液处理后试样的大孔隙多于去离子水处理的试样，因此当基质吸力增大到 SWRC 出现平缓段时，前者因大孔干燥而丢失的水分更多，在相同基质吸力状态下，其含水量更低。从压实黏土的累计压汞曲线（图 4-44）也可看出，盐溶液处理下，压实黏土中孔径在 7~20 μm 的孔隙明显最多，对应于 SWRC 平缓段含水量的减小，进一步验证了该推断。

实际上，对比图 4-48 和图 4-49 可知，单独通过 PSD 预测的全吸力范围内的 SWRC 数据与同时利用 PSD 推导和 WP4C 测定获得的 SWRC 数据具有较大差别。假设后者为准确数据，为便于分析，将两种方法获得的数据绘制于图 4-50 中。两种方法获得的试验数据呈现交叉分布，二者交点对应的基质吸力约为 0.1 MPa。在基质吸力小于 0.1 MPa 的范围内，对于相同的含水量，单独通过 PSD 预测的吸力值偏大；在基质吸力大于 0.1 MPa 的范围内，对于相同的基质吸力，单独通过 PSD 预测的含水量偏低。在不考虑测量过程中存在误差的前提下，推测其原因为：一方面，在计算基质吸力时，引入了体积效应系数 λ，且对于所有压汞孔径均采用统一的 λ，但事实上，考虑大孔为连通孔隙时，其体积效应较小，λ 的值应当更大，所以实际的基质吸力低于通过第一种方式求得的基质吸力；另一方面，由于 MIP 测定的孔径范围有限，无法涵盖所有孔隙，而在用第一种方法计算含水量的过程中，未考虑留存于测定孔径范围之外的残余含水量，故低估了含水量。从图 4-50 中可以推测，当基质吸力低于 0.1 MPa 时，误差主要来源于前者；高于 0.1 MPa 时，误差主要来源于后者。

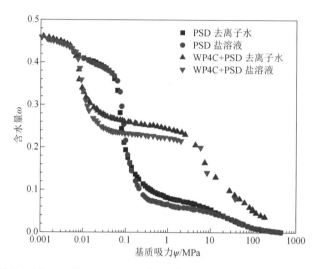

**图 4-50　单独通过 PSD 预测的 SWRC 与通过 WP4C+PSD 获得的 SWRC 数据比较**

综上，基于 Mokni(2011)初压实试样 PSD 曲线预测的压实黏土全吸力段 SWRC 与基于 WP4C+PSD 数据拟合得到的 SWRC 均具有双峰性质，二者反映的盐溶液对压实黏土持水性的影响规律是一致的，证明建立的两种模型对试验数据的拟合效果较好。在本试验条件下，采用如下方法可减小预测误差：计算基质吸力时，对大孔应采取较大的体积效应系数；计算含水量时，应加上残余含水量，从而减小因为压汞试验无法覆盖所有孔径而造成的误差。

2. 基于 He 等(2016)数据预测土水特征曲线及模型验证

根据 He 等(2016)的数据和 4.2.2 节中的假设，求得对应的含水量和基质吸力数据，再用所建立的分形模型和双孔模型分别进行拟合，得到预测的 SWRC 和模型参数如表 4-18、表 4-19 和图 4-51 所示。

**表 4-18　基于 He 等(2016)孔径分布数据的分形模型参数**

| 参数 | DWS110 | C0.1S110 | C1.0S110 |
|---|---|---|---|
| $e$(试验求得) | 0.6783 | 0.6397 | 0.6247 |
| $G_s$(试验给出) | 2.66 | 2.66 | 2.66 |

续表4-18

| 参数 | DWS110 | C0.1S110 | C1.0S110 |
|---|---|---|---|
| $\beta$(拟合参数) | 0.4376 | 0.8301 | 1 |
| $\psi_{AEV}$/MPa$^{-1}$(由孔径求得) | 2.304 | 2.326 | 0.641 |
| $D$(拟合参数) | 2.8433 | 2.9232 | 2.9501 |
| $R^2$ | 0.9809 | 0.9804 | 0.9843 |

表 4-19　基于 He 等(2016)孔径分布数据的双孔模型参数

| 参数 | DWS110 | C0.1S110 | C1.0S110 |
|---|---|---|---|
| $e_m$(试验求得) | 0.6506 | 0.6119 | 0.5324 |
| $e$(试验求得) | 0.6783 | 0.6397 | 0.6247 |
| $G_s$(试验给出) | 2.66 | 2.66 | 2.66 |
| $\alpha_{om}$/MPa$^{-1}$(拟合参数) | 0.1731 | 0.1435 | 0.3590 |
| $\alpha_{oM}$/MPa$^{-1}$(拟合参数) | $8.55\times10^{41}$ | $4.167\times10^{41}$ | $8.053\times10^{42}$ |
| $n_m$(拟合参数) | 1.2506 | 1.3072 | 1.3148 |
| $n_M$(拟合参数) | 1.0032 | 1.0029 | 1.0009 |
| $m_m$(拟合参数) | 0.2004 | 0.2350 | 0.2394 |
| $m_M$(拟合参数) | 0.0032 | 0.0029 | 0.0009 |
| $R^2$ | 0.9818 | 0.9845 | 0.9951 |

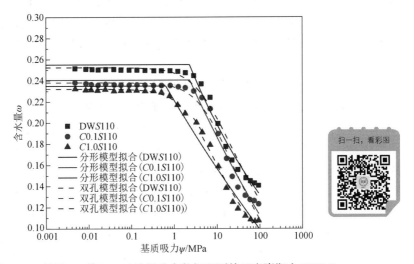

图 4-51　基于 He 等(2016)孔径分布数据预测的压实膨润土 SWRC

He 在文献中通过试验直接测定了用饱和度与总吸力表示的侧限条件下压实膨润土的 SWRC，将其转化为质量含水量与基质吸力的数据，并将实测数据与预测的 SWRC 绘制于图 4-52 中。

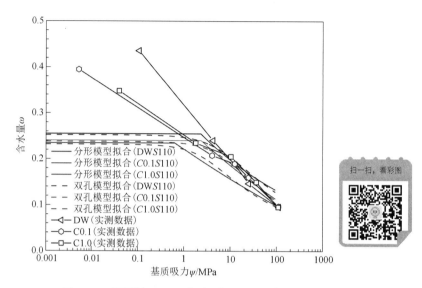

图 4-52　预测的 SWRC 与实测 SWRC 比较

图 4-51 表明，与 Mokni 的试验不同，基于 He 测定的压实膨润土 PSD 数据预测的 SWRC 为单峰曲线，可从微观结构的角度分析产生该现象的原因：由于 He 在对试样进行压汞试验前试样已经经历过 1 次干湿循环，集聚体间孔隙减小，集聚体内孔隙增大，试样的孔隙趋于均一化，压实黏土的双孔结构逐渐消失，导致土水特征曲线表现为单峰曲线。在此情况下，分形模型和双孔模型的预测结果差别不大。

如图 4-52 所示，当吸力大于 1 MPa 时，根据预测的含水量和基质吸力数据拟合得到的 SWRC 曲线与实测曲线趋于重合，而当吸力小于 1 MPa 时，实测的 SWRC 高于拟合曲线，说明在低饱和度范围内，单独通过孔径分布预测的黏土持水性偏低，这主要与压汞试样的孔隙结构有关。由图 4-45 可知，本试验中的 $DWS110$ 试样和 $C0.1S110$ 试样的孔径密度曲线只有一个峰值，且其落于小孔范围内，可认为此时试样的持水作用主要由小孔主导；$C1.0S110$ 试样的孔径密度曲线虽然有两个峰值，但是大孔峰值对应的孔径已十分接近分界孔径，并低于小孔峰值，也可认为孔隙水大部分分布于小孔中。因此在饱和度较高的范围内，随吸力增大，小孔并不发生失水，只有当吸力增大到一定程度时，小孔才发生失水，曲线才开始下降。而用于实测 SWRC 的压实黏土试样在最初的饱和阶段是具有较明显的双孔结构的，在低吸力范围内，大孔和小孔同时持水，所以试样的含水量高于仅通过小孔持水的压汞试样；而在高吸力范围内，大孔已完全去饱和，小孔开始失水，此时实测的 SWRC 与预测的 SWRC 趋于重合。

图 4-52 还表明，以质量含水量为纵轴、基质吸力为横轴时，经 0.1 mol/L NaCl 溶液处理后试样的 SWRC 较去离子水处理后试样的 SWRC 更低，这与根据 Mokni 的试验分析的盐溶液对 SWRC 的影响相同，推测其主要原因也相同，即盐溶液导致集聚体间孔隙减小，试样的持水性降低。而当 NaCl 溶液浓度达到 1 mol/L 时，在高吸力段的 SWRC 曲线略有升高，一个可能的原因是高浓度盐溶液完全限制了扩散双电层的形成，黏土内部颗粒的膨胀压力减小，孔隙流体通道增加，并且在高吸力范围内，试样因干燥产生微裂隙，增加了持水能力。图 4-46 所示的累计压汞曲线中，相较于其他两种浓度溶液，1 mol/L NaCl 溶液处理后的试样表现出较高的孔隙比，这在一定程度上反映了微裂隙产生和孔隙溶液通道增加的作用。

综上，本节采用 He 等(2016)测得的经历过 1 次干湿循环后试样的压汞试验数据，预测了压实膨润土的 SWRC，分形模型和双孔模型的预测曲线均与实测有较好的重合度，验证了两种模型的可靠性。

### 4.4.5　考虑孔隙结构和化学溶液影响的土水特征修正模型

1. 不同浓度盐溶液下模型拟合参数汇总

4.3 节研究结论表明，压实黏土的 SWRC 受化学溶液的影响，在盐溶液作用下，试样的 SWRC 向下方移动，该过程中，分形模型和双孔模型的拟合参数随化学溶液浓度而发生变化，通过讨论各参数随溶液浓度的变化规律，可对参数进行化学修正。修正过程需要多组浓度值作用下的试验数据，故选用 Ravi 和 Rao (2013)及 Musso 等(2013)的试验结果进行数据处理。

Ravi 和 Rao(2013)将膨润土-砂混合土(膨润土∶砂=7∶3)压实至干密度为 1.5 g/cm³，再用去离子水和不同浓度的 NaCl 溶液进行恒体积渗透，采用滤纸法测定试样的 SWRC，获得了 4 组浓度下的准确含水量和基质吸力数据。采用分形模型和双孔模型对该数据进行拟合，获得的拟合曲线和模型参数如表 4-20、表 4-21 和图 4-53 所示。

表 4-20　基于 Ravi 和 Rao(2013)的分形模型参数

| 参数 | DW | 0.017 mol/L NaCl | 0.034 mol/L NaCl | 0.086 mol/L NaCl |
|---|---|---|---|---|
| $e$(试验求得) | 0.7783 | 0.78 | 0.7917 | 0.7866 |
| $G_s$(试验给出) | 2.675 | 2.675 | 2.675 | 2.675 |

续表4-20

| 参数 | DW | 0.017 mol/L NaCl | 0.034 mol/L NaCl | 0.086 mol/L NaCl |
|---|---|---|---|---|
| $\beta$(拟合参数) | 0.4976 | 0.6000 | 0.9825 | 0.5257 |
| $\psi_{AEV}/MPa^{-1}$ (由孔径求得) | 4 | 3 | 2 | 2.5 |
| $D$(拟合参数) | 2.6307 | 2.7292 | 2.8650 | 2.5938 |
| $R^2$ | 0.9916 | 0.9893 | 0.9893 | 0.9872 |

表4-21 基于Ravi和Rao(2013)的双孔模型参数

| 参数 | DW | 0.017 mol/L NaCl | 0.034 mol/L NaCl | 0.086 mol/L NaCl |
|---|---|---|---|---|
| $e_m$(试验求得) | 0.4234 | 0.4618 | 0.4963 | 0.5063 |
| $e$(试验求得) | 0.7783 | 0.78 | 0.7917 | 0.7866 |
| $G_s$(试验给出) | 2.675 | 2.675 | 2.675 | 2.675 |
| $\alpha_{om}/MPa^{-1}$(拟合参数) | 0.0253 | 0.1802 | 0.2247 | 0.0930 |
| $\alpha_{oM}/MPa^{-1}$(拟合参数) | 0.1566 | 0.0237 | 0.0283 | 0.2922 |
| $n_m$(拟合参数) | 2.2271 | 2.6518 | 2.4202 | 1.9817 |
| $n_M$(拟合参数) | 3.4725 | 6.2933 | 5.2131 | 3.4376 |
| $m_m$(拟合参数) | 0.5509 | 0.6228 | 0.5868 | 0.4953 |
| $m_M$(拟合参数) | 0.7120 | 0.8411 | 0.8081 | 0.7091 |
| $R^2$ | 0.9987 | 0.9980 | 0.9970 | 0.9967 |

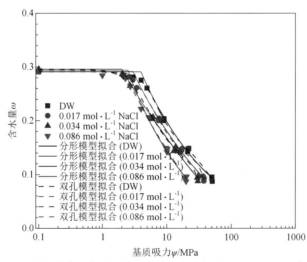

图4-53 不同浓度溶液入渗后压实膨润土-砂混合土($\rho_d = 1.7\ g/cm^3$)的SWRC

　　Musso 等（2013）通过压汞试验测定的 PSD 数据（4.4.3 节），利用建立的两种模型预测其 SWRC，预测结果和模型参数如图 4-54、图 4-55、表 4-22 和表 4-23 所示。

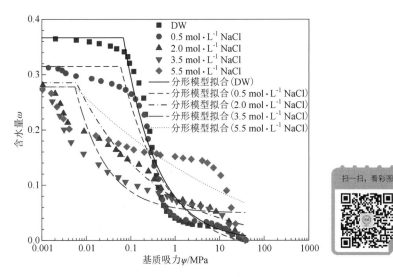

图 4-54　分形模型预测结果（Musso 等，2013）

表 4-22　基于 Musso 等（2013）的分形模型参数

| 参数 | DW | 0.5 mol/L NaCl | 2.0 mol/L NaCl | 3.5 mol/L NaCl | 5.5 mol/L NaCl |
|---|---|---|---|---|---|
| $e$（试验求得） | 0.99 | 0.85 | 0.77 | 0.75 | 0.75 |
| $G_s$（试验给出） | 2.7 | 2.7 | 2.7 | 2.7 | 2.7 |
| $\beta$（拟合参数） | 0.5 | 0.4953 | 0.4450 | 0.3520 | 0.5554 |
| $\psi_{AEV}/MPa^{-1}$（由孔径求得） | 0.068 | 0.059 | 0.006 | 0.0056 | 0.0056 |
| $D$（拟合参数） | 2.4334 | 2.5703 | 2.7533 | 2.3851 | 2.3851 |
| $R^2$ | 0.963 | 0.9580 | 0.8992 | 0.7564 | 0.7173 |

表 4-23　基于 Musso 等（2013）的双孔模型参数

| 参数 | DW | 0.5 mol/L NaCl | 2.0 mol/L NaCl | 3.5 mol/L NaCl | 5.5 mol/L NaCl |
|---|---|---|---|---|---|
| $e_m$（试验求得） | 0.493 | 0.431 | 0.319 | 0.2466 | 0.2466 |
| $e$（试验求得） | 0.99 | 0.85 | 0.77 | 0.75 | 0.75 |

**续表4-23**

| 参数 | DW | 0.5 mol/L NaCl | 2.0 mol/L NaCl | 3.5 mol/L NaCl | 5.5 mol/L NaCl |
|---|---|---|---|---|---|
| $G_s$（试验给出） | 2.7 | 2.7 | 2.7 | 2.7 | 2.7 |
| $\alpha_{om}/MPa^{-1}$（拟合参数） | 3.7868 | 3.4459 | 3.9733 | 0.7886 | 0.0797 |
| $\alpha_{oM}/MPa^{-1}$（拟合参数） | 12.0244 | 29.6514 | 537.7305 | 428.4335 | 520.1634 |
| $n_m$（拟合参数） | 4.9117 | 4.7722 | 1.3437 | 1.4531 | 3.3618 |
| $n_M$（拟合参数） | 1.5776 | 1.3527 | 1.4113 | 1.7967 | 1.7534 |
| $m_m$（拟合参数） | 0.7964 | 0.7904 | 0.2557 | 0.3118 | 0.7025 |
| $m_M$（拟合参数） | 0.3661 | 0.2607 | 0.2914 | 0.4434 | 0.4297 |
| $R^2$ | 0.9981 | 0.9967 | 0.9870 | 0.9871 | 0.9845 |

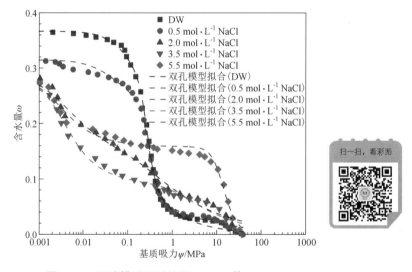

**图4-55 双孔模型预测结果（Musso 等，2013）**

2. 分形模型拟合参数修正

4.4.2节建立的分形模型共有 $\beta$ 和 $D$ 两个拟合参数，下面基于 Ravi 和 Rao（2013）及 Musso 等（2013）在不同浓度盐溶液下获得的参数值，对拟合参数进行化学修正。

（1）参数 $\beta$。

在所建立的分形模型中，$\beta$ 为与孔隙率 $n$（或饱和体积含水量 $\theta_s$）有关的参数，若将分形模型化作如前所述 Bird（2000）模型的形式，则 $\beta = p/(p+s)$。在化学因素的影响下，压实黏土的孔隙大小和孔隙数目均会因孔隙流体浓度的改变而发生变化，从而影响黏土的孔隙率。由于此时黏土孔隙率的改变主要是由溶液浓度引起的，故认为参数 $\beta$ 是溶液浓度 $c$（mol/L）的函数，记为 $\beta(c)$。

采用不同形式的拟合方程对 4.4.1 节求得的不同浓度下参数 $\beta$ 的值进行回归分析。其中，Ravi 和 Rao（2013）所用 NaCl 溶液属于低浓度（<0.1 mol/L）溶液，而 Musso 等（2013）所用 NaCl 溶液浓度范围较广（0~5.5 mol/L）。试验结果表明，采用下式作为回归方程能较好地反映两种浓度范围内 $\beta$ 与 $c$ 之间的关系：

$$\beta(c) = \theta_s + \xi_1 c + \xi_2 c^2, \ \beta \leq 1 \tag{4-50}$$

式中：$\theta_s$ 为饱和体积含水量；$\xi_1$ 和 $\xi_2$ 为与土性有关的参数。通过该方程拟合两组不同浓度范围内的 $\beta$ 与 $c$ 数据，结果如图 4-56 所示。

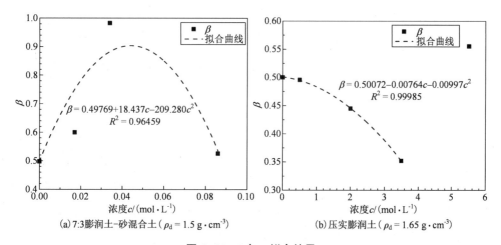

(a) 7:3 膨润土-砂混合土（$\rho_d = 1.5 \ \text{g} \cdot \text{cm}^{-3}$)　(b) 压实膨润土（$\rho_d = 1.65 \ \text{g} \cdot \text{cm}^{-3}$)

**图 4-56　$\beta$ 与 $c$ 拟合结果**

如图 4-56 所示，膨润土-砂混合土的饱和体积含水量为 0.49769，在 Musso 等（2013）试验浓度范围内，$\beta/\theta_s \geq 1$，此时认为残余含水量为 0；而对于压实膨润土，饱和体积含水量为 0.50072，在试验涉及的浓度范围内，$\beta/\theta_s \leq 1$，试样的残余体积含水量可表示为（$\theta_s - \beta$）。

（2）参数 $D$。

$D$ 为分形模型中的分形维数，一般认为，该值与土性有关，而分析前述拟合结果知，该值还受盐溶液浓度的影响，假设该值为浓度的函数，记为 $D(c)$。采用不同的模型对 $D$ 与溶液浓度的关系进行回归分析，得到同时适用于 Ravi 和 Rao

（2013）及 Musso 等（2013）两组试验结果的回归方程：

$$D(c) = \frac{D_0}{1 + \zeta_1 c + \zeta_2 c^2} \tag{4-51}$$

式中：$D_0$ 为用去离子水饱和试样的分形维数；$\zeta_1$ 和 $\zeta_2$ 为与土性有关的参数。通过该方程拟合两组试验的 $D$ 与 $c$ 数据，结果如图 4-57 所示：

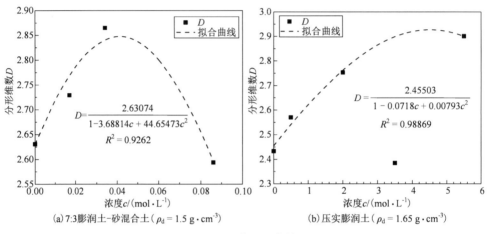

(a) 7:3膨润土-砂混合土（$\rho_d = 1.5 \text{ g} \cdot \text{cm}^{-3}$）　　(b) 压实膨润土（$\rho_d = 1.65 \text{ g} \cdot \text{cm}^{-3}$）

**图 4-57　$D$ 与 $c$ 拟合结果**

如图 4-57 所示，压实膨润土-砂混合土和压实膨润土的分形维数均小于 3。虽然膨润土的干密度高于混合土，但是在用去离子水饱和时，混合土的分形维数大于膨润土，这是由于砂的存在增大了试样的粗糙度，造成分形维数增加的效应大于因较小干密度导致分形维数减小的效应。当溶液浓度增加时，分形维数先增大、后减小，表明浓度小于某一阈值时，盐溶液对水化的抑制作用不明显，在水化过程中，孔隙变得均匀，分形维数增大；而在浓度超过该阈值时，则存在相反的机理，该阈值的大小随土性而变化。

3. 双孔模型拟合参数修正

尽管双孔模型的拟合参数较多，但是参数并非完全独立，如：$m_m = 1 - 1/n_m$，$m_M = 1 - 1/n_M$。对非独立的参数只选取其中一个进行分析，则拟合参数为：$\alpha_{0m}$、$n_m$、$\alpha_{0M}$、$n_M$。

（1）参数 $\alpha_{0m}$、$\alpha_{0M}$。

参数 $\alpha_{0m}$、$\alpha_{0M}$ 分别与土中大孔和小孔的进气值的倒数相关，采用 4.4.2 节所示的方法研究两者与溶液浓度的关系，适用的回归方程分别为：

$$\alpha_{0m}(c) = \alpha_1 + \lambda_1 c + \lambda_2 c^2 \tag{4-52}$$

式中：$\alpha_1$ 为用去离子水饱和试样的小孔进气值倒数；$\lambda_1$ 和 $\lambda_2$ 为与土性有关的参数。

$$\alpha_{0M}(c) = \alpha_2 + \lambda_3 c + \lambda_4 c^2 \qquad (4\text{-}53)$$

式中：$\alpha_2$ 为用去离子水饱和试样的大孔进气值倒数；$\lambda_3$ 和 $\lambda_4$ 为与土性有关的参数。

采用上述方程分别拟合两种土性试样的 $\alpha_{0m}$、$\alpha_{0M}$ 与浓度 $c$ 之间的关系（图 4-58、图 4-59），拟合结果表明，$\alpha_{0m}$ 和 $\alpha_{0M}$ 随浓度的变化规律相反，对混合土，随着盐溶液浓度的增加，$\alpha_{0m}$ 先增大、后减小，分析其小孔进气值先减小，后增大，这与盐溶液作用下的孔径变化有关：在低浓度盐溶液中，压实黏土小孔的最大孔径随浓度的增加而增大，而在高浓度盐溶液中，该孔径随浓度增加而减小。在此过程中，土中的最大孔径先减小、后增大，故 $\alpha_{0M}$ 的拟合曲线表现为下凹型。由此可见，$\alpha_{0m}$ 和 $\alpha_{0M}$ 的变化规律与孔径变化呈正相关的关系。

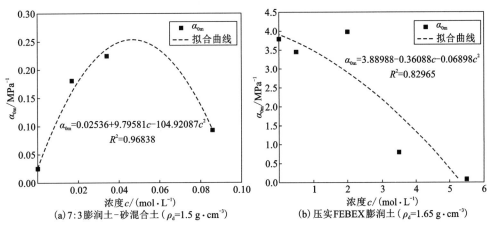

(a) 7:3 膨润土-砂混合土（$\rho_d=1.5\ \mathrm{g \cdot cm^{-3}}$）　　(b) 压实 FEBEX 膨润土（$\rho_d=1.65\ \mathrm{g \cdot cm^{-3}}$）

**图 4-58　$\alpha_{0m}$ 与 $c$ 拟合结果**

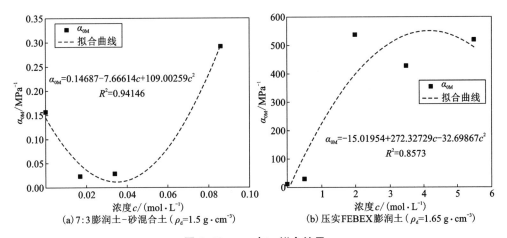

(a) 7:3 膨润土-砂混合土（$\rho_d=1.5\ \mathrm{g \cdot cm^{-3}}$）　　(b) 压实 FEBEX 膨润土（$\rho_d=1.65\ \mathrm{g \cdot cm^{-3}}$）

**图 4-59　$\alpha_{0M}$ 与 $c$ 拟合结果**

（2）参数 $n_m$、$n_M$。

采用上述求解拟合参数与浓度关系的方法求得参数 $n_m$、$n_M$ 的回归方程：

$$n_m(c) = \eta c^{\delta} \tag{4-54}$$

$$n_M(c) = n_0 + \gamma_1 c + \gamma_1 c^2 \tag{4-55}$$

式中：$\eta$、$\delta$、$\gamma_1$、$\gamma_2$ 均为拟合参数；$n_0$ 对应于去离子水处理试样的 $n$ 值。

$n_m$、$n_M$ 与浓度 $c$ 拟合结果如图 4-60 和图 4-61 所示。

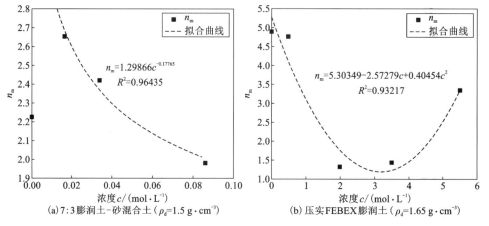

(a) 7:3膨润土-砂混合土（$\rho_d$=1.5 g·cm$^{-3}$）　　(b) 压实FEBEX膨润土（$\rho_d$=1.65 g·cm$^{-3}$）

**图 4-60　$n_m$ 与 $c$ 拟合结果**

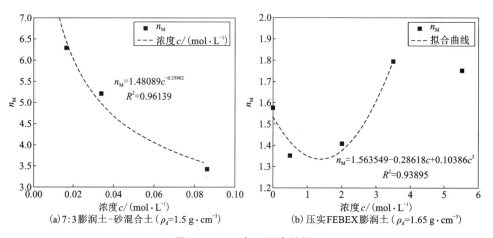

(a) 7:3膨润土-砂混合土（$\rho_d$=1.5 g·cm$^{-3}$）　　(b) 压实FEBEX膨润土（$\rho_d$=1.65 g·cm$^{-3}$）

**图 4-61　$n_M$ 与 $c$ 拟合结果**

4.考虑孔隙结构和化学溶液影响的土水特征模型

由 4.3.2 和 4.4.3 节的研究结论，引入化学参数的分形模型可以表示为：

$$\omega = \begin{cases} \dfrac{e}{G_{\mathrm{s}}} - \dfrac{\beta(c)(1+e)}{G_{\mathrm{s}}} \left[ 1 - \left( \dfrac{\psi_{\mathrm{AEV}}}{\psi} \right)^{3-D(c)} \right], & \psi_i > \psi_{\mathrm{AEV}} \\[3mm] \dfrac{e}{G_{\mathrm{s}}}, & \psi_i \leqslant \psi_{\mathrm{AEV}} \end{cases} \tag{4-56}$$

式中：参数 $\beta(c)$ 和参数 $D(c)$ 由 4.4.2 节给出；其余参数意义也已在之前章节给出。

引入化学参数的双孔模型可以表示为：

$$\omega = \frac{e_{\mathrm{m}}}{G_{\mathrm{s}}} \frac{1}{\left\{ 1 + \left[ \alpha_{0\mathrm{m}}(c) \times \psi \right]^{n_{\mathrm{m}}(c)} \right\}^{1-\frac{1}{n_{\mathrm{m}}(c)}}} + \frac{e - e_{\mathrm{m}}}{G_{\mathrm{s}}} \frac{1}{\left\{ 1 + \left[ \alpha_{0\mathrm{M}}(c) \times \psi \right]^{n_{\mathrm{M}}(c)} \right\}^{1-\frac{1}{n_{\mathrm{M}}(c)}}}$$

$$\tag{4-57}$$

式中：参数 $\alpha_{0\mathrm{m}}(c)$、$\alpha_{0\mathrm{M}}(c)$ 和参数 $n_{\mathrm{m}}(c)$、$n_{\mathrm{M}}(c)$ 由 4.4.5 节给出；其余参数意义已在 4.4.2 节给出。

# 参考文献

[1] Barbour S L, Fredlund D G. Mechanisms of osmotic flow and volume change in clay soils[J]. Can Geotech J, 1989, 26(4): 551-562.

[2] Bird N, Perrier E, Rieu M. The water retention function for a model of soil structure with pore and solid fractal distributions[J]. European Journal Soil Science, 2000, 51: 55-63.

[3] Delage P, Lefebvre G. Study of the structure of the sensitive Champlain Clay and of its evolution during consolidation[J]. Canadian Geotechnical Journal-CAN GEOTECH J, 1984, 21: 21-35.

[4] Dutta J, Mishra A K. Influence of the presence of heavy metals on the behaviour of bentonites [J]. Environmental Earth Sciences, 2016, 75(11): 993.

[5] Fredlund D G, Rahardjo H. Soil mechanics for unsaturated soils[M]. New York: Wiley, 1993.

[6] Gallipoli D, Wheeler S, Karstunen M. Modelling the variation of degree of saturation in a deformable unsaturated soil[J]. Géotechnique, 2003, 53(1): 105-112.

[7] He Y, Ye W M, Chen Y G, et al. Influence of pore fluid concentration on water retention properties of compacted GMZ01 bentonite[J]. Applied. Clay Science, 2016, 129: 131-141.

[8] He Y, Lu P H, Ye W M, et al. Coupled chemo-hydro-mechanical effects on volume change behaviour of compacted bentonite used as buffer/backfill material in high-level radioactive waste repository[J]. Journal of Nuclear Science and Technology, 2022, 59(10): 1207-1231.

[9] He Y, Zhang K N, Wu D Y. Experimental and modeling study of soil water retention curves of compacted bentonite considering salt solution effects[J]. Geofluids, 2019: 4508603.

[10] He Y, Cui Y J, Ye W M, et al. Effects of wetting-drying cycles on the air permeability of compacted Téguline clay[J]. Engineering Geology, 2017, 228: 173-179.

[11] Holmboe M, Wold S, Jonsson M. Porosity investigation of compacted bentonite using XRD

profile modeling[J]. Journal of contaminant hydrology, 2012, 128: 19-32

[12] Horpibulsuk S, Yangsukkaseam N, Chinkulkijniwat A, et al. Compressibility and permeability of Bangkok clay compared with kaolinite and bentonite[J]. Applied Clay Science, 2011, 52(1-2): 150-159.

[13] Hu R, Chen Y F, Liu H H, et al. A water retention curve and unsaturated hydraulic conductivity model for deformable soils: consideration of the change in pore-size distribution [J]. Géotechnique, 2013, 63(16): 1389-1405.

[14] Huang G H, Zhang R D. Evaluation of soil water retention curve with the pore-solid fractal model[J]. Geoderma, 2005, 127(1-2): 52-61.

[15] Li J S, Xue Q, Wang P, et al. Effect of lead (Ⅱ) on the mechanical behavior and microstructure development of a Chinese clay[J]. Applied Clay Science, 2015, 105-106: 192-199.

[16] Mishra A, Ohtsubo M, Li L, et al. Effect of Salt Concentrations on the Hydraulic conductivity of the MIxtures of Basalt soil and various Bentonites[J]. Journal of the Faculty of Agriculture, Kyushu University, 2006, 51: 37-43.

[17] Mokni N. Deformation and flow driven by osmotic processes in porous materials[D]. Technical University of Catalunya, Dissertation, 2011.

[18] Mokni N, Olivella S, Valcke E, et al. Deformation and Flow Driven by Osmotic Processes in Porous Materials: Application to Bituminised Waste Materials[J]. Transport in Porous Media, 2011, 86(2): 635-662.

[19] Moom S, Nam K, Kim J K, et al. Effectiveness of compacted soil liner as a gas barrier layer in the landfill final cover system[J]. Waste Management, 2008, 28(10): 1909-1914.

[20] Morandini T L C, Leite A L. Characterization and hydraulic conductivity of tropical soils and bentonite mixtures for CCL purposes[J]. Engineering geology Geol, 2015, 196: 251-267.

[21] Musso G, Romero E, Vecchia G D. Double-structure effects on the chemo-hydro-mechanical behaviour of a compacted active clay[J]. Géotechnique, 2013, 63(3): 206-220.

[22] Musso G, Romero E, Vecchia G D. Double-structure effects on the chemo-hydro-mechanical behaviour of a compacted active clay[J]. Géotechnique, 2013, 63(3), 206-220.

[23] Nasir O, Nguyen T S, Barnichon J D, et al. Simulation of hydromechanical behaviour of bentonite seals for containment of radioactive wastes[J]. Canadian Geotechnical Journal, 2017, 54(8): 1055-1070.

[24] Phifer M, Drumm E, Wilson G. Hydraulic conductivity and waste contaminant transport in soil [M]. ASTM, 1994.

[25] Qi F, Zhang R H, Liu X, et al. Soil particle size distribution characteristics of different land-use types in the Funiu mountainous region[J]. Soil & Tillage Research, 2018, 184: 45-51.

[26] Ravi K, Rao S M. Influence of Infiltration of Sodium Chloride Solutions on SWCC of Compacted Bentonite-Sand Specimens [J]. Geotechnical and Geological Engineering, 2013, 31: 1291-1303.

［27］ Romero E, DellaVecchia G, Jommi C. An insight into the water retention properties of compacted clayey soils［J］. Géotechnique, 2011, 61(4)：313-328.

［28］ Saba S, Delage P, Lenoir N, et al. Further insight into the microstructure of compacted bentonite-sand mixture［J］. ENGINEERING GEOLOGY, 2014, 168：141-148.

［29］ Tang C S, Cui Y J, Shi, B, et al. Desiccation and crackingbehaviour of clay layer from slurry state under wetting-drying cycles［J］. Geoderma, 2011, 166(1)：111-118.

［30］ Tao G, Chen Y, Xiao H, et al. Determining Soil-Water Characteristic Curves from Mercury Intrusion Porosimeter Test Data Using Fractal Theory［J］. Energies 12(4), 752.

［31］ Tyler S W, Wheatcraft S W. Fractal Scaling of Soil Particle-Size Distributions：Analysis and Limitations［J］. Soil Science Society of America Journal, 1992, 56(2)：362-369.

［32］ Villar M V, Lloret A. Influence of temperature on the hydromechanical behavior of a compacted bentonite［J］. Applied Clay Science, 2004, 26：337-350.

［33］ Wang J P, Zhuang P Z, Luan J Y, et al. Estimation of unsaturated hydraulic conductivity of granular soils from particle size parameters［J］. Water, 2019, 11(9)：1826.

［34］ Yoshimi Y, Osterberg J O. Compression of partially saturated cohesive soils［J］. Soil Mech. 1963, 4：3566-3579.

［35］ Ye W M, Wan M, Chen B, et al. Effect of temperature on soil-water characteristics and hysteresis of compacted Gaomiaozi bentonite［J］. Journal of Central South University of Technology, 2009, 16(5)：821-826.

［36］ Zhang F, Cui Y J, Ye W M. Distinguishing macro- and micro-pores for materials with different pore populations［J］. Géotechnique, 2018, 8(2)：102-110.

［37］ Zhang M, Zhang H Y, Jia L Y, et al. Salt content impact on the unsaturated property of bentonite-sand buffer backfilling materials［J］. Nuclear Engineer Design, 2012, 250：35-41.

［38］ Zhu C M, Ye W M, Chen Y G, et al. Influence of salt solutions on the swelling pressure and hydraulic conductivity of compacted GMZ01 bentonite［J］. Engineering Geology, 2013, 166(8)：74-80.

［39］ 中华人民共和国住房和城乡建设部. 生活垃圾卫生填埋处理技术规范(GB 50869—2013)［S］. 北京：中国建筑工业出版社, 2013.

［40］ 陈永贵, 雷宏楠, 贺勇, 等. 膨润土-红黏土混合土对 NaCl 溶液的渗透试验研究［J］. 中南大学学报(自然科学版), 2018, 49(4)：910-915.

［41］ 贺勇. 化-水-力耦合用下高压实 GMZ 膨润土体变特征研究［D］. 上海：同济大学, 2017.

［42］ 贺勇, 卢普怀, 滕继东, 等. 化学溶液作用下基于压实膨润土孔隙结构演化的土水特征模型研究［J］. 工程地质学报, 2022, 30(2)：338-346.

［43］ 黄飞. 郴州地区红黏土非饱和特性研究及应用［D］. 长沙：中南大学, 2014.

［44］ 杨明辉, 陈贺, 陈可. 基于分形理论的 SWCC 边界曲线滞后效应模型研究［J］. 岩土力学, 2019, 40(10)：3805-3812.

# 第5章　化-渗-力耦合作用下压实
# 黏土体变特征与致裂机理

　　污染场地中重金属污染物会随地下水迁移进入工程屏障内部，重金属污染物的入渗对黏土类工程屏障土体结构产生影响，进而改变工程屏障物理化学和力学性质。此外，受大气降水、蒸发作用及地下水位升降等因素的影响，污染土和黏土类屏障长期处于饱和-非饱和、干湿循环状态，这种循环状态也会诱发土体产生变形。此外，工业污染遗留场地存在地表堆载或既有建(构)筑物荷载的影响。污染场地再利用时，也将面临场地上覆荷载急剧增大的情况。因此，污染场地土体长期处于复杂的化-渗-力耦合环境。黏土类工程屏障在这种复杂耦合条件下的变形稳定性以及对重金属污染物的阻滞能力是污染场地修复和再利用的关键。因此，开展化-渗-力耦合作用下压实黏土体变特征与致裂机理等相关问题的研究具有重要的理论意义与工程实践价值。

　　为此，本章分别以我国南方地区广泛分布的红黏土以及膨润土为研究对象，通过室内试验与理论分析，研究了压实黏土在耦合条件下的体变特征、固结特性以及微观结构演化特征。

## 5.1　化-渗-力耦合作用下压实黏土弹塑性变形与损伤

　　化-力耦合现象大量存在于黏土材料中，当孔隙水中化学物质浓度发生变化时，部分黏土会表现出体积膨胀或者收缩的力学行为，甚至发生不可恢复的塑性变形。近年来，国内外学者提出了一系列描述黏土化-力耦合的本构模型。其中有不少考虑土体饱和情况的膨胀土(expansive clay)或膨润土(bentonite)的化-力耦合模型。Ma 和 Hueckel(1992)以及 Hueckel(1992a, b)等认为，黏土在化学浓度影响下或在化学荷载作用下，孔隙水作为一种两相混合物，应把结合水看作是固相的一部分。结合水的吸湿和脱水过程被认为是一种界面反应。Hueckel

(1992a，b)扩展了 Terzaghi's 有效应力原理，认为固体多孔骨架的应力应等于特定的电化学力；因此，力学应变中加入了结合水迁移引起的化学应变这一项。Barbour 和 Fredlund(1989)与 Barbour 和 Yang(1993)等研究表明在化学荷载作用下，黏土在常有效应力下可能产生塑性固结应变。Hueckel(1992)认为，改变土体孔隙水的介电常数或孔隙水化学浓度会引起结合水迁移，使得土体中微孔关闭，从而引起塑性变形或不可恢复的压缩。此外，"化学软化"(如图 5-1 所示)这一重要结论也被提出，孔隙水化学浓度使得土体弹性区域减小，屈服面收缩，化学软化现象产生。

　　Hueckel(1997)提出了黏土化学弹塑性模型，用以描述黏土材料在低介电常数的有机污染物渗透情况下应变的产生，并用化学软化曲线方程描述上文提及的化学软化现象，如图 5-2 所示。在弹性区域，不同浓度的化学溶液影响弹性应变，而在塑性阶段将引起化学塑性压缩。基于热动力学及 Hueckel(1992，1997)的研究成果，Loret 等(2002)提出了一个化学–弹塑性模型，用以描述化学荷载作用下饱和黏土的变形规律。作者通过该模型验证了 Di Maio(1996)与 Di Maio 和 Finelli(1997)的试验数据，计算结果表明，随着应力增大，弹塑性阶段范围也随之增大，同时在这个阶段中存在两个相互竞争的过程：①化学软化，即随着化学浓度增大屈服应力减小；②化学硬化，即随着应力水平增大屈服应力增大。Gajo 等(2002)通过考虑孔隙水溶液中离子类型扩展了 Loret 等(2002)提出的模型。与此同时，Guimarães(2002)提出了一个适用于膨胀土的化学–弹塑性模型，该模型考虑了膨胀土中微观孔隙与大孔隙中化学浓度的变化以及两者之间的反应。在同时考虑应力加载和渗透吸力加载的基础上，Witteveen 等(2013)基于伊利石与 NaCl 溶液混合后的固结试验结果提出了非膨胀性黏土的化–力耦合模型。以上模型为作为缓冲/回填材料的膨润土饱和条件下化–力耦合模型的建立提供了一定的理论基础。

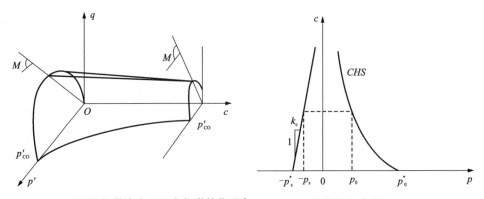

图 5-1　$p'$，$q$ 平面及化学浓度平面中化学软化现象　　图 5-2　化学软化曲线(Hueckel，1992)

虽然饱和条件下膨胀土化-力耦合模型在文献中较为常见,但对于非饱和情况,即将模型扩展到化-渗-力耦合条件的研究却少有报道。由于既要考虑孔隙水化学引起的渗透吸力的影响,又要兼顾基质吸力的作用,因此考虑化学因素影响下的非饱和土的本构模型研究显得十分复杂。Boukpeti 等(2004)和 Liu 等(2005)分析了非饱和条件下化学浓度变化对土体力学性能的影响,提出了相应的化-渗-力概念模型。该模型基于 Alonso 等(1990)提出的非饱和土的巴塞罗那基本模型(BBM)和 Hueckel 等(1992,1997)提出的化学软化方程而构建,然而模型建立后作者仅从数值模拟的角度分析了该模型,并未通过具体试验对该模型进行验证。Guimarães 等(2013)提出了考虑溶液浓度及离子交换反应的非饱和膨胀土化学模型(BExCM),并通过该模型验证了 Di Maio(Studds 等,1998)、Alawaji(1999)和 Guimarães(2002)等的试验数据。Musso 等(2013)基于压实 FEBEX 膨润土双孔结构提出了化-水-力模型,并通过该模型模拟了压实膨润土在恒定垂直应力下的盐化-淡化循环试验。法国里昂大学 Wong 等(2016)在 Lei 等(2014)建立的非饱和膨胀土热力学框架和 Loret 等(2002)提出的饱和膨胀土化学-弹塑性模型基础上,提出了非饱和膨胀土的化学-弹塑性模型,并通过模拟 Mokni(2011)中非饱和条件下不同浓度 $NaNO_3$ 溶液对 Boom 黏土体变特征的影响,验证了该模型的有效性。综上所述,上述文献中化-渗-力耦合模型的建立大多基于热动力学框架,或从土体双孔结构弹塑性变形出发,或借助文献中试验数据获取参数,在前人提出的模型基础上进行化学的扩展。

工程屏障系统在发挥力学、化学屏障的过程中,往往经历干湿循环的过程,并伴随着溶液入渗及流出的化学循环。在此过程中,黏土类工程屏障材料将产生宏观体积变形和微观孔隙的调整,孔隙流体成分及浓度也将发生改变,这将导致土体基质吸力和渗透吸力重新调整,这一调整过程又会反过来影响到土体持水、持盐特性,进而改变土体渗透特征和阻滞性能。此外,复杂化学环境与耦合作用可能诱发工程屏障土体开裂,进而导致渗透系数呈数量级增大,促使污染物快速迁移,工程屏障最终失去防渗、隔污能力。

## 5.2　化学溶液作用下压实黏土体变特征

为探索考虑非饱和的、化-渗-力耦合作用下的重金属污染黏土行为特性,以此为重金属污染场地的再利用提供数据支撑及理论依据,本研究针对我国广泛分布的红黏土,通过室内试验、理论分析等手段,系统研究化-渗-力耦合作用下重金属污染黏土变形特性及微观机理。

自然条件下,重金属污染物随降雨入渗到土体内部,形成重金属污染黏土,重金属污染物可能对土体结构产生影响,进而引发土体变形。此外,重金属污染黏土受降雨蒸发、地下水位升降等影响,长期处于非饱和状态,同时伴随着非饱和渗透引发土体变形过程。其次,饱和、非饱和重金属污染黏土在上覆荷载的作用下再次发生土体变形。变形特性作为土体的重要力学性质之一,对已有建(构)筑物的结构安全及重金属污染场地的再利用起到关键作用。

本章以某铁合金厂铬污染场地为背景,以我国南方广泛分布的红黏土为研究对象,分别针对重金属污染黏土形成、失水干燥、受压变形三阶段展开室内试验,深入分析化学、化-渗耦合、化-渗-力耦合作用下重金属污染黏土变形特性,化-渗-力耦合作用下重金属污染黏土固结参数与污染浓度、土体吸力的相互关系。另外,借助微观测试手段,获取重金属污染黏土孔隙结构演化规律,以揭示化学、化-渗耦合作用下重金属污染黏土变形微观机理。

## 5.2.1　试验材料

1. 试验土样

试验材料红黏土基本性质见第 3 章。

2. 重金属溶液

本节试验中 Cr(Ⅵ)溶液采用重铬酸钾($K_2Cr_2O_7$)配制,Zn(Ⅱ)溶液采用硫酸锌($ZnSO_4$)配制。所用化学药品均为分析纯,产自国药集团化学试剂有限公司(中国上海)。

3. 吸力控制溶液

本章相关研究通过气相法控制吸力对试样进行干燥,试验过程中向高压渗透固结仪中循环通入不同的盐溶液蒸汽使试样脱水干燥。盐溶液与吸力的对应关系如 4.3.2 节中表 4-7 所示。

4. 试样制备

试样制备方法详见本书 3.2.1 节。在本节试验中压制直径为 50 mm、高度为 20 mm、初始干密度为 1.50 g/cm³ 的圆柱形压实红黏土试样。

红黏土试样初始孔隙比 $e_0$ 按式(5-1)计算,

$$e_0 = \frac{V_v}{V_s} \tag{5-1}$$

式中:$V_v$ 为试样孔隙体积,cm³;$V_s$ 为试样土颗粒体积,cm³。$V_s$ 按式(5-2)求解,

$$V_s = \frac{m_s}{\rho_w G_s} = \frac{\rho_d V}{\rho_w G_s} \tag{5-2}$$

式中:$m_s$ 为试样土颗粒质量,g;$G_s$ 为试样土颗粒相对密度;$\rho_d$ 为试样干密度,g/cm³;$V$ 为试样体积,cm³。将式(5-2)代入式(5-1),可得红黏土试样初始孔隙比 $e_0$ 为:

$$e_0 = \frac{V_v}{V_s} = \frac{V - V_s}{V_s} = \frac{V - \dfrac{\rho_d V}{\rho_w G_s}}{\dfrac{\rho_d V}{\rho_w G_s}} = \frac{G_s \rho_w}{\rho_d} - 1 \qquad (5-3)$$

### 5.2.2 试验方法与方案

1. 吸力控制干燥收缩变形试验

按照 4.1.2 节所述方法，利用化学溶液供应系统对红黏土试样进行饱和渗透试验，继而将其进行非饱和处理，通过气相法控制吸力对试样进行干燥收缩试验。吸力控制干燥收缩试验装置如图 5-3 所示，撤去化学溶液供应系统，连接吸力控制系统。根据饱和盐溶液与吸力的对应关系（表 4-7），向高压渗透固结仪中循环通入不同的盐溶液蒸汽使试样脱水干燥，从而达到不同的吸力条件。相应的吸力控制为 2 MPa、4.2 MPa 和 38 MPa。盐溶液蒸汽循环过程中，试样含水率不断降低，伴随着试样体积的变化，直至试样中的含水率与盐溶液蒸汽的相对湿度达到平衡。此时试样脱湿过程完成，试样收缩变形量及孔隙比达到稳定。

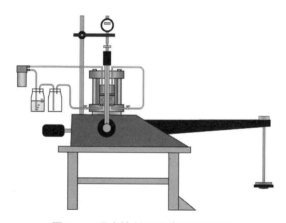

**图 5-3　吸力控制干燥收缩试验装置**

当试样干燥收缩变形量达到稳定时，认为试样达到所控制的吸力状态。取出试样，分为若干小块，经液氮冷冻干燥后分别采集 X 射线衍射（XRD）图谱、扫描电子显微镜（SEM）图像，以及利用压汞法（MIP）测试其孔径分布。

进行非饱和处理后的重金属污染红黏土试样孔隙比 $e_2$ 参照红黏土试样饱和后孔隙比 $e_1$ 的计算进行确定，详细试验方案如表 5-1 所示。

表 5-1　气相法控制吸力试验工况

| 试验编号 | 试样名称 | 重金属类型 | 重金属离子浓度/(mol·L$^{-1}$) | 吸力/MPa |
|---|---|---|---|---|
| 1 | DWS2 | | | 2 |
| 2 | DWS4.2 | 蒸馏水 | 0 | 4.2 |
| 3 | DWS38 | | | 38 |
| 4 | Cr0.01S2 | | | 2 |
| 5 | Cr0.01S4.2 | | 0.01 | 4.2 |
| 6 | Cr0.01S38 | Cr(Ⅵ) | | 38 |
| 7 | Cr0.1S2 | | | 2 |
| 8 | Cr0.1S4.2 | | 0.1 | 4.2 |
| 9 | Cr0.1S38 | | | 38 |
| 10 | Zn0.1S4.2 | Zn(Ⅱ) | 0.1 | 4.2 |
| 11 | Zn0.1S38 | | | 38 |

注：DW 代表蒸馏水，Cr0.1 代表 0.1 mol/L Cr(Ⅵ)溶液，S38 代表总吸力值为 38 MPa。

2. 非饱和一维固结试验

非饱和一维固结试验装置仍采用图 5-3 实验装置，分别按照本节前文所述方法，制备具有一定孔隙溶液浓度的饱和重金属污染黏土及非饱和重金属污染黏土。继而通过加减砝码进行加卸载控制，从而进行化-渗-力耦合作用下重金属污染黏土的压缩试验。

试验开始之前，需对整套试验仪器进行误差校准试验，确定加卸载过程中的仪器变形。仪器标定过程如下：首先将不含红黏土试样的高压渗透固结仪置于加载系统上，按照试验过程中设定的应力路径加减砝码，同时记录每级荷载下的百分表示数。整套试验装置的系统误差如图 5-4 所示。实际试验过程中，认为仪器变形是瞬时完成的，将每级压力下所测试样的瞬时变形减去该级压力下的仪器变形，即为试样加载瞬间实际变形值。

化-渗-力耦合作用下重金属污染红黏土压缩试验中，加卸载过程持续向高压渗透固结仪中循环通入盐溶液蒸汽，使重金属污染红黏土试样维持一个固定的吸力状态。

化-渗-力耦合作用下重金属污染红黏土压缩试验工况如图 5-5 和表 5-2 所示。

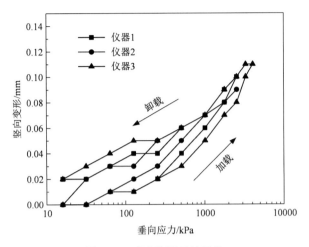

图 5-4　试验装置系统误差

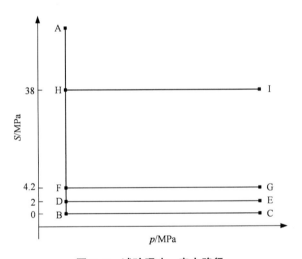

图 5-5　试验吸力、应力路径

表 5-2　压缩试验工况

| 试样编号 | 试样名称 | 重金属类型 | 重金属离子浓度 /(mol·L⁻¹) | 控制吸力/MPa | 吸力、应力路径 |
|---|---|---|---|---|---|
| 1 | DWS0 | 蒸馏水 | 0 | 饱和 | ABCB |
| 2 | DWS2 | 蒸馏水 | 0 | 2 | ABDED |
| 3 | DWS4.2 | 蒸馏水 | 0 | 4.2 | ABFGF |

续表5-2

| 试样编号 | 试样名称 | 重金属类型 | 重金属离子浓度 /(mol·L$^{-1}$) | 控制吸力/MPa | 吸力、应力路径 |
|---|---|---|---|---|---|
| 4 | DW$S$38 | 蒸馏水 | 0 | 38 | ABHIH |
| 5 | Cr0.005$S$0.018 | Cr(Ⅵ) | 0.005 | 饱和 | ABCB |
| 6 | Cr0.01$S$0.037 | Cr(Ⅵ) | 0.01 | 饱和 | ABCB |
| 7 | Cr0.01$S$2 | Cr(Ⅵ) | 0.01 | 2 | ABDED |
| 8 | Cr0.01$S$4.2 | Cr(Ⅵ) | 0.01 | 4.2 | ABFGF |
| 9 | Cr0.01$S$38 | Cr(Ⅵ) | 0.01 | 38 | ABHIH |
| 10 | Cr0.1$S$0.366 | Cr(Ⅵ) | 0.1 | 饱和 | ABCB |
| 11 | Cr0.1$S$2 | Cr(Ⅵ) | 0.1 | 2 | ABDED |
| 12 | Cr0.1$S$4.2 | Cr(Ⅵ) | 0.1 | 4.2 | ABFGF |
| 13 | Cr0.1$S$38 | Cr(Ⅵ) | 0.1 | 38 | ABHIH |

注: DW 代表蒸馏水, Cr0.1 代表 0.1 mol/L Cr(Ⅵ)溶液, S38 代表总吸力值为 38 MPa。

压缩试验中, 每级荷载下砝码增加量对应的垂向应力如表 5-3 所示。

表 5-3　砝码增加量与垂向应力

| 加载次数 | 1 | 2 | 3 | 4 | 5 | 6 | 7 | 8 | 9 | 10 | 11 |
|---|---|---|---|---|---|---|---|---|---|---|---|
| 砝码增加量/kg | 0.319 | 0.319 | 0.637 | 1.275 | 2.55 | 5.1 | 5.1 ×2 | 5.1 ×3 | 5.1 ×3 | 5.1 ×3 | 5.1 ×3 |
| 垂向应力 /kPa | 15.9 | 31.8 | 63.6 | 127 | 255 | 509 | 1018 | 1782 | 2545 | 3309 | 4073 |

按表 5-3 所示加载等级对试样进行加载, 加载完成后按加载路径反向卸载。加卸载时记录试样竖向变形, 每级荷载维持 24 h 后且试样变形每小时变化不大于 0.01 mm 时, 认为该级荷载下试样变形已达稳定状态, 可进行下一级加卸载。重复上述试验步骤直至完成表 5-2 所示的 13 组试验。

压缩试验中重金属污染红黏土试样孔隙比 $e_i$ 参照红黏土试样饱和后孔隙比 $e_1$ 的计算公式(5-4)进行确定。

$$e_1 = \frac{G_s}{\dfrac{H_0}{H_0 + \Delta H}\rho_{d0}} - 1 = \frac{G_s}{\rho_{d0}} \cdot \frac{H_0 + \Delta H}{H_0} - 1 \tag{5-4}$$

式中：$\Delta H$ 为试样轴向变形量，mm；$H_0$ 为试样初始高度，mm；$G_s$ 为试样土颗粒相对密度；$\rho_{d0}$ 为试样初始干密度，g/cm$^3$。

采用半对数直角坐标，将试样孔隙比 $e$ 与其对应的垂向应力 $p$ 绘制成 $e$-lg $p$ 曲线（图 5-6）。整条压缩曲线分为三个部分：弹性变形阶段、塑性变形阶段和卸载回弹阶段。塑性变形阶段（即 $e$-lg $p$ 曲线的直线段）的斜率为压缩指数（$C_c$），弹性变形阶段和卸载回弹阶段的斜率均为回弹指数（$C_s$），弹性变形阶段和塑性变形阶段拟合直线的交点对应的横坐标为屈服应力（$p_0$）（Lloret 等，2003；Alonso 等，2005；Tang 等，2008）。压缩指数（$C_c$）与回弹指数（$C_s$）按下式计算：

$$C_c / C_s = \frac{e_i - e_{i+1}}{\lg p_{i+1} - \lg p_i} \tag{5-5}$$

式中：$e_i$ 为某级压力下的孔隙比；$p_i$ 为该级压力值，kPa。

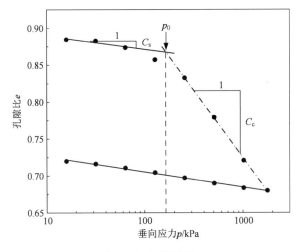

**图 5-6　压缩曲线**

通过压缩试验可获取饱和红黏土试样每级压力下的固结系数 $C_v$（cm$^2$/s）、体积压缩系数 $m_v$（MPa$^{-1}$）。根据《土工试验方法标准》（GB/T 50123—2019），采用时间平方根法计算某级压力下试样固结度达 90% 所需的时间 $t_{90}$，该级压力下固结系数 $C_v$ 按下式计算：

$$C_v = \frac{0.848 \bar{h}^2}{t_{90}} \tag{5-6}$$

式中：$\bar{h}$ 为最大排水距离，cm，等于某级压力下试样的初始和终了高度的平均值之半。

根据每级压力下饱和红黏土试样的固结系数 $C_v$ 和体积压缩系数 $m_v$，采用式

(5-7)可计算获得该级压力下饱和红黏土试样的渗透系数 $k(\mathrm{cm/s})$。

$$k = C_v m_v \gamma_w \tag{5-7}$$

式中：$\gamma_w$ 为水的重度，取 9.8 $\mathrm{kN/m^3}$。

3. 微观试验

1)扫描电镜试验(SEM)

将试样进行液氮冷冻干燥处理后，将试样切成 1 cm×1 cm× 0.5 cm(长×宽×高)的块体，采用 GVC-2000 离子溅射仪对试样进行抽真空及表面喷金处理，如图 5-7 所示。最后，采用 TESCAN MIRA3 场发射扫描电镜仪进行观察研究(图 5-8)，获取不同放大倍数下试样微观孔隙结构影像。

图 5-7　GVC-2000 离子溅射仪

图 5-8　TESCAN MIRA3 场发射扫描电镜仪

2)压汞试验(MIP)

将试样进行液氮冷冻干燥处理后，将试样切成小于 1 cm×1 cm×1 cm(长×宽×高)的块体，采用型号为 Micromeritics Auto Pore IV 9500 的压汞仪进行压汞试验，如图 5-9 所示。将试样放入膨胀计中，按低压到高压进行压汞。试验过程中可施加的最大压力为 220 MPa，设备的有效探测孔径范围为 6 nm~360 μm。

图 5-9　Micromeritics Auto Pore IV 9500 型压汞仪

## 5.2.3　试验结果与分析

1. 重金属溶液入渗下压实红黏土的膨胀变形特性

在上覆 15.9 kPa 恒定垂向应力下开展压实红黏土试样的一维饱和渗透试验，实测压实红黏土轴向变形时程曲线如图 5-10 所示。

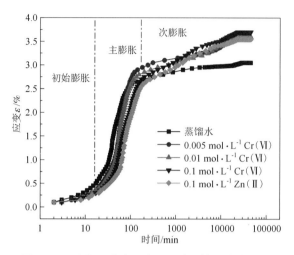

**图 5-10　重金属溶液入渗下红黏土轴向应变曲线**

　　由图 5-10 可见，在上覆 15.9 kPa 的恒定垂向应力下，Cr(Ⅵ)溶液、Zn(Ⅱ)溶液入渗过程中压实红黏土均表现出膨胀变形。随着 Cr(Ⅵ)离子浓度增大，压实红黏土最终膨胀变形量不断增大。然而，在不同污染液浓度下红黏土的最终膨胀应变总体较小，最高为 3.7%[0.1 mol/L Cr(Ⅵ)溶液入渗下]，最小为 3.0%（蒸馏水入渗下），说明所用红黏土膨胀性较低，且相较于蒸馏水而言，重金属类型及浓度对红黏土最终膨胀应变影响较小。郴州红黏土以高岭石矿物为主，含少量蒙脱石、伊利石，具备一定的膨胀性。然而，高岭石为 TO 型(1:1 型)结构，晶层之间结合紧密，水分子不易进入晶层之间，高岭石矿物膨胀性相对较小。贺勇等(2016)认为，红黏土吸水膨胀的主要原因在于蒙脱石矿物吸水引起晶层膨胀以及扩散双电层厚度增加。然而，红黏土中蒙脱石含量较少。此外，上覆恒定垂向应力对红黏土的膨胀变形起到一定程度的抑制作用，因此试验中红黏土的水化膨胀作用较弱。

　　根据贺勇等(2016)的研究结果，压实红黏土的膨胀应变曲线可分为初始膨胀、主膨胀、次膨胀等三个阶段(图 5-10)。其中，主膨胀阶段红黏土试样膨胀速度最快，大约在溶液入渗 20 min 后启动，耗时约 2 h。次膨胀阶段发生在主膨胀阶段过后，此阶段红黏土试样膨胀速度减慢，耗时最长，试样变形经过较长时间的缓慢增长后趋于稳定。由图 5-10 可知，蒸馏水入渗下红黏土试样率先启动主膨胀阶段，且膨胀速度最快。随着 Cr(Ⅵ)离子浓度增大，红黏土试样启动主膨胀阶段的时刻依次滞后，膨胀速度依次减小。0.1 mol/L Zn(Ⅱ)溶液入渗下红黏土进入主膨胀阶段相对蒸馏水及 Cr(Ⅵ)溶液入渗时较为迟缓。当试样发展至次膨胀阶段时,蒸馏水入渗红黏土试样膨胀速度急剧减缓,而重金属溶液入渗下红黏土试样依然保持较高的残余速度。就 Cr(Ⅵ)而言,离子浓度越高,残余速度越大。

结合试验过程中测量的试样轴向变形及初始干密度等参数,可按式(5-4)计算出不同浓度及类型重金属溶液污染后红黏土试样的孔隙比。饱和重金属污染红黏土孔隙比与重金属离子浓度关系如图 5-11 所示。

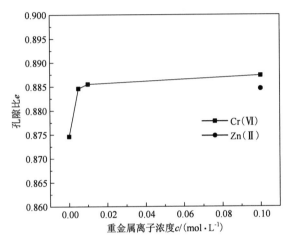

**图 5-11　饱和重金属污染红黏土孔隙比与重金属离子浓度的关系**

由图 5-11 可知,随着 Cr(Ⅵ)离子浓度的增大,压实红黏土的最终膨胀变形量及饱和孔隙比不断增大。许多学者研究发现,随着盐溶液浓度的增大,黏土双电层厚度降低,颗粒间斥力减小,引起黏土颗粒团聚,降低了膨胀率(He 等,2019;He 等,2019;He 等,2019)。红黏土膨胀量随 $Na^+$、$K^+$ 等可交换性阳离子浓度的增大而减小。一方面,试验所用 $K_2Cr_2O_7$ 溶液中的 $K^+$ 对红黏土的膨胀具有抑制作用;另一方面,Cr(Ⅵ)在溶液中以 $Cr_2O_7^{2-}$ 阴离子形式存在,颗粒表面负电荷增加,导致红黏土双电层厚度增加,颗粒间斥力增大,促进了黏土颗粒的分散状态,从而导致黏土膨胀率增加(Yang 等,2019;范日东等,2019)。还有学者认为,黏土对孔隙化学变化展现出的物理力学响应主要受扩散双电层厚度及微观结构的影响,扩散双电层理论更适用于以蒙脱石为主要矿物的膨润土(陈永贵等,2018;He 等,2022)。相对于蒙脱石(2:1 型)而言,高岭石具有不同的晶体构造(1:1 型)。富含高岭石等矿物的红黏土,其对孔隙化学变化展现出的物理力学响应更适合用土颗粒结构(图 5-12)来解释(Wang 等,2006;Sridharan 等,2007)。

$K_2Cr_2O_7$ 水溶液因 $Cr_2O_7^{2-}$ 发生水解而显酸性,当孔隙溶液 pH 小于高岭土颗

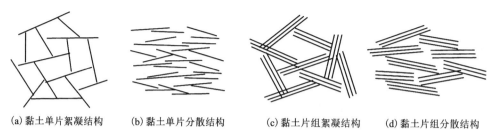

(a) 黏土单片絮凝结构　　(b) 黏土单片分散结构　　(c) 黏土片组絮凝结构　　(d) 黏土片组分散结构

**图 5-12　土颗粒结构示意图(修自李广信, 2016)**

粒边缘等电点, 颗粒边缘带正电, 颗粒表面带负电, 由于库仑引力, "边-面" (EF)絮凝结构占主导地位(Wang 等, 2006)。此外, 土颗粒结构与电解质浓度有关。研究表明, 当重金属或盐溶液浓度增加时, 红黏土颗粒絮凝结构更加显著, 渗透性能下降(Horpibulsuk 等, 2011; He 等, 2021; He 等, 2022)。Cr(Ⅵ)离子浓度升高, 加之高浓度 $Cr_2O_7^{2-}$ 水解反应增强导致 pH 降低, 红黏土颗粒"边-面" (EF)絮凝结构增强。如图 5-12 所示, 土颗粒"边-面" (EF)絮凝结构使得黏土颗粒间孔隙增大。因此, Cr(Ⅵ)溶液入渗下红黏土最终膨胀量及饱和孔隙比高于蒸馏水入渗红黏土, 且 Cr(Ⅵ)离子浓度越高, 膨胀应变及孔隙比越大。然而, 图 5-11 显示, 受 Cr(Ⅵ)污染的红黏土饱和孔隙比在 Cr(Ⅵ)离子浓度达到 0.005 mol/L 之后增长幅度较小。因此, 认为 Cr(Ⅵ)离子浓度达到 0.005 mol/L 之后离子浓度增长对红黏土最终膨胀量影响较小。

如图 5-10 和图 5-11 所示, Zn(Ⅱ)溶液入渗下红黏土的膨胀量及饱和孔隙比高于蒸馏水入渗红黏土, 这与 Turer(2007)试验研究的结果相符。这可能与 $ZnSO_4$ 水溶液显酸性导致 Zn(Ⅱ)溶液入渗下红黏土"边-面" (EF)絮凝结构增强有关。相同离子浓度(0.1 mol/L)下, Cr(Ⅵ)溶液入渗红黏土的最终膨胀变形量及饱和孔隙比较 Zn(Ⅱ)溶液入渗红黏土更大。一方面, Cr(Ⅵ)溶液污染红黏土"边-面" (EF)絮凝结构可能更为显著; 另一方面, Cr(Ⅵ)溶液中阳离子主要为 $K^+$, 阳离子价态升高可引起蒙脱石颗粒表面电势和双电层厚度降低, 颗粒间斥力减小, 导致 $Zn^{2+}$ 入渗下红黏土膨胀性能降低。

2. 恒定应力下化-渗耦合的重金属污染红黏土干燥收缩

在上覆 15.9 kPa 的恒定垂向应力下, 对经不同浓度及类型重金属溶液饱和的红黏土试样, 采用气相法控制吸力开展干燥收缩试验。实测各吸力下蒸馏水饱和红黏土与重金属溶液饱和红黏土的收缩变形时程曲线分别如图 5-13、图 5-14、图 5-15 所示。

由图 5-13、图 5-14、图 5-15 可知, 在各吸力控制下, Cr(Ⅵ)污染红黏土最终收缩变形量随 Cr(Ⅵ)离子浓度的升高而增加。红黏土试样经 Cr(Ⅵ)溶液饱和

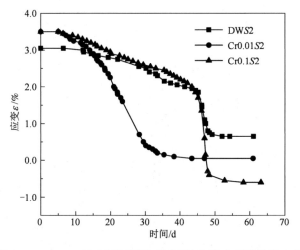

**图 5-13　2 MPa 吸力控制下重金属污染红黏土干燥收缩曲线**

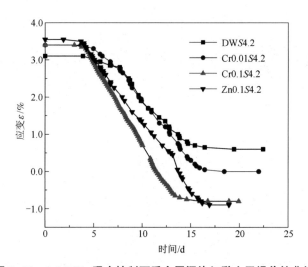

**图 5-14　4.2 MPa 吸力控制下重金属污染红黏土干燥收缩曲线**

后，一方面，孔隙溶液中 $K^+$ 促使红黏土双电层厚度减小，颗粒间孔隙增加；另一方面，土颗粒"边-面"(EF)絮凝结构导致集合体内孔隙与集合体间孔隙增加。两者耦合致使饱和 Cr(Ⅵ)污染红黏土宏观上表现出更大的孔隙比(图 5-11)。在相同的垂向应力之下，高浓度 Cr(Ⅵ)污染红黏土可压缩的空间更大。因此，Cr(Ⅵ)污染红黏土在失水干燥时具有更大的收缩变形量，且最终收缩变形量随 Cr(Ⅵ)离子浓度的升高而增加。

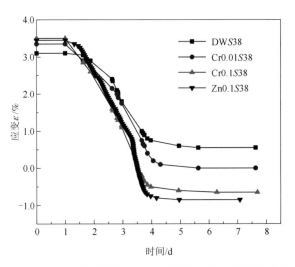

**图 5-15　38 MPa 吸力控制下重金属污染红黏土干燥收缩曲线**

图 5-13~图 5-15 结果表明，随着试样控制的吸力从 38 MPa 减小至 2 MPa，试样达到吸力平衡所需时间从 6 d 延长至 60 d。相同吸力控制条件下，红黏土达到吸力平衡的时间随 Cr(Ⅵ)离子浓度的升高而缩短。与蒸馏水饱和红黏土相比，Cr(Ⅵ)污染红黏土大孔孔径更大，这可能使得盐溶液蒸汽在土体中流通的路径更多且流通性更强，从而导致相同吸力控制条件下，Cr(Ⅵ)污染红黏土失水速度更快，收缩速率更大，红黏土达到吸力平衡的时间随 Cr(Ⅵ)离子浓度的升高而缩短。

如图 5-14 和图 5-15 所示，在 4.2 MPa 和 38 MPa 吸力控制下，0.1 mol/L Zn(Ⅱ)污染红黏土的收缩变形量与 0.1 mol/L Cr(Ⅵ)污染红黏土大致相同，但收缩变形速率有所差异。在 4.2 MPa 吸力控制下，0.1 mol/L Zn(Ⅱ)污染红黏土与 0.1 mol/L Cr(Ⅵ)污染红黏土相比收缩变形速率较小，而吸力增大到 38 MPa 时，两者收缩变形速率大致相等。4.2 MPa 吸力控制时，盐溶液蒸汽产生的水、气压力差较小，重金属溶液对土体收缩速率的影响较大。由图 5-14 和图 5-15 可知，0.1 mol/L Cr(Ⅵ)污染黏土与 0.1 mol/L Zn(Ⅱ)污染红黏土相比孔隙比更大。吸力控制较低时，土体孔隙大小及连通性对土样失水速率影响较大；而吸力控制较高时，盐溶液蒸汽产生的水、气压力差变大，土体孔隙大小及连通性对土样失水速率的影响随之降低。因此，与重金属溶液的种类及浓度相比，控制吸力的大小对土体收缩变形速率的影响更大。

根据不同红黏土试样干燥收缩曲线，可将黏土干燥收缩过程分为初始收缩、正常收缩、残余收缩、零收缩等四个阶段(图 5-16 所示为典型收缩曲线)。Tang 等(2011)、Leong 和 Wijaya(2015)、贺勇等(2017)将黏土干燥曲线根据其切线斜率划分为三段，分别为正常收缩阶段、残余收缩阶段、零收缩阶段。而本研究结果显示黏土在进入正常收缩阶段之前，存在一个收缩速率由零逐渐增长的初始收缩阶段。Boivin 等（2004）在分析土的干燥收缩特性时，指出对于结构性较强的土体，其收缩过程可分为四个阶段，在正常收缩阶段之前，存在结构收缩阶段。唐朝生等（2011）认为结构收缩阶段土体的收缩变形量远小于水分散失的体积，并将其归因于土中团聚体之间孔隙较大，干燥时大孔隙中的自由水率先蒸发，此时无毛细水压力产生，因此该阶段收缩变形量较小。如图 5-16 典型收缩曲线所示，具有强结构性的红黏土，干燥收缩时存在与结构收缩阶段类似的初始收缩阶段，可能是由于红黏土经重塑后仍保留着部分结构性，该阶段红黏土干燥收缩速率较慢，收缩变形量较小。

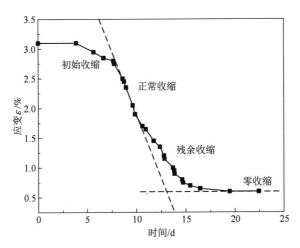

图 5-16　典型收缩曲线

　　如图 5-14 和图 5-15 所示，在 4.2 MPa 和 38 MPa 吸力控制下，红黏土初始收缩阶段耗时随 $Cr(VI)$ 离子浓度的升高而急剧缩短，该阶段红黏土干燥收缩变形量随 $Cr(VI)$ 离子浓度的升高而显著降低。正常收缩阶段，红黏土干燥收缩速率达到峰值，收缩变形量最大，且干燥收缩速率随 $Cr(VI)$ 离子浓度的升高而显著增长，导致红黏土试样达到吸力平衡的时间随 $Cr(VI)$ 离子浓度的升高而缩短。残余收缩阶段，红黏土干燥收缩速率逐渐降低，与初始收缩阶段类似，残余收缩阶段耗时随 $Cr(VI)$ 离子浓度的升高而急剧缩短，该阶段红黏土干燥收缩变形量随 $Cr(VI)$ 离子浓度的升高而显著降低。零收缩阶段，土体吸力达到平衡，红黏土干燥收缩变形量达到最大值并维持稳定。此时，红黏土试样达到一个较为致密的状态。

　　如图 5-13 所示，在 2 MPa 吸力控制下，红黏土试样的干燥收缩曲线与

4.2 MPa 和 38 MPa 吸力控制下曲线形态有所不同。其中，0.01 mol/L Cr(Ⅵ)溶液饱和红黏土的干燥收缩曲线较符合图 5-16 所示典型收缩曲线，但此吸力下，蒸馏水饱和红黏土以及 0.1 mol/L Cr(Ⅵ)溶液饱和红黏土表现出一段耗时较长的初始收缩阶段，该阶段试样收缩速率十分缓慢，吸力控制 45 d 后试样开始急剧收缩，进入正常收缩阶段。2 MPa 吸力控制所使用的盐溶液蒸汽具有较高的相对湿度，干燥初期试样失水速率十分缓慢，因此，试样长期处于低吸力状态。随着试样失水量不断提高，吸力增大，土样孔隙中水分减少，孔隙连通性增强，盐溶液蒸汽直接通过孔隙或土体失水干燥引起的微裂缝发生气体渗透现象。此时，气体在土样内部发生循环流通使得水分急剧散失，进而收缩速率显著增长。

3. 不同重金属浓度下压实红黏土的压缩特征

经历不同浓度 Cr(Ⅵ)溶液饱和的压实红黏土试样，分级加卸载引起的试样压缩/回弹变形如图 5-17 所示。

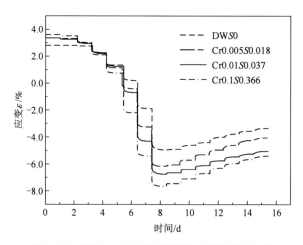

图 5-17　饱和 Cr(Ⅵ)污染红黏土压缩变形曲线

不同浓度 Cr(Ⅵ)溶液饱和的压实红黏土试样参数如表 5-4 所示，$e$-lg $p$ 压缩曲线如图 5-18 所示。

表 5-4　饱和 Cr(Ⅵ)污染红黏土的压缩特性参数

| 试样编号 | Cr(Ⅵ)离子浓度/(mol · L⁻¹) | $C_c$ | $C_s$ | $p_0$/kPa |
|---|---|---|---|---|
| DWS0 | 0 | 0.2284 | 0.0112 | 498 |
| Cr0.005S0.018 | 0.005 | 0.2172 | 0.0121 | 334 |
| Cr0.01S0.037 | 0.01 | 0.2030 | 0.0121 | 255 |
| Cr0.1S0.366 | 0.1 | 0.1770 | 0.0166 | 162 |

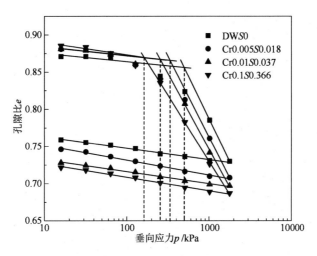

**图 5-18　饱和 Cr( Ⅵ) 污染红黏土压缩曲线**

1)2 MPa 吸力控制的压缩试验

经历不同浓度 Cr( Ⅵ) 溶液饱和的压实红黏土试样, 在 2 MPa 吸力控制条件下, 分级加卸载引起的试样压缩/回弹变形如图 5-19 所示。不同浓度 Cr( Ⅵ) 溶液饱和的压实红黏土试样, 在 2 MPa 吸力控制条件下的 $e$-lg $p$ 压缩曲线如图 5-20 所示。根据图 5-20 中 $e$-lg $p$ 压缩曲线确定的 2 MPa 吸力下 Cr( Ⅵ) 污染红黏土压缩指数($C_c$)、回弹指数($C_s$)、屈服应力($p_0$)如表 5-5 所示。

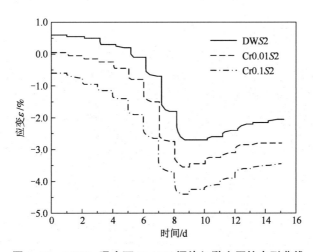

**图 5-19　2 MPa 吸力下 Cr( Ⅵ) 污染红黏土压缩变形曲线**

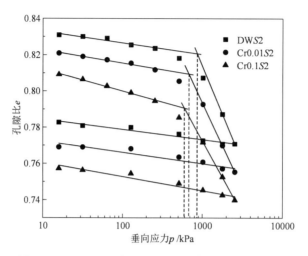

图 5-20　2 MPa 吸力下 Cr( Ⅵ)污染红黏土压缩曲线

表 5-5　2 MPa 吸力下 Cr( Ⅵ)污染红黏土压缩特性参数

| 试样编号 | Cr( Ⅵ)离子浓度/( mol · L$^{-1}$) | $C_c$ | $C_s$ | $p_0$/kPa |
|---|---|---|---|---|
| DWS2 | 0 | 0.1058 | 0.0064 | 861 |
| Cr0.01S2 | 0.01 | 0.0938 | 0.0073 | 675 |
| Cr0.1S2 | 0.1 | 0.0799 | 0.0121 | 593 |

2)4.2 MPa 吸力控制的压缩试验

经历不同浓度 Cr( Ⅵ)溶液饱和的压实红黏土试样，在 4.2 MPa 吸力控制条件下，分级加卸载引起的试样压缩/回弹变形如图 5-21 所示。不同浓度 Cr( Ⅵ)溶液饱和的压实红黏土试样，在 4.2 MPa 吸力控制条件下的 $e$-lg $p$ 压缩曲线如图 5-22 所示。根据图 5-22 中 $e$-lg $p$ 压缩曲线确定的 4.2 MPa 吸力下 Cr( Ⅵ)污染红黏土压缩指数( $C_c$)、回弹指数( $C_s$)、屈服应力( $p_0$)如表 5-6 所示。

表 5-6　4.2 MPa 吸力下 Cr( Ⅵ)污染红黏土压缩特性参数

| 试样编号 | Cr( Ⅵ)离子浓度/( mol · L$^{-1}$) | $C_c$ | $C_s$ | $p_0$/kPa |
|---|---|---|---|---|
| DWS4.2 | 0 | 0.0880 | 0.0060 | 1004 |
| Cr0.01S4.2 | 0.01 | 0.0845 | 0.0070 | 921 |
| Cr0.1S4.2 | 0.1 | 0.0675 | 0.0085 | 853 |

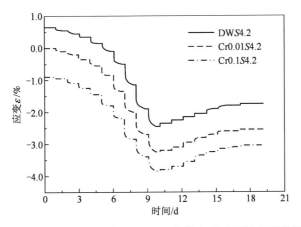

**图 5-21　4.2 MPa 吸力下 Cr(Ⅵ) 污染红黏土压缩变形曲线**

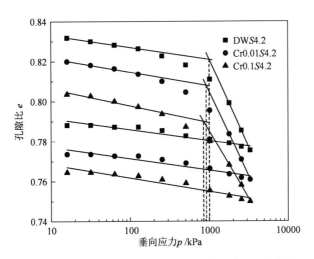

**图 5-22　4.2 MPa 吸力下 Cr(Ⅵ) 污染红黏土压缩曲线**

3) 38 MPa 吸力控制的压缩试验

经历不同浓度 Cr(Ⅵ) 溶液饱和的压实红黏土试样, 在 38 MPa 吸力控制条件下, 分级加卸载引起的试样压缩/回弹变形如图 5-23 所示。不同浓度 Cr(Ⅵ) 溶液饱和的压实红黏土试样, 在 38 MPa 吸力控制条件下的 $e$-lg $p$ 压缩曲线如图 5-24 所示。按照式(5-6)所示拟合方法对 $e$-lg $p$ 压缩曲线进行拟合处理。根据图 5-24 中 $e$-lg $p$ 压缩曲线确定的 38 MPa 吸力下 Cr(Ⅵ) 污染红黏土压缩指数 ($C_c$)、回弹指数 ($C_s$)、屈服应力 ($p_0$) 如表 5-7 所示。

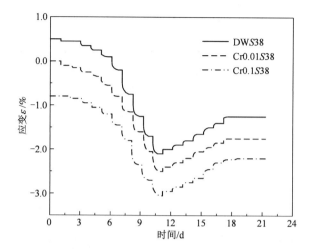

图 5-23    38 MPa 吸力下 Cr( Ⅵ)污染红黏土压缩变形曲线

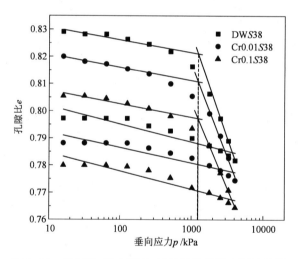

图 5-24    38 MPa 吸力下 Cr( Ⅵ)污染红黏土压缩曲线

表 5-7    38 MPa 吸力下 Cr( Ⅵ)污染红黏土压缩特性参数

| 试样编号 | Cr( Ⅵ)离子浓度/( mol · L⁻¹) | $C_c$ | $C_s$ | $p_0$/kPa |
|---|---|---|---|---|
| DW$S$38 | 0 | 0.0756 | 0.00466 | 1237 |
| Cr0. 01$S$38 | 0.01 | 0.0678 | 0.00484 | 1236 |
| Cr0. 1$S$38 | 0.1 | 0.0626 | 0.00492 | 1230 |

4) 污染浓度对 Cr(Ⅵ)污染红黏土压缩特性的影响

(1)污染浓度对 Cr(Ⅵ)污染红黏土压缩指数的影响

Cr(Ⅵ)污染红黏土压缩指数 $C_c$ 随 Cr(Ⅵ)离子浓度的变化规律如图 5-25 所示。由图 5-25 可知，Cr(Ⅵ)污染红黏土压缩指数随着 Cr(Ⅵ)离子浓度的升高而减小。当垂向应力达到试样的屈服应力后，土体发生塑性变形。试样所受有效应力增大，红黏土"边-面"絮凝结构被破坏。与此同时，高浓度 Cr(Ⅵ)溶液的入渗，使得红黏土颗粒双电层厚度降低，土颗粒间排斥力减小，导致土体发生化学渗透固结。Cr(Ⅵ)离子浓度越高，化学渗透固结作用使得试样密实度越高，这也是红黏土压缩指数随着 Cr(Ⅵ)离子浓度增加而降低的原因。如图 5-25 所示，Cr(Ⅵ)离子浓度达到 0.01 mol/L 之后，红黏土压缩指数降低幅度明显减小。这说明在重金属污染溶液浓度较低时，随着污染溶液浓度增加，土的化学渗透固结作用显著增强；而化学渗透固结作用是有限的，当重金属污染溶液浓度达到某一特定值后，随着污染溶液浓度再度增加，土的化学渗透固结作用增强趋势减弱。这一规律与贺勇(2017)、张峰(2017)发现的 NaCl 饱和膨润土压缩特性的结果一致。此外，由于饱和 Cr(Ⅵ)污染红黏土控制吸力后，产生较大的干燥收缩变形，孔隙比大幅度减小，增加了土体骨架强度，非饱和样压缩指数较饱和样显著降低。

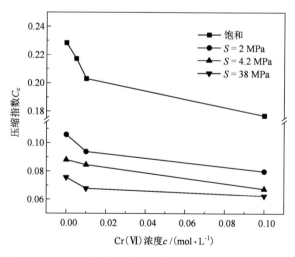

**图 5-25　Cr(Ⅵ)污染红黏土压缩指数随溶液浓度变化曲线**

Alonso 等(1990)考虑到土体刚度不会随土体吸力的增大而无限增大，在其提出的 BBM 模型中，采用渐近线方程式(5-8)对塑性压缩系数 $\lambda$ 与土体吸力 $S$ 的关系进行拟合。

$$\lambda(S) = \lambda(0)\left[(1-r)e^{-\beta S} + r\right] \tag{5-8}$$

式中：$S$ 为土体吸力，MPa；$\lambda(S)$ 为土体吸力为 $S$ 时试样的塑性压缩系数；$\lambda(0)$ 为土样饱和时的塑性压缩系数；$\beta$、$r$ 为拟合参数。

本研究中，同样认为压缩指数不会随重金属污染浓度的增大而无限增大，且当重金属污染浓度趋于 0 时，土样压缩指数应该无限趋近于蒸馏水入渗下饱和/非饱和土样的压缩指数。本研究中尝试使用渐近线方程[式(5-9)]对各吸力下 Cr(Ⅵ)污染红黏土压缩指数与 Cr(Ⅵ)离子浓度关系进行拟合(图5-26)。

$$C_c(c) = \alpha\left[(1-r)e^{-\beta c} + r\right] \tag{5-9}$$

式中：$c$ 为 Cr(Ⅵ)离子浓度，mol/L；$C_c(c)$ 为 Cr(Ⅵ)离子浓度为 $c$ 时土样压缩指数；$\alpha$、$\beta$、$r$ 为拟合参数。

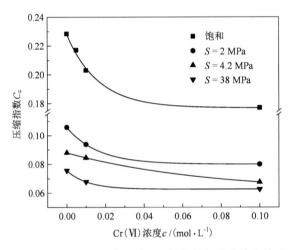

**图5-26  Cr(Ⅵ)污染红黏土压缩指数与溶液浓度关系**

如图5-26所示，采用渐近线方程的拟合效果良好。Cr(Ⅵ)污染红黏土压缩指数与 Cr(Ⅵ)离子浓度关系的拟合参数如表5-8所示。

**表5-8  Cr(Ⅵ)污染红黏土压缩指数与溶液浓度关系拟合参数**

| 土体吸力 $s$/MPa | $\alpha$ | $\beta$ | $r$ |
| --- | --- | --- | --- |
| 饱和 | 0.2284 | 61.498 | 0.774 |
| 2 | 0.1058 | 62.061 | 0.755 |
| 4.2 | 0.088 | 13.543 | 0.686 |
| 38 | 0.0756 | 91.613 | 0.828 |

通过拟合发现，$\alpha$ 控制曲线在横坐标为 0 时函数值的大小，因此参数 $\alpha$ 具有特定的物理意义，$\alpha$ 值代表 Cr(Ⅵ)离子浓度为 0 时土样的压缩指数值 $C_c(0)$。同时，参数 $\beta$、$r$ 随土体吸力增长而呈增长趋势，4.2 MPa 吸力下 $\beta$、$r$ 离散性较高，可能是试验误差导致。因此，式(5-10)可记为：

$$C_c(c) = C_c(0)\left[(1-r)e^{-\beta c} + r\right] \tag{5-10}$$

（2）污染浓度对 Cr(Ⅵ)污染红黏土回弹指数的影响

Cr(Ⅵ)污染红黏土回弹指数 $C_s$ 随 Cr(Ⅵ)离子浓度的变化规律如图 5-27 所示。由图 5-27 可知，Cr(Ⅵ)污染红黏土回弹指数随着 Cr(Ⅵ)离子浓度的升高而增大。随着 Cr(Ⅵ)离子浓度的升高，产生的化学渗透固结作用越强，土体会发生一定程度的化学硬化(朱春明，2014；贺勇，2017)。然而，受到 Cr(Ⅵ)污染的红黏土会产生"边-面"(EF)絮凝结构，且 Cr(Ⅵ)浓度越高，"边-面"(EF)絮凝结构越显著。当试样所受外界荷载增大，红黏土"边-面"(EF)絮凝结构逐渐向"面-面"结构转化(图 5-28)(Wang 等，2006)。

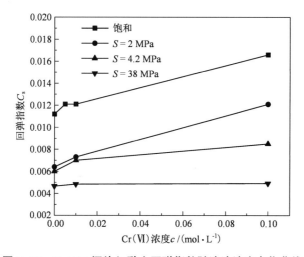

**图 5-27　Cr(Ⅵ)污染红黏土回弹指数随溶液浓度变化曲线**

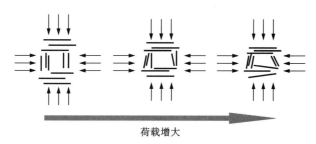

**图 5-28　荷载增大时土颗粒结构变化(修自 Wang 和 Siu，2006)**

"边-面"（EF）絮凝结构越显著的试样在相同荷载下变形空间越大，因此弹性变形阶段 Cr(Ⅵ)离子浓度更高的试样表现出更大的回弹指数。随着 Cr(Ⅵ)离子浓度增加，吸力小的红黏土回弹指数增加幅度较大。当土体吸力达到 38 MPa 后，各污染浓度下红黏土回弹指数几乎相等，说明吸力较大时，土体水化程度较低，孔隙比较小，土质较硬，Cr(Ⅵ)离子浓度对红黏土回弹指数的影响降低。

对 Cr(Ⅵ)污染红黏土回弹指数与溶液浓度 $c$ 采用 1 次函数[式(5-11)]进行拟合，发现 Cr(Ⅵ)污染红黏土回弹指数与溶液浓度之间存在较好的线性关系（图 5-29）。

$$C_s(c) = kc + b \tag{5-11}$$

式中：$c$ 为 Cr(Ⅵ)离子浓度，mol/L；$C_s(c)$ 为 Cr(Ⅵ)离子浓度为 $c$ 时土样回弹指数；$k$ 为直线斜率；$b$ 为直线在纵轴上的截距，等于 Cr(Ⅵ)离子浓度为 0 时土样回弹指数。

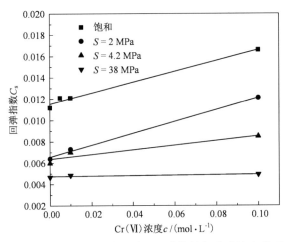

图 5-29　Cr(Ⅵ)污染红黏土回弹指数与溶液浓度关系

Cr(Ⅵ)污染红黏土压缩指数与 Cr(Ⅵ)离子浓度关系的拟合参数如表 5-9 所示，随着土体吸力增大，直线斜率与直线在纵轴上的截距均显著减小。

表 5-9　Cr(Ⅵ)污染红黏土回弹指数与溶液浓度关系拟合参数

| 土体吸力 $s$/MPa | $k$ | $b$ |
|---|---|---|
| 饱和 | 0.0508 | 0.0115 |
| 2 | 0.0555 | 0.0066 |
| 4.2 | 0.0217 | 0.0064 |
| 38 | 0.0019 | 0.0047 |

（3）污染浓度对 Cr(Ⅵ)污染红黏土屈服应力的影响

Cr(Ⅵ)污染红黏土屈服应力($p_0$)随溶液浓度变化曲线如图 5-30 所示。由图 5-30 可知，随着 Cr(Ⅵ)离子浓度的增加，Cr(Ⅵ)污染红黏土的屈服应力不断减小。

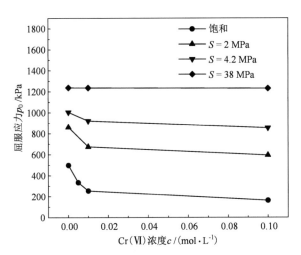

**图 5-30　Cr(Ⅵ)污染红黏土屈服应力随溶液浓度变化曲线**

试样饱和时，Cr(Ⅵ)污染红黏土孔隙比随 Cr(Ⅵ)离子浓度的升高而增大，试样松散度提高，因此屈服应力减小。控制吸力后，由于 Cr(Ⅵ)溶液带来的渗透固结作用，试样孔隙比随 Cr(Ⅵ)离子浓度的升高而减小；然而，Cr(Ⅵ)离子浓度升高带来了更大的渗透吸力，在总吸力控制的状态下，土样基质吸力更小，饱和度更高，使得土样屈服应力减小（Tarantino，2009）。随着 Cr(Ⅵ)离子浓度的增加，Cr(Ⅵ)污染红黏土的屈服应力不断减小，说明红黏土在 Cr(Ⅵ)溶液作用下化学软化现象明显。

如图 5-31 所示，当 Cr(Ⅵ)离子浓度较小时，屈服应力随 Cr(Ⅵ)离子浓度升高显著减小，Cr(Ⅵ)离子浓度达到 0.01 mol/L 之后，屈服应力减小幅度降低，说明 Cr(Ⅵ)离子浓度对土样屈服应力的影响有限。与压缩指数类似，采用渐近线方程对各吸力下 Cr(Ⅵ)污染红黏土屈服应力与 Cr(Ⅵ)离子浓度关系进行拟合（图 5-31），得到以下关系[式(5-12)]。

$$p_0(c) = p_0(0)\left[(1 - r)e^{-\beta c} + r\right] \tag{5-12}$$

式中：$c$ 为 Cr(Ⅵ)离子浓度，mol/L；$p_0(c)$ 为 Cr(Ⅵ)离子浓度为 $c$ 时土样屈服应力，kPa；$\beta$、$r$ 为拟合参数。

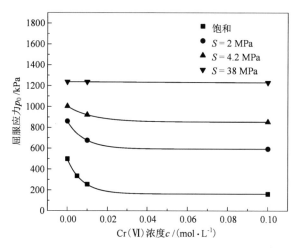

**图 5-31　Cr(Ⅵ)污染红黏土屈服应力与溶液浓度关系**

　　Cr(Ⅵ)污染红黏土屈服应力与溶液浓度关系拟合参数如表 5-10 所示，$p_0(0)$ 代表 Cr(Ⅵ)离子浓度为 0 时土样屈服应力，随土体吸力的增大而显著增大。此外，各 Cr(Ⅵ)离子浓度下，土样屈服应力均随土体吸力的增大而显著增大。参数 $r$ 随土体吸力的增大而增大，$\beta$ 随土体吸力的增大而显著减小。

**表 5-10　Cr(Ⅵ)污染红黏土屈服应力与溶液浓度关系拟合参数**

| 土体吸力 $s$/MPa | $p_0(0)$ | $\beta$ | $r$ |
|---|---|---|---|
| 饱和 | 498 | 131.307 | 0.326 |
| 2 | 861 | 118.272 | 0.689 |
| 4.2 | 1004 | 79.692 | 0.850 |
| 38 | 1237 | 8.597 | 0.990 |

　　4. 不同吸力控制下压实红黏土的压缩特征

　　1)土体吸力对 Cr(Ⅵ)污染红黏土孔隙比的影响

　　根据图 5-17~图 5-24 中的试验结果，可得相同浓度 Cr(Ⅵ)污染红黏土试样在不同吸力控制条件下的压缩试验结果(图 5-32)。

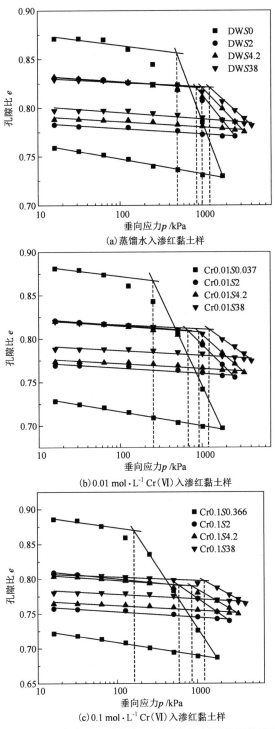

(a) 蒸馏水入渗红黏土样

(b) 0.01 mol·L$^{-1}$ Cr(Ⅵ)入渗红黏土样

(c) 0.1 mol·L$^{-1}$ Cr(Ⅵ)入渗红黏土样

**图 5-32　相同污染浓度红黏土在不同吸力控制下的压缩试验结果**

2）土体吸力对 Cr( Ⅵ) 污染红黏土压缩特性的影响

（1）吸力对 Cr( Ⅵ) 污染红黏土压缩指数的影响

Cr( Ⅵ) 污染红黏土压缩指数 $C_c$ 随土体吸力变化曲线如图 5-33 所示。由图 5-33 可知，相同污染浓度下，Cr( Ⅵ) 污染红黏土的压缩指数随土体吸力的增大而不断减小。文献研究表明，膨胀性黏土在吸力变化过程中会产生较大的胀缩变形（Tang 等，2008；Nowamoozh 等，2009；Tang 等，2010）。红黏土含有高岭石、蒙脱石、伊利石矿物，具有一定的胀缩性。土体吸力增大时，土体发生干燥收缩现象，孔隙比降低，密实度增加，从而土体刚度增大。此外，吸力增大，土体水化程度降低，土颗粒之间摩擦力增大，同样导致土体刚度增大。因此，相同浓度下 Cr( Ⅵ) 污染红黏土的压缩指数随土体吸力的增大而不断减小。

如图 5-33 所示，土体从饱和至 4.2 MPa 吸力区间，土体压缩指数随土体吸力的增大而迅速降低，说明吸力较小时吸力变化对土体刚度影响较大。而吸力增大到某一较大值后，土体已经处于刚度较大的状态，此时吸力变化对土体压缩性的影响降低。

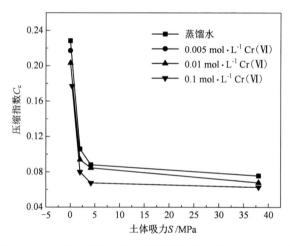

**图 5-33　Cr( Ⅵ) 污染红黏土压缩指数随土体吸力变化曲线**

Tang 等发现在 $\lambda\text{-}\lg(S)$ 平面内膨润土的塑性压缩系数 $\lambda$（即本书中压缩指数 $C_c$）与土体吸力之间存在较好的线性关系，采用指数函数式（5-13）对其进行了拟合。本研究尝试使用该指数函数对压缩指数 $C_c$ 与土体吸力 $S$ 进行拟合，如图 5-34 所示。

$$S = a \times e^{-b \times \lambda(S)} \tag{5-13}$$

式中：$\lambda(S)$ 为土体吸力为 $S$ 时土样塑性压缩系数；$a$、$b$ 为拟合参数。

通过该指数函数拟合时，发现拟合效果较好。然而，采用该式计算获得的压

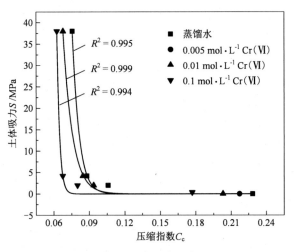

**图 5-34　Cr(Ⅵ)污染红黏土压缩指数与土体吸力指数函数拟合**

缩指数随土体吸力的增大而无限减小，说明土体刚度随土体吸力的增大而无限增大，这与实际情况相违背。为了避免此问题，尝试使用 Alonso 等（1990）提出的 BBM 模型中用于拟合塑性压缩系数 $\lambda$（即本书中压缩指数 $C_c$）与土体吸力 $S$ 关系的渐近线方程[式(5-8)]进行拟合，如图 5-35 所示。

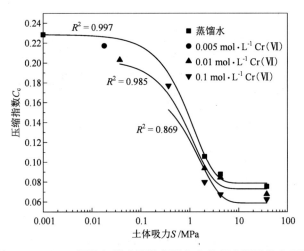

**图 5-35　Cr(Ⅵ)污染红黏土压缩指数与土体吸力渐近线方程拟合**

使用渐近线方程[式(5-8)]拟合时发现，式中 $\lambda(0)$ 表示土体吸力为 0 时饱和土的塑性压缩系数。而 Alonso 等（1990）采用的是无重金属污染的纯黏土，当试样饱和时,土体吸力为0。本研究采用Cr(Ⅵ)溶液污染红黏土,当试样饱和时,土体存在渗透吸力π。因此,采用式(5-8)对蒸馏水饱和红黏土压缩指数拟合效果较好,而随着Cr(Ⅵ)离子浓度升高,渗透吸力π增大,数据拟合相关系数不断减小,拟合效果下降。

经过数据对比,发现本研究中Cr(Ⅵ)污染红黏土压缩指数$C_c$与土体吸力$S$能较好地符合指数函数关系[式(5-14)]。采用式(5-14)对Cr(Ⅵ)污染红黏土压缩指数$C_c$与土体吸力$S$进行拟合,如图5-36所示。

$$C_c(S) = a + b \times e^{-kS} \tag{5-14}$$

式中:$S$为土体吸力,MPa;$C_c(S)$为土体吸力$S$下的Cr(Ⅵ)污染红黏土压缩指数;$a$、$b$、$k$为拟合参数,如表5-11所示。

采用式(5-14)对Cr(Ⅵ)污染红黏土压缩指数$C_c$与土体吸力$S$进行拟合,有效避免了土体刚度随吸力增大而无限增大的问题。当土体吸力趋近于无穷大时,$C_c(s \to \infty)$无限趋近于$a$值。因此参数$a$具有特定的物理意义,$a$值等于土体在无水条件下Cr(Ⅵ)污染红黏土压缩指数。如表5-11所示,$a$值随Cr(Ⅵ)离子浓度的增加而减小,这与5.2.3节所示结果相符。

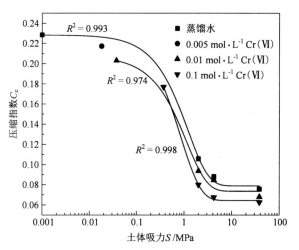

**图5-36 Cr(Ⅵ)污染红黏土压缩指数与土体吸力指数关系**

**表5-11 Cr(Ⅵ)污染红黏土压缩指数与土体吸力关系拟合参数**

| Cr(Ⅵ)离子浓度$c$/(mol · L$^{-1}$) | $a$ | $b$ | $k$ |
|---|---|---|---|
| 0 | 0.0788 | 0.1496 | 0.8276 |
| 0.01 | 0.0735 | 0.1336 | 0.8867 |
| 0.1 | 0.0643 | 0.1746 | 1.1974 |

（2）吸力对 Cr(Ⅵ)污染红黏土回弹指数的影响

Cr(Ⅵ)污染红黏土回弹指数 $C_s$ 随土体吸力变化曲线如图 5-37 所示。由图 5-37 可知，相同污染浓度下，Cr(Ⅵ)污染红黏土的回弹指数随土体吸力的增大而不断减小。红黏土含有较高含量的高岭石、蒙脱石矿物，具有吸水膨胀、失水收缩的特点。吸力较小时，红黏土水化程度较高，导致土样发生应力软化，压缩变形能力更强；吸力升高导致红黏土失水收缩，土样发生应力硬化，表现为土样回弹指数随土体吸力的增大而减小。土体从饱和至 4.2 MPa 吸力区间，随着吸力的增长，各污染浓度下红黏土的回弹指数显著减小；吸力大于 4.2 MPa 后，随吸力增长，回弹指数减小幅度下降。这是因为当吸力处于较大值后，土体水化程度较低，孔隙比较小，土质较硬，吸力的后续增长对土体压缩变形能力的影响减弱。

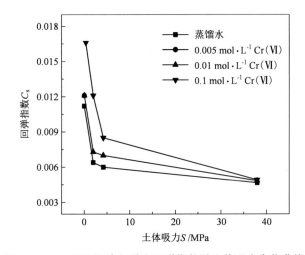

**图 5-37　Cr(Ⅵ)污染红黏土回弹指数随土体吸力变化曲线**

经过数据处理，发现本研究中 Cr(Ⅵ)污染红黏土回弹指数与土体吸力在 $C_s$-$\lg(S)$ 平面内，具有良好的线性关系，如图 5-38（a）所示。采用指数函数［式（5-15）］对 Cr(Ⅵ)污染红黏土回弹指数 $C_s$ 与土体吸力 $S$ 进行拟合，如图 5-38（b）所示，拟合效果良好。Cr(Ⅵ)污染红黏土回弹指数与土体吸力之间存在较好的指数函数关系。

$$S = a + b \times e^{-kC_s(S)} \tag{5-15}$$

式中：$S$ 为土体吸力，MPa；$C_s(S)$ 为土体吸力为 $S$ 下的 Cr(Ⅵ)污染红黏土回弹指数；$a$、$b$、$k$ 为拟合参数，如表 5-12 所示。

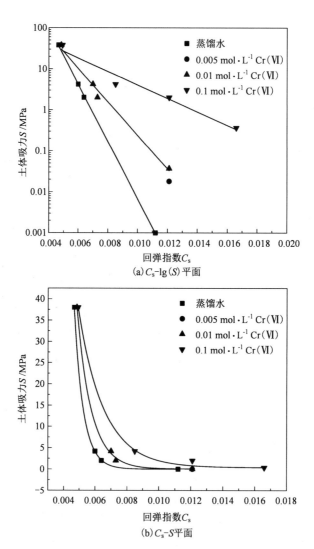

(a) $C_s$–lg($S$)平面

(b) $C_s$–$S$平面

**图 5-38  Cr(Ⅵ)污染红黏土回弹指数与土体吸力关系**

**表 5-12  Cr(Ⅵ)污染红黏土回弹指数与土体吸力关系拟合参数**

| Cr(Ⅵ)离子浓度 $c$/(mol·L$^{-1}$) | $a$ | $b$ | $k$ |
|---|---|---|---|
| 0 | 0 | 86276.7 | 1658.3 |
| 0.01 | 0.037 | 7329.5 | 1087.4 |
| 0.1 | 0.366 | 793.8 | 619.8 |

如表 5-12 所示，参数 $a$ 表示被溶液饱和时的土体吸力：Cr(Ⅵ)离子浓度为 0 时，$a$ 值等于 0；Cr(Ⅵ)离子浓度不为 0 时，$a$ 值等于该浓度下孔隙溶液渗透吸力 $\pi$。参数 $b$、$k$ 控制 Cr(Ⅵ)污染红黏土回弹指数随土体吸力变化的速率：如图 5-37 与图 5-38(b)所示，当土体吸力增长，Cr(Ⅵ)污染红黏土回弹指数减小速率随 Cr(Ⅵ)离子浓度 $c$ 的增大而增大，相应地，参数 $b$、$k$ 的值随 Cr(Ⅵ)离子浓度 $c$ 的增大而显著减小。

(3)吸力对 Cr(Ⅵ)污染红黏土屈服应力的影响

Cr(Ⅵ)污染红黏土屈服应力 $p_0$ 随土体吸力变化曲线如图 5-39 所示。由图 5-39 可知，相同污染浓度下，Cr(Ⅵ)污染红黏土的屈服应力随土体吸力的增大而不断增大。贺勇(2017)在研究胀缩性较强的膨润土时发现，随着土体吸力增大，土样孔隙比逐渐减小，以致土样屈服应力随土体吸力的增大而增大。对于具有一定胀缩性的红黏土而言，土体吸力增大同样导致孔隙比减小。同时，土体吸力增大时，红黏土水化程度降低，土颗粒之间摩擦力增大，也会导致屈服应力增大。图 5-39 表明，土体从饱和至吸力达到 4.2 MPa 吸力区间，屈服应力随土体吸力增大增速明显，吸力达到 4.2 MPa 之后，屈服应力增速减缓。类似于吸力对 Cr(Ⅵ)污染红黏土压缩指数、回弹指数的影响，吸力增大到某一较大值后，土体已经处于刚度较大的状态，此时吸力的增长对土体压缩性的影响降低。

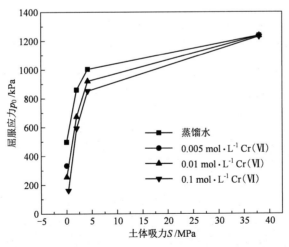

**图 5-39　Cr(Ⅵ)污染红黏土屈服应力随土体吸力变化曲线**

图 5-39 显示土样孔隙比在土体吸力达到 2 MPa 之后变化不大，认为此时孔隙比对屈服应力的影响较小。但图 5-39 显示吸力从 2 MPa 至 38 MPa 之间，土样屈服应力增长值依然较大。此时，红黏土水化程度对屈服应力产生更大影响。土

样孔隙比在土体吸力达到 2 MPa 之后变化较小, 说明此时含水率已处于较低状态, 吸力继续增加, 含水率变化不大, 而土样屈服应力变化较大说明吸力大到一定程度时含水率的轻微变化可能导致土样发生较大程度的应力软化。

采用指数函数[式(5-16)]对 Cr(Ⅵ)污染红黏土屈服应力 $p_0$ 与土体吸力 $S$ 进行拟合, 拟合效果如图 5-40 所示, Cr(Ⅵ)污染红黏土屈服应力 $p_0$ 与土体吸力 $S$ 能较好地符合指数函数关系。

$$p_0(S) = a + b \times e^{-kS} \tag{5-16}$$

式中: $S$ 为土体吸力, MPa; $p_0(S)$ 为土体吸力为 $S$ 下的 Cr(Ⅵ)污染红黏土屈服应力, kPa; $a$、$b$、$k$ 为拟合参数, 如表 5-13 所示。

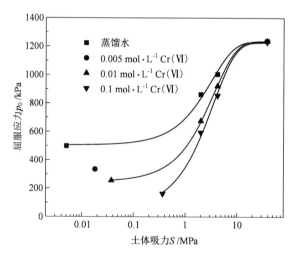

**图 5-40　Cr(Ⅵ)污染红黏土屈服应力与土体吸力关系**

**表 5-13　Cr(Ⅵ)污染红黏土压缩指数与土体吸力关系拟合参数**

| Cr(Ⅵ)离子浓度 $c/(\mathrm{mol \cdot L^{-1}})$ | $a$ | $b$ | $k$ |
|---|---|---|---|
| 0 | 1231.5 | −727.1 | 0.30 |
| 0.01 | 1234.8 | −987.7 | 0.28 |
| 0.1 | 1225.7 | −1170.6 | 0.29 |

与压缩指数相同, 采用式(5-16)对 Cr(Ⅵ)污染红黏土屈服应力 $p_0$ 与土体吸力 $S$ 进行拟合, 有效避免了土体刚度随吸力增大而无限增大的问题。当土体吸力趋近于无穷大时, $p_0(S \rightarrow \infty)$ 无限趋近于 $a$ 值。$a$ 值等于土体在无水条件下 Cr(Ⅵ)污染红黏土屈服应力大小。如图 5-40 所示, 随着 Cr(Ⅵ)离子浓度增加,

$a$ 值相对稳定，说明当土体处于绝对干燥状态下，重金属污染浓度对土样屈服应力影响较小，这与前文所示结果相符。参数 $b$、$k$ 控制 Cr(Ⅵ)污染红黏土屈服应力随土体吸力变化的速率：如图 5-40 所示，当土体吸力增长，Cr(Ⅵ)污染红黏土屈服应力增长速率随 Cr(Ⅵ)离子浓度 $c$ 的增大而增大，相应地，参数 $b$ 的绝对值随 Cr(Ⅵ)离子浓度 $c$ 的增大而增大，$k$ 值变化不大。说明 Cr(Ⅵ)污染红黏土屈服应力随土体吸力变化的速率主要由参数 $b$ 控制，$k$ 值可设置为常数。

5. 不同重金属浓度下压实红黏土的孔隙特征

1)Cr(Ⅵ)溶液对压实红黏土孔径分布的影响

压实红黏土、蒸馏水饱和红黏土与 0.1 mol/L Cr(Ⅵ)溶液饱和红黏土的 MIP 孔径分布曲线如图 5-41 所示。

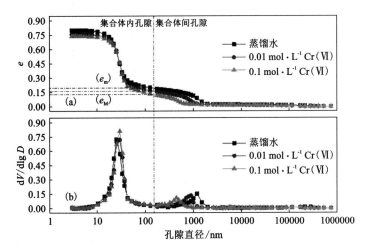

(a)中 $e_m$ 为小孔累计注入孔隙比；$e_M$ 为大孔累计注入孔隙比。

**图 5-41　Cr(Ⅵ)溶液对压实红黏土孔径分布的影响**

图 5-41 结果表明，红黏土具有明显的双孔结构。大小孔界限为 100~200 nm，这与 Lloret 等(2003)、Tang 和 Cui(2009)、Nowamooz 等(2016)所测膨润土、粉土/膨润土混合土的孔径分布结果类似。压实红黏土在侧限恒定垂直应力下经蒸馏水或 0.1 mol/L Cr(Ⅵ)溶液饱和后，小孔孔径几乎保持不变或略微增大，大孔孔径显著增大。与蒸馏水饱和红黏土相比，0.1 mol/L Cr(Ⅵ)溶液饱和红黏土的小孔、大孔孔径更大。

黏土微观结构主要包括单元晶层、层叠体和集合体。依据孔隙在土中的存在位置，可将其分为颗粒内层间孔隙(inter-layer pores)、集合体内孔隙(intra-aggregate pores)和集合体间孔隙(inter-aggregate pores)(Monroy 等，2010；Gao 等，2020)，如图 5-42 所示。通过 MIP 试验累积进汞量和试样相对密度($G_s$)，可计算获得试样的累积注入孔隙比[图 5-41(a)]。如图 5-41(a)所示,红黏土试样的累积注入孔隙比较实际值偏小,特别是 0.1 mol/L Cr(VI)溶液饱和红黏土,可归结于两个主要原因:①存在如晶层间距等尺寸过小而无法被汞侵入的孔隙;②存在汞无法侵入的封闭孔隙(Lu 等,2022)。

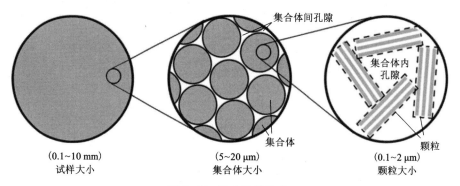

图 5-42　黏土孔隙结构

在蒸馏水水化作用下,红黏土颗粒表面形成水化膜,红黏土颗粒水化膨胀促使集合体内孔隙(小孔)和集合体间孔隙(大孔)增大,导致压实红黏土发生宏观膨胀变形(刘令云等,2016;Chen 等,2021)。0.1 mol/L Cr(VI)溶液饱和红黏土与蒸馏水饱和红黏土相比,溶液中的 $K^+$ 将引起土颗粒扩散双电层压缩,红黏土颗粒间孔隙变大,导致 0.1 mol/L Cr(VI)溶液饱和红黏土小孔孔径变大。由于红黏土主要矿物为高岭石,蒙脱石含量较少,$K^+$ 主要对蒙脱石颗粒扩散双电层产生影响,因此,红黏土小孔孔径变化幅度较小。此外,$K_2Cr_2O_7$ 溶液入渗致使红黏土"边-面"(EF)絮凝结构增强,导致小孔孔径变大。然而,小孔孔径变化幅度有限,大量小孔孔径变大累计作用必然导致颗粒集合体发生较大程度膨胀,致使集合体间孔隙(大孔)孔径增大。因此,0.1 mol/L Cr(VI)溶液饱和红黏土较蒸馏水饱和红黏土宏观上表现出更大的膨胀变形。

如图 5-41(a)所示,以 150 nm 为大小孔分界,可得到压实红黏土、蒸馏水饱和红黏土和 0.1 mol/L Cr(VI)溶液饱和红黏土的大/小孔累计注入孔隙比(表 5-14)。

表 5-14　饱和试样大/小孔累计注入孔隙比

| 累计注入孔隙比 | 压实红黏土 | 蒸馏水饱和红黏土 | 0.1 mol·L$^{-1}$ Cr(VI)溶液饱和红黏土 |
|---|---|---|---|
| $e_m$ | 0.646 | 0.595 | 0.589 |
| $e_M$ | 0.183 | 0.230 | 0.211 |
| $e$ | 0.829 | 0.825 | 0.800 |

注:$e_m$ 为小孔累计注入孔隙比;$e_M$ 为大孔累计注入孔隙比;$e$ 为总累计注入孔隙比。

　　表 5-14 结果表明，压实红黏土在蒸馏水入渗的水化作用下，大孔累计注入孔隙比显著增加，对应于蒸馏水入渗后压实红黏土的膨胀变形。此外，0.1 mol/L Cr(Ⅵ)溶液饱和红黏土与蒸馏水饱和红黏土相比，由于红黏土中次生矿物的形成，虽然大孔孔径变大，但部分大孔被次生矿物填充，大孔累计注入孔隙比更小。因此，0.1 mol/L Cr(Ⅵ)溶液饱和红黏土具有更低的渗透系数。

　　2)非饱和 Cr(Ⅵ)污染红黏土的压汞试验结果分析

　　恒定应力条件下，对经不同浓度 Cr(Ⅵ)溶液饱和的红黏土试样，采用气相法控制吸力开展干燥收缩试验。待吸力控制达到稳定状态后，取部分试样开展压汞(MIP)试验，获取不同浓度 Cr(Ⅵ)溶液饱和红黏土试样经吸力控制后的孔径分布曲线。相同吸力(38 MPa)下不同浓度 Cr(Ⅵ)污染红黏土孔径分布曲线如图 5-43 所示。

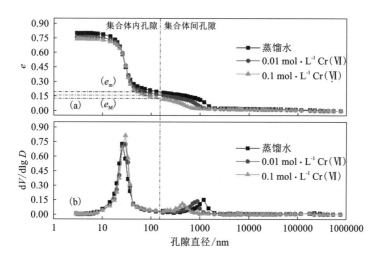

**图 5-43　38 MPa 吸力下不同浓度 Cr(Ⅵ)污染红黏土孔径分布**

　　如图 5-43(a)所示，38 MPa 吸力下非饱和红黏土试样的累计注入孔隙比随 Cr(Ⅵ)离子浓度的升高而降低。然而，将图 5-43(a)与图 5-41 中数据进行对比，发现各红黏土试样由累计进汞量计算获得的累计注入孔隙比均较实际测量值偏小。除前文提及的红黏土试样中存在如晶层间距等尺寸过小而无法被汞侵入的孔隙以及存在汞无法侵入的封闭孔隙外，还可能是由于红黏土试样在吸力控制时发生了横向收缩，而通过试样轴向变形量计算孔隙比时未考虑试样的横向收缩变形量，因而通过 MIP 试验获取的试样孔隙比较计算值偏小。

　　由图 5-43(b)可知，蒸馏水饱和红黏土经 38 MPa 吸力干燥收缩后，土样仍然保持较为明显的双孔结构。随着 Cr(Ⅵ)离子浓度的升高，红黏土"双孔结构"

逐渐退化,大孔孔径逐渐减小,小孔孔径略微增大但变化幅度极小。如图 5-43
(a)所示,以 150 nm 为大小孔分界,可得 38 MPa 吸力下不同污染浓度试样大/小
孔累计注入孔隙比,如表 5-15 所示。

**表 5-15　38 MPa 吸力下不同污染浓度试样大/小孔累计注入孔隙比**

| 累计注入孔隙比 | Cr(Ⅵ)离子浓度/(mol·L⁻¹) | | |
| --- | --- | --- | --- |
| | 0 | 0.01 | 0.1 |
| $e_{\mathrm{m}}$ | 0.610 | 0.600 | 0.614 |
| $e_{\mathrm{M}}$ | 0.194 | 0.161 | 0.127 |
| $e$ | 0.804 | 0.761 | 0.741 |

表 5-15 结果表明,随着 Cr(Ⅵ)离子浓度的升高,大孔累计注入孔隙比显著
减小,小孔累计注入孔隙比相对稳定。因此,Cr(Ⅵ)离子浓度主要对红黏土的大
孔产生影响,随着 Cr(Ⅵ)离子浓度的升高,土样大孔孔径及大孔累计注入孔隙比
均减小,当 Cr(Ⅵ)离子浓度大到某一程度,可能导致大孔消亡。该现象可以从渗
透固结与土颗粒结构方面进行解释:一方面,Cr(Ⅵ)离子浓度高的土样化学渗透
固结作用更加明显,使得大孔隙减少;另一方面,Cr(Ⅵ)离子浓度高的土样,
孔隙溶液 pH 更低,土的"边-面"(EF)絮凝结构更强,土的有效孔隙比降低。

蒸馏水饱和红黏土及 0.1 mol/L Cr(Ⅵ)溶液饱和红黏土在不同吸力下的孔径
分布曲线如图 5-44、图 5-45 所示。

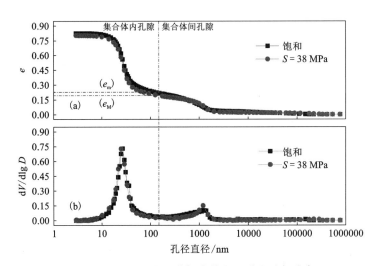

**图 5-44　不同吸力下蒸馏水饱和红黏土孔径分布**

如图 5-44(b)所示，蒸馏水饱和红黏土达到 38 MPa 吸力后，大孔孔径有所减小，小孔孔径几乎不变。图 5-44(b)显示，经过非饱和处理后，红黏土大孔累计注入孔隙比减小，这与红黏土的干燥收缩行为相符。同理，图 5-45(b)显示经过非饱和处理后，0.1 mol/L Cr(Ⅵ)污染红黏土大孔孔径显著减小，且大孔累计注入孔隙比显著减小，小孔孔径几乎不变。

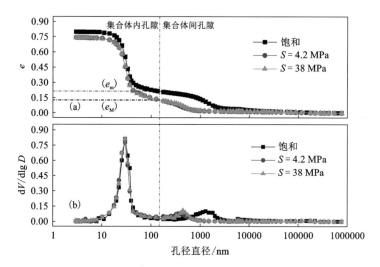

图 5-45　不同吸力下 0.1 mol/L Cr(Ⅵ)污染红黏土孔径分布

对比图 5-44、图 5-45 可知，红黏土受 Cr(Ⅵ)污染后，干燥收缩后大孔孔径及大孔累计注入孔隙比减小程度更加明显，这证实了图 5-37~图 5-39 所示的红黏土受 Cr(Ⅵ)污染后干燥收缩量更大。但是，0.1 mol/L Cr(Ⅵ)污染红黏土在 4.2 MPa 和 38 MPa 吸力下，孔径分布曲线几乎重合，大孔最可几孔径与大孔累计注入孔隙比基本相等。这意味着在 4.2 MPa 和 38 MPa 吸力下，0.1 mol/L Cr(Ⅵ)污染红黏土的干燥收缩量和孔隙比几乎一致，说明 0.1 mol/L Cr(Ⅵ)污染红黏土的吸力达到 4.2 MPa 后，随着土体吸力的继续增大，残余收缩量很小。

表 5-16 给出了非饱和试样在各吸力下的大/小孔累计注入孔隙比。蒸馏水饱和红黏土与 0.1 mol/L Cr(Ⅵ)污染红黏土由饱和到非饱和状态时，大孔孔隙比及总孔隙比减小，小孔孔隙比增大。这是由于水化程度降低，土颗粒及颗粒集合体收缩，而施加的恒定垂向应力较小，土样受到的有效应力使得集合体间孔隙减小，却不足以将集合体内孔隙压密，导致大孔减小、小孔增大。0.1 mol/L Cr(Ⅵ)污染红黏土吸力由 4.2 MPa 增大到 38 MPa 时，大孔孔隙比及总孔隙比略有减小，小孔孔隙比基本不变。

表 5-16　不同吸力非饱和试样大/小孔累计注入孔隙比

| 控制吸力/MPa | 累计注入孔隙比 | Cr(Ⅵ)离子浓度/(mol·L⁻¹) | |
| --- | --- | --- | --- |
| | | 0 | 0.1 |
| 饱和 | $e_m$ | 0.595 | 0.589 |
| | $e_M$ | 0.230 | 0.211 |
| | $e$ | 0.825 | 0.800 |
| $S=4.2$ MPa | $e_m$ | — | 0.613 |
| | $e_M$ | — | 0.130 |
| | $e$ | — | 0.743 |
| $S=38$ MPa | $e_m$ | 0.610 | 0.614 |
| | $e_M$ | 0.194 | 0.127 |
| | $e$ | 0.804 | 0.741 |

6. 不同重金属浓度下压实红黏土的孔隙形态特征

1) Cr(Ⅵ)溶液对压实红黏土孔径形态的影响

为探究蒸馏水水化、Cr(Ⅵ)溶液饱和对压实红黏土微观孔隙结构的影响，利用扫描电子显微镜分别获取压实红黏土样、蒸馏水饱和红黏土样、0.1 mol/L Cr(Ⅵ)饱和红黏土样的表面微观形貌。参考 MIP 试验得出的大小孔，确定电子显微镜成像范围，最终分别采取 20000 倍、50000 倍、100000 倍进行图像采集，结果如图 5-46~图 5-48 所示。

 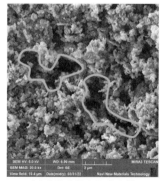 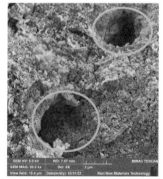

(a)压实红黏土样　　　　(b)蒸馏水饱和红黏土样　　(c)0.1 mol·L⁻¹ Cr(Ⅵ)饱和红黏土样

图 5-46　Cr(Ⅵ)污染红黏土电镜扫描图像(20000 倍)

如图 5-46 所示，20000 倍主要用于观察 MIP 孔径分布曲线中大孔对应的孔隙。由图 5-46 可知，红黏土大孔受蒸馏水水化作用及 Cr(Ⅵ)溶液饱和影响较大。图 5-46(a)所示为压实红黏土样，由于土样为粒径 0.2 mm 以下细颗粒压制而成，质地较为均一，黏土颗粒集合体黏结紧密，均匀分布些许小尺度孔隙。图 5-46(b)所示为蒸馏水饱和红黏土样，压实红黏土样经蒸馏水入渗饱和后，红黏土颗粒集合体黏结性减弱，较为松散，产生较大尺度孔隙。这与 MIP 试验结果相同，压实红黏土经蒸馏水入渗饱和后大孔孔径增大，宏观上表现出膨胀变形。此外，图 5-46(b)所示，蒸馏水饱和红黏土样孔隙连通性较强。图 5-46(c)所示为 0.1 mol/L Cr(Ⅵ)饱和红黏土样，相对于蒸馏水饱和红黏土样，0.1 mol/L Cr(Ⅵ)饱和红黏土样具有更大的大孔孔径，但颗粒集合体黏结性增强，红黏土颗粒较为聚拢，大孔连通性减弱。0.1 mol/L Cr(Ⅵ)饱和红黏土样大孔孔径变大与 MIP 试验结果相符，宏观上表现出更大的膨胀变形。而红黏土颗粒集合体较为聚拢，大孔连通性减弱，极大程度上减少了自由水流动路径，有效孔隙比降低，这也是 0.1 mol/L Cr(Ⅵ)溶液入渗下红黏土渗透系数较蒸馏水更低的原因。

(a) 压实红黏土样　　　　　(b) 蒸馏水饱和红黏土样　　　　(c) 0.1 mol·L⁻¹ Cr(Ⅵ)饱和红黏土样

**图 5-47　Cr(Ⅵ)污染红黏土电镜扫描图像(50000 倍)**

如图 5-47 所示，50000 倍主要用于观察 MIP 孔径分布曲线中小孔对应的孔隙。由图 5-47 可知，压实红黏土样经蒸馏水入渗饱和后，小孔孔径略微增大，可能是因为土颗粒水化程度提高后，体积增大导致颗粒之间发生挤压作用，导致颗粒之间距离增大。0.1 mol/L Cr(Ⅵ)饱和红黏土样与蒸馏水饱和红黏土样相比，小孔孔径略微减小，这与 MIP 试验结果不一致，可能是图像采集区域较小，不能代表整体孔隙变化情况。其次，二维显微图像也不能严格代表三维孔隙结构。总体而言，红黏土小孔大小受蒸馏水水化作用及 Cr(Ⅵ)溶液饱和影响较小。

为探究 Cr(Ⅵ)溶液对红黏土颗粒结构的影响，继续将放大倍数至 100000 倍以观察研究 Cr(Ⅵ)溶液作用下土颗粒排列方式的变化。如图5-48所示，红黏土主要为片状结构体系，土颗粒大致呈六边形形态。蒸馏水饱和红黏土样颗粒间主要为面-面接触，土颗粒排列较有序，取向性相对明显。而0.1 mol/L Cr(Ⅵ)饱和红黏土样颗粒间表现出一定程度的边-面接触，土颗粒取向性较差。这证实了0.1 mol/L Cr(Ⅵ)溶液入渗下红黏土将产生"边-面"(EF)絮凝结构，导致宏观膨胀量更大。

(a) 蒸馏水饱和红黏土样　　　(b) 0.1 mol · L⁻¹ Cr(Ⅵ)饱和红黏土样

**图5-48　Cr(Ⅵ)污染红黏土电镜扫描图像(100000倍)**

对0.1 mol/L Cr(Ⅵ)饱和红黏土样进行 EDS 能谱分析，结果如图5-49和表5-17所示。EDS 能谱分析结果表明，0.1 mol/L Cr(Ⅵ)饱和红黏土样中除高岭石、石英等主要矿物所含的 O、Si、Al 等元素之外，以 Cr、Fe 元素含量居多。

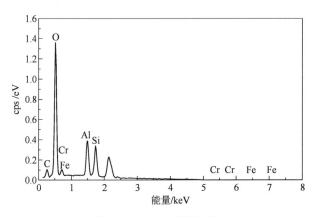

**图5-49　EDS 能谱分析**

表 5-17　试样相对元素含量

| 元素 | C | O | Al | Si | Cr | Fe | 总计 |
|---|---|---|---|---|---|---|---|
| 相对质量分数/% | 3.48 | 36.36 | 18.47 | 19.65 | 11.79 | 10.25 | 100.00 |
| Sigma/% | 0.35 | 2.03 | 1.09 | 1.18 | 4.71 | 1.12 | — |
| 相对原子分数/% | 6.65 | 52.16 | 15.71 | 16.06 | 5.20 | 4.22 | 100.00 |

2)非饱和 Cr(Ⅵ)污染红黏土的 SEM 试验结果分析

各吸力下不同浓度 Cr(Ⅵ)污染红黏土试样电镜扫描图像分别如图 5-50、图 5-51 所示。前文已给出饱和情况下 Cr(Ⅵ)溶液与蒸馏水入渗下红黏土微观孔隙结构的差异,与蒸馏水相比,Cr(Ⅵ)溶液入渗下饱和红黏土大孔孔径更大,小孔差异较小。而图 5-35 显示,在经过吸力控制后,非饱和 Cr(Ⅵ)污染红黏土随 Cr(Ⅵ)离子浓度变化其孔隙结构演化规律与饱和情况差异明显。如图 5-50 所示,当控制吸力至 4.2 MPa、38 MPa 时,对比分析不同浓度下 Cr(Ⅵ)污染红黏土微观孔隙结构特征,发现试样大孔均表现出随 Cr(Ⅵ)离子浓度升高而减小的趋势,这与饱和情况下相反。饱和情况下试样大孔随 Cr(Ⅵ)离子浓度升高而增大,说明饱和状态下 Cr(Ⅵ)离子浓度升高能有效促使试样孔隙比增大。而控制吸力至 4.2 MPa、38 MPa 时,试样大孔随 Cr(Ⅵ)离子浓度升高而减小,则说明非饱和状态下高浓度 Cr(Ⅵ)溶液导致化学渗透固结作用加强,促使试样干燥收缩变形量增大、孔隙比减小,与图 5-50 所示试验结果相符。

相同 Cr(Ⅵ)离子浓度下,非饱和试样孔隙结构与饱和状态下差异较大。如图 5-50 所示,蒸馏水饱和红黏土在经过 4.2 MPa 与 38 MPa 的吸力控制后,大孔孔径略有减小,红黏土颗粒集合体明显聚拢,孔隙连通性显著降低。而 0.1 mol/L Cr(Ⅵ)溶液饱和红黏土在经过 4.2 MPa 与 38 MPa 的吸力控制后,大孔孔径显著减小,孔隙比减小,试样达到较为密实的状态。在 4.2 MPa 与 38 MPa 吸力下,各污染浓度试样大孔孔径较饱和试样均减小。然而,通过对不同污染浓度试样进行对比,发现 Cr(Ⅵ)离子浓度越大,控制吸力后大孔孔径减小程度越大,说明红黏土受 Cr(Ⅵ)污染后孔隙结构对吸力变化更为敏感,即图 5-14 与图 5-15 中 Cr(Ⅵ)离子浓度越大试样收缩速率与收缩变形量越大的原因。此外,相同 Cr(Ⅵ)离子浓度红黏土试样在 4.2 MPa 与 38 MPa 吸力下的孔隙结构差异较小,说明吸力达到 4.2 MPa 后,Cr(Ⅵ)污染红黏土孔隙结构已趋于稳定,吸力增大对孔隙结构影响较小。

如图 5-51 所示,压实红黏土在不同 Cr(Ⅵ)离子浓度、不同吸力下小孔孔径及分布特征差异较小,说明 Cr(Ⅵ)离子浓度及土体吸力对小孔影响较小,这与 MIP 试验结果一致。

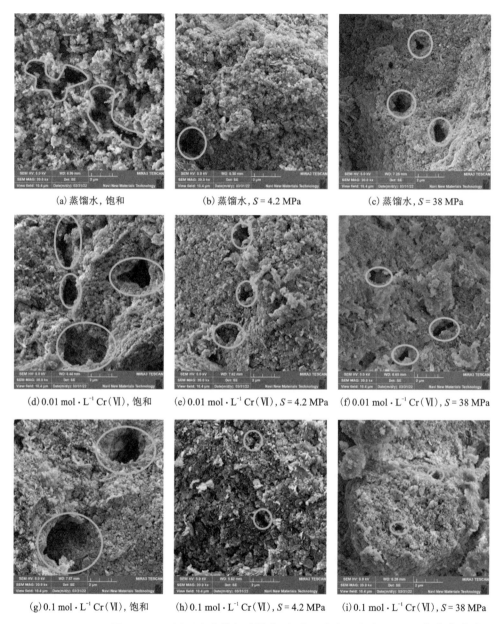

(a) 蒸馏水，饱和　　　　(b) 蒸馏水，$S = 4.2$ MPa　　　　(c) 蒸馏水，$S = 38$ MPa

(d) 0.01 mol · L$^{-1}$ Cr(Ⅵ)，饱和　(e) 0.01 mol · L$^{-1}$ Cr(Ⅵ)，$S = 4.2$ MPa　(f) 0.01 mol · L$^{-1}$ Cr(Ⅵ)，$S = 38$ MPa

(g) 0.1 mol · L$^{-1}$ Cr(Ⅵ)，饱和　(h) 0.1 mol · L$^{-1}$ Cr(Ⅵ)，$S = 4.2$ MPa　(i) 0.1 mol · L$^{-1}$ Cr(Ⅵ)，$S = 38$ MPa

图 5-50　不同吸力非饱和试样大/小孔累计注入孔隙比

扫一扫，看彩图

(a) 蒸馏水，饱和　　(b) 蒸馏水，$S = 4.2$ MPa　　(c) 蒸馏水，$S = 38$ MPa

(d) 0.01 mol·L$^{-1}$ Cr(Ⅵ)，饱和　　(e) 0.01 mol·L$^{-1}$ Cr(Ⅵ)，$S = 4.2$ MPa　　(f) 0.01 mol·L$^{-1}$ Cr(Ⅵ)，$S = 38$ MPa

(g) 0.1 mol·L$^{-1}$ Cr(Ⅵ)，饱和　　(h) 0.1 mol·L$^{-1}$ Cr(Ⅵ)，$S = 4.2$ MPa　　(i) 0.1 mol·L$^{-1}$ Cr(Ⅵ)，$S = 38$ MPa

图 5-51　各吸力 Cr(Ⅵ) 污染红黏土电镜扫描图像 (50000 倍)

### 5.2.4 非饱和重金属污染土的化-水-力耦合体变模型

非饱和重金属污染土的变形特征受荷载变化、吸力变化和重金属离子浓度变化等共同作用，如何构建可统一描述化-水-力耦合影响的非饱和土本构模型是非常有意义的。本节在传统非饱和土本构模型（BBM 模型）基础上，通过提出考虑重金属离子浓度和吸力共同影响的体变系数函数，建立化-水-力体系下非饱和土的空间屈服面方程，实现对荷载变化、吸力变化和重金属离子浓度变化下非饱和土体变特性的统一表征。

根据 Alonso 等（1990）提出的非饱和土本构模型，在 $S$-$p$ 空间下的屈服面方程为：

$$p_0 = p_{\mathrm{ref}} \left( \frac{p_0^*}{p_{\mathrm{ref}}} \right)^{\frac{[\lambda(0) - \kappa]}{[\lambda(S) - \kappa]}} \tag{5-17}$$

$$\lambda(S) = \lambda(0) \left[ r + (1 - r) e^{-\beta S} \right] \tag{5-18}$$

式中：$p_0^*$ 为饱和状态下土体的先期固结压力；$p_{\mathrm{ref}}$ 为参考压力；$\lambda(0)$ 为饱和状态下土体在 $e$-$\lg p$ 平面中压缩曲线的斜率；$\lambda(S)$ 和 $\kappa$ 分别为 $e$-$\lg p$ 平面下压缩曲线的弹性段斜率和塑性段斜率；$r$ 和 $\beta$ 为模型参数。

在现有模型基础上，引入化学软化效应函数 $f_{\mathrm{S}}(c)$ 来表征重金属离子浓度对非饱和土变形特性的影响，建立体变系数函数 $\lambda(S, c)$，见式（5-19）~式（5-21）。

$$\lambda(S, c) = f_{\mathrm{S}}(c) g_{\mathrm{h}}(S) \lambda(0) \tag{5-19}$$

$$f_{\mathrm{S}}(c) = \alpha e^{-\mu c} \tag{5-20}$$

$$g_{\mathrm{h}}(S) = r + (1 - r) e^{-\beta S} \tag{5-21}$$

式中：$\alpha$ 和 $\mu$ 为模型参数；函数 $g_{\mathrm{h}}(S)$ 表征吸力变化对体变系数的影响。

此外，为了构建化-水-力体系下非饱和土的三维屈服面方程，将传统 $S$-$p$ 平面坐标系扩展至 $S$-$p$-$c$ 空间坐标系，其中，$c$ 为化学溶液离子浓度（图 5-52）。本书提出的空间屈服面方程可表示为

$$p_0 = p_{\mathrm{ref}} \left[ \frac{p_0^*(c)}{p_{\mathrm{ref}}} \right]^{\frac{[\lambda(0) - \kappa]}{[\lambda(S, c) - \kappa]}} \tag{5-22}$$

$$p_0^*(c) = (\chi - \eta \times \xi^c) p_0^* \tag{5-23}$$

式中：$p_0^*(c)$ 为不同离子浓度下饱和土体的先期固结压力；$\chi$、$\eta$ 和 $\xi$ 均为模型参数。

根据 5.2.3 节的试验结果，结合式（5-19）~式（5-21），可拟合获取体变系数函数参数（表 5-18），计算结果如图 5-53 所示。结果表明，所提出的体变系数函数可较好地描述不同重金属溶液浓度、不同吸力下非饱和红黏土体变系数 $\lambda$ 的变化规律。

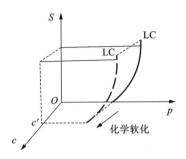

LC—加载坍塌屈服面。

**图 5-52　$S$-$p$-$c$ 坐标系下非饱和土屈服面示意图**

**表 5-18　模型参数**

| 参数 | $\lambda(0)$ | $\alpha$ | $\mu$ | $r$ | $\beta$ | $p_{\text{ref}}$ | $\kappa$ | $\chi$ | $\eta$ | $\xi$ |
|------|------|------|------|------|------|------|------|------|------|------|
| 取值 | 0.099 | 0.964 | 2.226 | 0.353 | 0.879 | 213 | 0.005 | 6.711 | 5.994 | 1.184 |

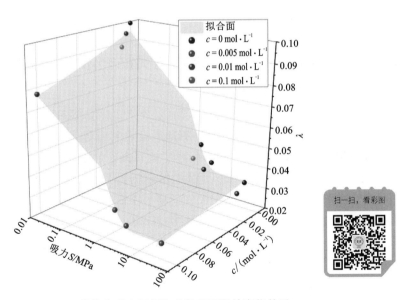

**图 5-53　非饱和重金属污染土体变系数的变化关系**

在此基础上,本书确定了非饱和重金属污染土的空间屈服面(图 5-54)。通过对比试验结果与模型计算结果可发现,该模型得到的屈服面能较好地表征重金属离子浓度增加引起的化学软化现象和吸力增加引起的硬化现象。

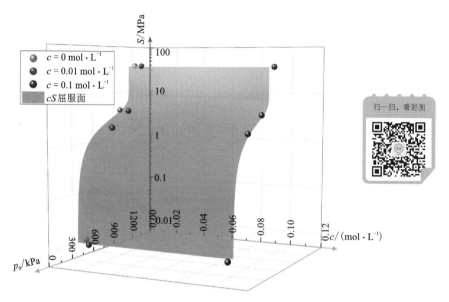

**图 5-54　化–水–力体系下非饱和重金属污染土的空间屈服面**

## 5.3　干湿循环作用下非饱和压实黏土体变与开裂特征

土体除了会遭受人类活动所导致的复杂化学环境作用的影响外，还会经历自然条件下降水、蒸发等环境作用的影响，导致其常处于干湿循环的动态演化过程。长期的干湿循环作用对土体性能影响显著，如导致持水特性弱化、开裂变形、力学强度折减等劣化现象；尤其在填埋场封场、核废料处置库等重要的工程中，作为天然屏障的黏土围岩在大气交换、核辐射热、水位升降等多方面作用下会发生干湿循环，导致土体产生结构劣化，降低黏土围岩屏障的阻滞性能，威胁工程的安全运营。

许多学者对于黏土的干湿循环作用开展了研究。叶为民等（2017）通过控制温度和侧限约束条件，结合压汞测试研究了高压实膨润土微观结构在干湿循环作用下的变化规律，结果表明温度越高，干湿循环作用对土体微观结构的影响越大。周崎等（2020）基于不同干湿循环阶段裂土的固结不排水三轴剪切试验，利用线性拟合确定应变硬化损伤模型参数，探讨干湿循环次数对黏土损伤的影响，建立了干湿循环作用下裂土应变硬化损伤模型。以往研究表明，干湿循环作用对黏土的土体结构、土水特征等具有显著的影响，尤其对工程屏障材料中的黏土体变特征与开裂特性需要重点关注。

作为结构复杂的天然多孔材料，土体的表观变形是内部微观孔隙结构变形累计演化的结果，肉眼无法观测到土体内部的微观特性，需要各种微观测试手段来分析孔隙结构的演化规律，如扫描电镜观测（SEM）、压汞法（MIP）、X 射线计算机断层扫描（CT）等。干湿循环作用下的压实黏土在不同的空间尺度上表现出不同的体变特征，有必要综合表观特征与微观特征研究干湿循环作用下土体孔隙结构的演化规律。

本书分别以红黏土-膨润土混合土和 Téguline 黏土为研究对象，通过开展压实土样的干湿循环试验，测试试验过程土样体变、竖向变形、饱和度、孔隙比等演化规律；并结合压汞测试（MIP）、扫描电镜观测（SEM）等微观测试手段，从微观角度研究土样在干湿循环过程中的体变特征与孔隙结构演化规律。该研究成果可为压实黏土材料的工程性质研究和评价提供理论依据。

## 5.3.1　试验材料

1. 红黏土-膨润土混合土

试验采用的红黏土和膨润土基本理化和力学性质见第 3 章。

2. Téguline 黏土

试验采用法国奥布省 Téguline 黏土，具体性质见第 4 章。

3. 试样制备

试样制备方法详见本书 3.2.1 节。在本节试验中压制两种规格的试样，分别为直径 50 mm、高度 50 mm、初始干密度为 1.40 g/cm³ 的圆柱形红黏土-膨润土混合土试样和直径 50 mm、高度 50 mm、初始干密度为 1.70 g/cm³ 的圆柱形 Téguline 黏土试样。

## 5.3.2　试验方法与方案

1. 试验装置

干湿循环试验装置见本书 4.1.2 中图 4-3 柔性壁试验装置，采用图 5-55 所示的扫描电镜仪分析土体微观结构。

采用如图 5-56 所示 AutoPore Ⅳ 9500 型全自动压汞仪（美国，Micromeritics）进行土体孔隙结构分析，该设备具有低压系统（3.6~200 kPa）和高压系统（0.2~228 MPa），低压由低压仓内的氮气提供，高压由高压仓内的高压油提供；这两个系统的压力限定了入口孔径范围为 0.006~350 μm。

2. 试验过程

1）干湿循环试验

干湿循环试验详细步骤见第 4 章。

图 5-55　TESCAN MIRA3 场发射扫描电镜仪(LMH)

(a) 液氮冷冻干燥　　　　　(b) 压泵试验

图 5-56　土样冷冻干燥与压汞试验

　　针对红黏土、掺 5% 膨润土和掺 10% 膨润土的混合土试样，采用自主研制的各向等压干湿循环仪，分别开展了蒸馏水、不同浓度盐溶液入渗下试样体变试验，研究了试样的竖向变形、体应变及孔隙比随干湿循环次数、不同溶液入渗下的变化规律。

　　按照上述试验步骤对试样进行干湿循环处理。选取掺 5% 和 10% 膨润土的混合土试样，分别用蒸馏水、0.1 mol/L 和 1.0 mol/L NaCl 溶液进行干湿循环，每次湿化饱和与脱水干燥后记录试样高度、直径，并拍照观察其表观变化，详细试验方案如表 5-19 所示。

表 5-19　混合土干湿循环试验方案

| 试验土样 | 轴向应力/kPa | 围压/kPa | 入渗溶液 | 吸力/MPa | 循环次数 |
|---|---|---|---|---|---|
| 纯红黏土 | 16 | 50 | 蒸馏水 | 110 | 1、2、3、4 |
| | | | 0.1 mol/L NaCl | | |
| | | | 1 mol/L NaCl | | |
| 95%红黏土+5%膨润土 | 16 | 50 | 蒸馏水 | 110 | 1、2、3、4 |
| | | | 0.1 mol/L NaCl | | |
| | | | 1 mol/L NaCl | | |
| 90%红黏土+10%膨润土 | 16 | 50 | 蒸馏水 | 110 | 1、2、3、4 |
| | | | 0.1 mol/L NaCl | | |
| | | | 1 mol/L NaCl | | |

Téguline 黏土土样压制完成后，在土样顶部和底部均放置直径为 50 mm 的滤纸和透水石，并用硬质塑料膜缠绕包裹土样，即可开始进行干湿循环试验。每个循环先进行吸水饱和，再取出土样自然失水干燥至恒重，以此反复，累计进行 5 次循环。采用去离子水从试样顶部渗入土样中约 15 天，即可达到饱和状态；饱和完成后去除塑料膜、透水石和滤纸，拍照记录试样变形特征并量取土样质量、尺寸，计算试样含水率、孔隙比等参数。试样干燥采用室内自然条件风干约 12 h，之后密封养护 12 h 使土中水分均匀，之后测量土样质量、尺寸，并计算相关参数。压实 Téguline 黏土试样制备与干湿循环试验流程如图 5-57 所示。

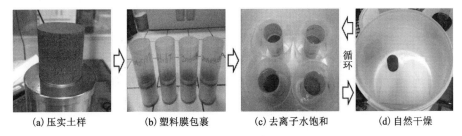

　(a) 压实土样　　　　(b) 塑料膜包裹　　　(c) 去离子水饱和　　　(d) 自然干燥

图 5-57　Téguline 黏土压实土样制备与干湿循环试验流程

2）压汞试验（MIP）

对于红黏土–膨润土混合土样的压汞试验，采用型号为 AutoPore Ⅳ 9500 的压汞仪进行，如图 5-56 所示。该设备由两个低压仓和一个高压仓组成，低压仓由氮气提供压力，高压仓由仓内的高压油提供，试验过程中可施加的最大压力为

220 MPa。其中，压汞试验具体试验流程按照以下步骤进行：

①首先，为保障仪器气压的恒定，将氮气瓶阀门打开并保持一段时间。随后，打开压汞仪的启动开关，将压汞仪连接至控制计算机中。

②将冷冻干燥好的混合土试样称重（精确到 0.01 g），随后将其小心放进膨胀计头部中，在膨胀计上均匀涂抹真空密封脂防止汞从膨胀计中溢出，封装完成后称重。将混合土试样质量、膨胀计质量输入控制压汞仪的计算机中。

③将含有混合土试样的膨胀计放入压汞仪的低压仓中，接着旋紧低压仓，启动压汞仪开始低压汞试验。低压试验大概维持 6~8 h，完成试验后取出低压仓中的膨胀计（含有汞和混合土试样），保存计算机中的低压数据；随后在压汞仪高压仓中加入高压油，将膨胀计（含有汞和混合土试样）放入高压油中，卡紧含有汞和混合土试样的膨胀计，开始高压试验。

④高压试验完成后取出含有汞和混合土试样的膨胀计，擦去其表面包裹着的高压油，将膨胀计中的汞和混合土试样小心倒至废汞回收桶中。最后，将控制计算机中低、高压仓中的压汞数据拷出分析，完成试验。

对于 Téguline 黏土试样的压汞试验，可分析土样干湿循环过程中土体孔隙特征的演化规律，该部分利用压汞法测试原状土样、压实土样、干湿循环后土样的孔隙特征。待一个干湿循环结束后，切取质量约为 1 g 的立方块土样，利用−196℃的液氮快速冷冻待测土样［图 5-56(a)］，使得土样中的水分快速转化为非结晶态冰，同时确保土样不因水分结冰而发生膨胀；然后利用冷冻干燥机在−63.5℃条件下对土样进行抽真空 24 h 使冰升华，从而去除土中的孔隙水并维持土体原有的孔隙结构。利用图 5-56(b)所示压汞仪向冷冻干燥的土样中压汞，压汞试验分为低压(0~200 kPa)和高压(0.2~228 MPa)。压汞过程中记录每一级压力下的进汞量，根据 Washburn 方程将压力换算为孔隙半径，可获取土样的孔隙分布曲线。

3）扫描电镜试验(SEM)

首先对试样进行处理，将进行 4 次干湿循环后的试样碾碎成粉末并干燥处理。随后，为使得试样具有良好的导电率并能够清晰成像，采用型号为 GVC-1200 的离子溅射仪对红黏土−膨润土混合土的粉末试样进行表面镀金处理。最后，将镀金处理后的混合土粉末试样置于型号为 TESCAN MIRA3 的场发射扫描电镜仪中的扫描腔室中（图 5-55)。

采用自制各向等压干湿循环仪器，将 4 次干湿循环后的试样取出进行压汞（MIP）和扫描电镜(SEM)试验。同样选取掺 5% 和 10% 膨润土的混合土，分别在蒸馏水、0.1 mol/L 和 1.0 mol/L NaCl 溶液饱和下进行 4 次干湿循环后对试样进行微观结构分析试验。

## 5.3.3　试验结果与分析

1.干湿循环下压实黏土体变特征

1)红黏土-膨润土混合土

(1)干湿循环作用下混合土竖向变形规律

在 16 kPa 轴向应力及 50 kPa 围压的作用下,饱和过程分别采用浓度为 0 mol/L、0.1 mol/L 和 1.0 mol/L 的 NaCl 溶液,干燥过程中总吸力控制为 110 MPa 时,50 mm×50 mm 的圆柱形试样干湿循环过程中竖向变形随时间变化曲线分别如图 5-58、图 5-59 和图 5-60 所示。

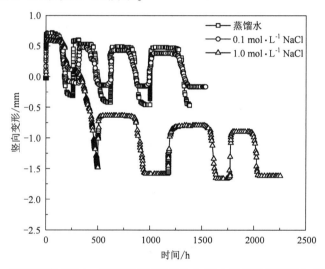

**图 5-58　干湿循环过程中、不同浓度溶液饱和红黏土的干湿循环竖向变形曲线图**

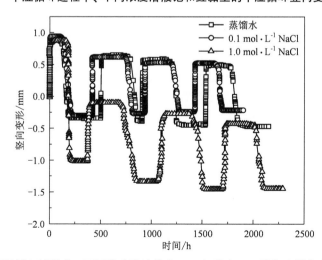

**图 5-59　干湿循环过程中、不同浓度溶液饱和 95%红黏土+5%膨润土的竖向变形曲线图**

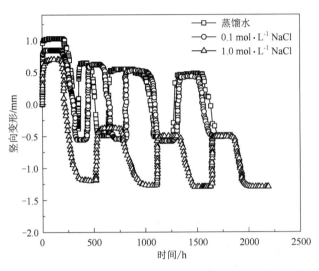

**图 5-60　干湿循环过程中、不同浓度溶液饱和 90%红黏土+10%膨润土的竖向变形曲线图**

　　图 5-58、图 5-59 和图 5-60 表明，不同浓度溶液饱和试样的膨胀变形量，均随着干湿循环次数的增加逐渐减小，减小的幅度在第 1 次循环后最为明显；第 1 次干湿循环过程中，试样产生的竖向膨胀变形量随着饱和 NaCl 溶液浓度的增大而减小。如图 5-58 所示，对于红黏土试样来说，干湿循环过程中 0.1 mol/L NaCl 溶液饱和试样的竖向膨胀/收缩变形规律与蒸馏水饱和试样类似，且 0.1 mol/L NaCl 溶液饱和试样表现出更低的膨胀/收缩性；当 NaCl 溶液浓度达 1.0 mol/L 时，红黏土试样在第 1 次干湿循环后产生较大的收缩变形，随后随干湿循环次数增加，试样膨胀/收缩变形逐渐稳定。然而，如图 5-59 和图 5-60 所示，随着膨润土掺量的增加，试样竖向膨胀变形量逐渐增大；相对于纯红黏土试样，掺 5%、10%膨润土的混合土试样同样在 1.0 mol/L NaCl 溶液下的第 1 次干湿循环后产生较大的竖向收缩变形，而随后的竖向收缩变形量均低于纯红黏土试样。由图 5-60 可知，当膨润土掺量达 10%时，在 1.0 mol/L NaCl 溶液作用下试样竖向膨胀/收缩变形具有良好的稳定性。

　　纯红黏土试样在较低浓度 NaCl 溶液环境下具有较好的稳定性，其膨胀/收缩竖向变形受干湿循环次数的影响较低。在高浓度 NaCl 溶液环境中，红黏土试样与掺 5%膨润土的混合土试样均产生较大的膨胀/收缩变形，这主要是由于高浓度 NaCl 溶液在红黏土中的渗透固结作用，进而产生了更多的塑性变形。然而，掺 10%膨润土试样在高浓度 NaCl 溶液环境中具有较好稳定性，在第 1 次干湿循环产生较大竖向收缩变形后趋于稳定，这主要由于试样在第 1 次干湿循环后产生不可逆的大体积变形，随后的干湿循环导致混合土试样产生周期性的膨胀/收缩变形，这也与掺 10%膨润土的混合土试样在高浓度 NaCl 溶液环境中具有较好的化学相容性有关。

（2）干湿循环作用下混合土体变特征

图 5-61(a)、图 5-61(b)分别为不同浓度盐溶液下红黏土试样干湿循环过程中体应变随时间、循环次数的变化图。由图 5-61(a)可知，试样随着干湿循环次数的增加，收缩应变逐渐增大，其体应变同样受 NaCl 溶液浓度的影响显著。4 次干湿循环后试样均呈收缩状态，采用蒸馏水和 0.1 mol/L NaCl 溶液处理试样最终

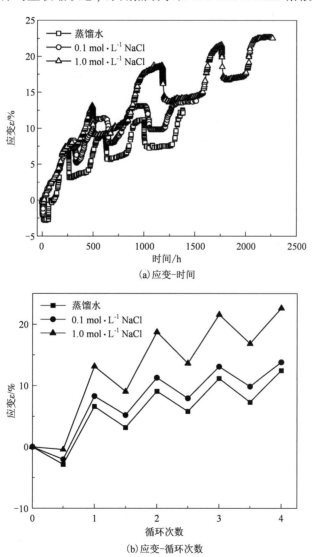

(a)应变–时间

(b)应变–循环次数

**图 5-61　干湿循环过程中、经不同浓度溶液饱和红黏土试样的应变曲线图**

体应变均低于 15%，而 1.0 mol/L NaCl 溶液处理试样最终体应变达 22.6%。如图 5-61(b) 所示，试样每次在湿化阶段时发生膨胀(应变为负)，在第 1 次湿化时膨胀应变表现为蒸馏水>0.1 mol/L NaCl 溶液>1.0 mol/L NaCl 溶液，而后随着干湿循环次数的增加采用 1.0 mol/L NaCl 溶液处理的试样表现出更大的膨胀应变，这与上节试样竖向变形结果类似。在干湿循环与化-水-力耦合作用下试样最终被压缩，这种效果类似于在试样上施加竖向荷载而造成的影响，且与 Rao 等 (2007) 和 Estabragh 等 (2013) 所得出的结论基本一致。

从表 5-20 中红黏土干湿循环各阶段的应变差值可知，试样在蒸馏水作用下的干湿循环应变差值逐渐减少，说明试样膨胀/收缩变形随着干湿循环次数的增加而逐渐稳定，即 3、4 次干湿循环后试样膨胀/收缩基本不再产生额外的应变。当干湿循环过程中入渗溶液为 NaCl 时，试样在每个干湿循环阶段后的应变差值同样逐渐减少；NaCl 溶液入渗试样应变差值比蒸馏水入渗试样大，这种趋势随着 NaCl 溶液浓度的增大而增大。从第 1 次湿化试样(循环次数为 0.5 时)可知，NaCl 溶液可限制红黏土试样膨胀趋势，且在干湿循环的作用下易导致试样发生较大体积的收缩。

表 5-20 红黏土试样干湿循环各阶段应变值

| 循环次数 | 蒸馏水 | | 0.1 mol/L NaCl | | 1.0 mol/L NaCl | |
|---|---|---|---|---|---|---|
| | 应变 | 差值 | 应变 | 差值 | 应变 | 差值 |
| 0.5[*] | −2.83% | 9.45 | −2.01% | 10.30 | −0.42% | 13.56 |
| 1 | 6.62% | | 8.29% | | 13.14% | |
| 1.5 | 3.14% | 5.94 | 5.20% | 6.09 | 9.02% | 9.71 |
| 2 | 9.08% | | 11.29% | | 18.73% | |
| 2.5 | 5.80% | 5.37 | 7.93% | 5.15 | 13.61% | 7.96 |
| 3 | 11.17% | | 13.08% | | 21.57% | |
| 3.5 | 7.30% | 5.14 | 9.85% | 3.95 | 16.85% | 5.75 |
| 4 | 12.44% | | 13.80% | | 22.60% | |

注：* 代表试样第 1 次湿化饱和。

红黏土主要由高岭土等矿物组成，其性能受高岭土矿物影响显著。Horpibulsuk(2011) 研究发现，高岭土颗粒表面带负电，土颗粒表面易吸附溶液中的阳离子，富集的阳离子使得高岭土类黏土颗粒排列方式改变。陈永贵等(2018)研究同样发现，高岭土颗粒间呈相互排斥的分散结构，孔隙溶液中阳离子会削弱这种排斥作用，使土颗粒的排列方式从分散式到有序的絮凝状。因此，红黏土试样在 NaCl 溶液与干湿循环共同作用下的收缩应变是其微观颗粒排列方式改变所造成。

　　干湿循环过程中，掺 5%膨润土混合土试样在不同浓度 NaCl 溶液作用下的体应变特征如图 5-62 所示。由 5-62(a)可知，掺 5%膨润土的混合土试样随着干湿循环次数的增加，同样表现为累积收缩状态；然而，试样干湿循环过程的应变路径随着入渗溶液的不同而不同，试样最终收缩应变随着 NaCl 溶液浓度的增大而增大。在循环过程中的干燥阶段，试样收缩应变随着入渗 NaCl 溶液浓度的增加

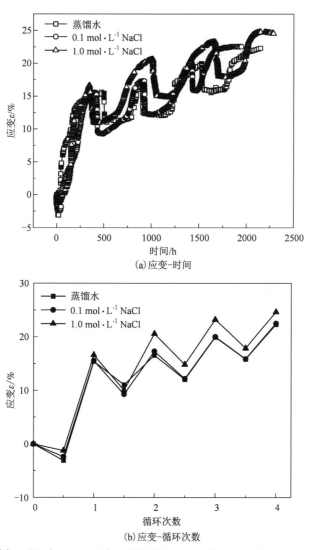

(a)应变-时间

(b)应变-循环次数

**图 5-62　干湿循环过程中、经不同浓度溶液饱和 95%红黏土+5%膨润土试样的应变曲线图**

而增大，这与纯红黏土试样结果一致。掺5%膨润土的混合土试样在第1次干湿循环后发生不可逆的大体积变形，以收缩为主，占总体积的15%~20%，这种不可逆的体应变可能是内部颗粒重新排序所致。由图5-62(b)应变-循环次数关系图可知，掺5%膨润土的混合土试样在干湿循环作用下应变呈明显周期性变化，低浓度NaCl溶液与蒸馏水入渗试样的应变规律基本一致，说明混合土试样相比于纯红黏土试样具有更好的化学稳定性。

表5-21给出了掺5%膨润土的混合试样在干湿循环各阶段的应变值，试样膨胀应变同样随着入渗盐溶液浓度的增大而减少；从表中各阶段的应变差值可知，试样经历第1次干湿循环后，其膨胀收缩应变差值达最大，在第2、3、4次循环后应变差值趋于稳定；掺5%膨润土的混合土试样比纯红黏土表现出更强的膨胀性，这主要是由于蒙脱石遇水具有高膨胀性。

表5-21 掺5%膨润土的混合试样干湿循环各阶段应变值

| 循环次数 | 蒸馏水 | | 0.1 mol/L NaCl | | 1.0 mol/L NaCl | |
|---|---|---|---|---|---|---|
| | 应变 | 差值 | 应变 | 差值 | 应变 | 差值 |
| 0.5 | −3.08% | 18.52 | −2.38% | 17.95 | −1.24% | 17.87 |
| 1 | 15.44% | | 15.57% | | 16.63% | |
| 1.5 | 11.05% | 5.53 | 9.27% | 8.04 | 10.03% | 10.55 |
| 2 | 16.58% | | 17.31% | | 20.58% | |
| 2.5 | 12.06% | 7.86 | 12.20% | 7.80 | 14.84% | 8.40 |
| 3 | 19.92% | | 20.00% | | 23.24% | |
| 3.5 | 15.84% | 6.45 | 15.88% | 6.65 | 17.88% | 6.78 |
| 4 | 22.29% | | 22.53% | | 24.66% | |

Tripathy等(2007)的研究表明，盐溶液浓度可以使得蒙脱石矿物中双电层(DDL)厚度减少，导致黏土的颗粒之间斥力降低进而膨胀率随之减少。然而，伴随着干湿循环的作用，NaCl溶液入渗膨润土试样的DDL比蒸馏水的更小，这就导致了在干燥过程中采用NaCl溶液饱和的掺膨润土试样具有更多可被压缩的孔隙体积，进而导致了随着NaCl溶液浓度增加，试样体积收缩量逐渐增大的结果。

同掺5%膨润土的混合土试样，掺10%膨润土的试样在不同浓度盐溶液入渗下干湿循环体变结果同样呈周期性变化，如图5-63所示。由图5-63(a)应变-时间关系图可知，NaCl溶液比蒸馏水入渗下的试样干湿循环周期更长，且随着NaCl溶液浓度的增大而增长。说明在试样湿化阶段，NaCl溶液中Na+离子在入渗过程中与带负电的高岭土矿物颗粒结合，由于高岭土颗粒分子间斥力减少，颗粒占据了部分贯通的大孔隙通道；然而，在试样干燥脱湿阶段，黏土层间吸附众多阳离子导致水分子富集，因此同样在 110 MPa 吸力环境下盐溶液入渗试样需要更长时间完成干燥。由图 5-63(b) 试样应变–循环次数关系图可知，第 1 次干湿循环结束后，试样同样表现出周期性膨胀收缩特性，且收缩趋势随着 NaCl 溶液浓度的增大而增大，这与纯红黏土、掺 5%膨润土的混合土试样结果一致。由表 5-22 同样可知，掺 10%膨润土的混合土试样在第 1 次干湿循环后干湿应变差值逐渐减少，2、3、4 次循环后逐渐稳定，应变差值均在 1%到 2%范围内减少。

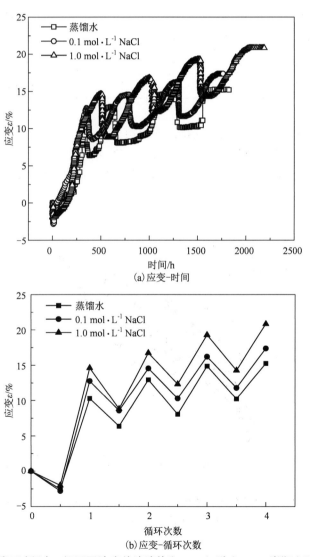

图 5-63　干湿循环过程中、经不同浓度盐溶液饱和 90%红黏土+10%膨润土试样的应变曲线

**表 5-22　掺 10%膨润土的混合土试样干湿循环各阶段应变值**

| 循环次数 | 蒸馏水 | | 0.1 mol/L NaCl | | 1.0 mol/L NaCl | |
|---|---|---|---|---|---|---|
| | 应变 | 差值 | 应变 | 差值 | 应变 | 差值 |
| 0.5 | −2.54% | 12.83 | −2.81% | 15.58 | −2.00% | 16.62 |
| 1 | 10.29% | | 12.77% | | 14.62% | |
| 1.5 | 6.36% | 6.59 | 8.56% | 6.00 | 8.81% | 7.92 |
| 2 | 12.95% | | 14.56% | | 16.73% | |
| 2.5 | 8.06% | 6.82 | 10.28% | 5.93 | 12.33% | 6.95 |
| 3 | 14.88% | | 16.21% | | 19.28% | |
| 3.5 | 10.23% | 5.02 | 11.80% | 5.57 | 14.27% | 6.57 |
| 4 | 15.25% | | 17.37% | | 20.84% | |

（3）膨润土掺量对混合土体变特征的影响

在竖向荷载和围压条件下，不同浓度（NaCl）溶液入渗时，实测压实试样（红黏土、掺 5%和掺 10%膨润土的混合土）应变与时间关系分别如图 5-64、图 5-65 和图 5-66 所示。

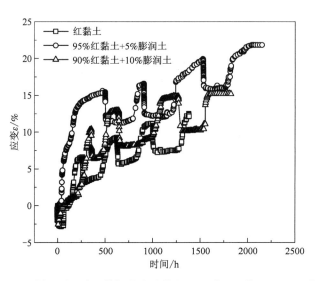

**图 5-64　干湿循环过程中、蒸馏水溶液饱和下红黏土和掺 5%、10%膨润土的混合土干湿循环体变对比图**

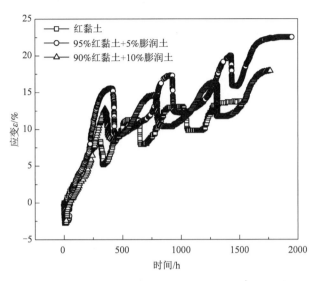

**图 5-65** 干湿循环过程中、0.1 mol/L NaCl 溶液饱和下红黏土和掺 5%、10%膨润土的混合土的干湿循环体变对比图

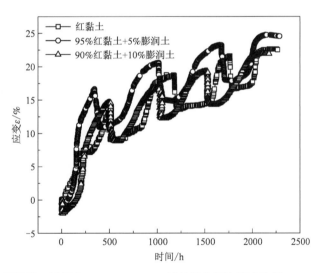

**图 5-66** 干湿循环过程中、1 mol/L NaCl 溶液饱和下红黏土和掺 5%、10%膨润土的混合土的干湿循环体变对比图

图 5-64 表明,在干湿循环条件下,掺 5%膨润土的混合土试样收缩体应变均大于纯红黏土与掺 10%膨润土试样;该结果在不同盐溶液浓度入渗下的结果一致,如图 5-65 和图 5-66 所示。由图 5-64 可知,试样均在第 1 次干湿循环后发

生不可逆的大体积收缩,掺膨润土的混合土试样在随后干湿循环中的膨胀/收缩逐渐稳定,而纯红黏土试样则有发生额外的收缩变形趋势。这是因为,红黏土中特有包膜和桥结构的存在,使得土颗粒之间具有一定稳定性,第 1 次循环对这种原始结构破坏最为明显,进而导致第 1 次循环后试样胀缩变形最大。随着干湿循环次数的增加,红黏土颗粒间包膜和桥结构作用减弱,颗粒间联结力产生不可恢复的削弱,使得红黏土的胀缩性能逐渐减弱(穆坤等,2016)。蒙脱石晶粒格架同样带负电,溶液中阳离子富集在蒙脱石晶粒格架周围,促使水分子进入晶层间,最终导致膨润土吸水后宏观表现为体积发生数倍膨胀。因此,在干燥阶段时,蒙脱石晶粒占据了大部分体积,导致高岭土颗粒排列定向性空间有限,最终宏观表现为掺膨润土试样比纯红黏土试样具有更大的收缩应变。

贺勇(2017)对干湿循环下 GMZ 膨润土体变的影响研究发现,2~3 次干湿循环后,试样进入弹性状态,湿化饱和过程中产生的膨胀变形与失水干燥过程中收缩变形之间的差值可以忽略不计,干湿循环将不再使试样产生累计塑性的变形。这同样说明多次干湿循环后,掺入膨润土的混合土试样具有更好的应变稳定性。

在实际工况中,填埋场压实黏土层既要满足干湿循环下具有良好稳定的低应变,又要考虑近场化学环境下对其的影响。由图 5-65 和图 5-66 可知,在不同浓度 NaCl 溶液入渗下,掺 10% 比掺 5% 膨润土的混合土试样有更低的体应变和较好的化学稳定性。因此,可选择 90%红黏土+10%膨润土的混合土作为填埋场覆盖层材料。同时,为避免混合土在初次干湿循环后产生不可逆的塑性大应变,现场施工时可对混合土覆盖层进行 1 次干湿循环预处理。

(4)干湿循环作用下混合土孔隙比变化规律

假设土颗粒不可被压缩,即在干湿循环过程中土颗粒体积不变,只有孔隙体积发生变化。因此,干密度为 1.4 g/cm³ 的试样在干湿循环过程中、不同溶液浓度饱和下孔隙比随循环次数变化的关系图如图 5-67~图 5-69 所示。其中,图 5-67、图 5-68 和图 5-69 分别为纯红黏土试样、掺 5%膨润土和掺 10%膨润土的混合土试样孔隙比-循环次数变化曲线图。

由图 5-67 可知,纯红黏土试样孔隙比随干湿循环次数的增加呈波动式减少,这是由于干燥阶段试样收缩体变大于湿化阶段膨胀体变,导致 4 次干湿循环后试样孔隙逐渐被压缩。Sridharan 等(2007)研究认为,对于高岭石类黏土,溶液中阳离子进入孔隙中易吸附在带负电的土颗粒表面,随着孔隙溶液浓度的升高,离子的增加会使得土颗粒从疏散的"边-面"结构转变成致密的"边-边"和"面-面"结构(如图 5-70 所示)。如图 5-67 所示,随着入渗盐溶液浓度的增加,红黏土试样孔隙压缩愈严重,孔隙比逐渐降低。由图 5-68 和图 5-69 可知,掺膨润土的混合土试样孔隙比在第 1 次干湿循环后呈现周期性变化,随后的干湿循环作用导致试样进入弹性状态,不产生额外的孔隙变化,说明掺入膨润土后混合土试样在 1 次

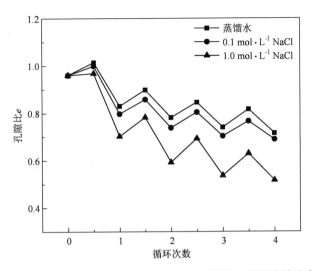

**图 5-67** 干湿循环过程中、经不同溶液浓度饱和下红黏土试样孔隙比变化曲线图

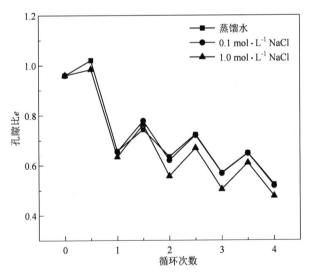

**图 5-68** 干湿循环过程中、经不同溶液浓度饱和下掺 5%膨润土的混合土孔隙比变化曲线图

干湿循环后具有较好的稳定性。

Chapman 等（1913）提出黏土颗粒间的双电层理论，是目前应用最为广泛、公认的宏观体变与颗粒间化–水耦合作用的理论。如图 5-71 所示，当蒙脱石孔隙中渗透压力和扩散层处的离子浓度已知时，即可确定两个蒙脱石晶层之间的距离。

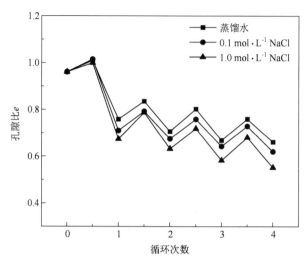

**图5-69  干湿循环过程中、经不同溶液浓度饱和下掺10%膨润土的混合土孔隙比变化曲线图**

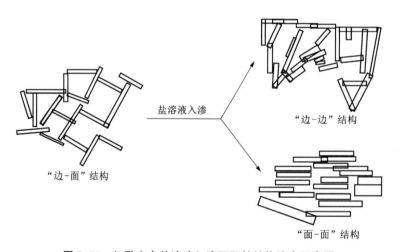

**图5-70  红黏土在盐溶液入渗下颗粒结构演变示意图**

当扩散层中盐浓度过高时，渗透压力导致层间水分子向孔隙中运动，进而导致双电层被压缩(叶为民等，2009；He等，2018)。膨润土在湿化阶段时，盐溶液导致双电层被压缩，宏观表现为孔隙比增大。因此，在干燥过程中，膨润土试样具有更多可被压缩的孔隙空间，这就导致了掺膨润土的混合土试样在4次干湿循环后表现出更低孔隙比的现象。

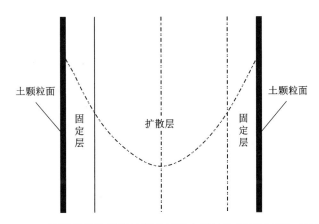

**图 5-71　蒙脱石晶格间的扩散离子双电层结构（叶为民等，2009）**

孔隙比是反映土样孔隙体积大小的重要物理指标之一，同时也是现场反映土层密实程度的指标。干湿–化学耦合作用使得试样密实度提高，而掺入膨润土的混合土试样比纯红黏土试样更为密实。因此，在现场施工时，可掺入适量的膨润土以提高压实黏土覆盖层的密实程度。

2）压实 Téguline 黏土干湿循环体变特征

初始含水率为 12.7% 的压实 Téguline 黏土历经 5 次干湿循环，每次饱和及干燥条件下测试土样质量及尺寸，根据初始状态的参数计算孔隙比和饱和度。土样干湿循环过程中干燥状态的孔隙比和饱和度变化曲线如图 5-72 所示。

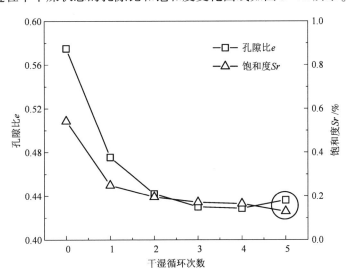

**图 5-72　干湿循环过程孔隙比与饱和度变化曲线**

从图 5-72 中可以看出随着干湿循环次数的增加,土体干燥状态的孔隙比和饱和度均呈现减小的趋势,干燥状态孔隙比累计减小比例为 24.17%,饱和度累计减小比例为 76.16%。土样在第 1 次干湿循环过程中产生的体变较大,孔隙比由原始状态的 0.575 减小至 0.475,折减比例约为 17.39%;饱和度由原始状态的 0.543 减小至 0.249,折减比例约为 54.14%;后续干湿循环过程产生的体变效应逐渐减弱,土体的孔隙比与饱和度逐渐平稳。第 5 次干湿循环之后测试的孔隙比略大于第 4 次,饱和度有一定程度减小,原因在于经过 5 次干湿循环,土样内部发育的贯通宏观裂隙形成了过水通道,持水性能减弱,表现为孔隙比增大、饱和度降低(图 5-72)。

土样在干湿循环过程中,土颗粒之间的孔隙发生吸水-失水循环作用,吸水过程中土颗粒发生水化膨胀变形,失水过程中发生收缩变形。干湿循环过程土体微观结构逐渐变化导致土颗粒重新排列,土体孔隙结构发生不可逆变形,土体孔隙比逐渐减小,饱和度也随之逐渐减小。随着干湿循环次数增多,土颗粒在吸水过程中发生的水化作用逐渐减弱,干湿循环作用对孔隙结构的影响也逐渐降低,土体微观结构变形趋于稳定,在微观尺度上表现为孔隙比和饱和度的逐步稳定化。但在土体宏观结构上,持续的干湿循环作用会逐步劣化土体结构,在表观上呈现为土体龟裂等体变现象。

2. 干燥过程中压实黏土表观结构与开裂特征

1) 红黏土-膨润土混合土

干湿循环作用下,不同膨润土掺量的混合土试样各阶段表观照片如图 5-73~图 5-78 所示,其中(a1)、(a2)、(a3)和(b1)、(b2)、(b3)分别代表第 1、2、3 次湿化饱和完成和第 1、2、3 次脱湿干燥完成后。同时,通过记录各阶段试样的高度、直径可以获得试样的体积,因此可以得到掺 5% 膨润土和掺 10% 膨润土的混合土试样在不同浓度 NaCl 溶液下干湿循环应变图,分别如图 5-79 和图 5-80 所示。

由图 5-73~图 5-75 可知,掺 5% 膨润土的混合土试样在蒸馏水饱和后的第 1 次干湿循环后,边缘出现细微的裂痕,在第 3 次干湿循环后[图 5-73(b3)]出现明显的裂缝发育。然而,试样在 NaCl 溶液饱和下的干湿循环后,无明显的裂纹发育。从图 5-76~图 5-78 可知,在蒸馏水与 0.1 mol/L NaCl 溶液饱和下,掺 10% 膨润土的混合土试样第 1 次干湿循环过程中均可观察到细微的小裂痕。随后,随着干湿循环次数的增加,试样裂纹逐渐消失。这主要由于膨润土掺量的增加,混合土试样在湿化过程中表现出较大的膨胀性,随后干燥脱水时试样内部拉应力作用导致裂纹产生。这也导致了试样在第 1 次干湿循环后出现较大的塑性变形,随后试样进入弹性阶段,进而随着干湿循环次数的增加试样体积变化趋于稳定。

(a1)　　　　　　　　(a2)　　　　　　　　(a3)

(b1)　　　　　　　　(b2)　　　　　　　　(b3)

注：(a1)和(b1)分别代表第 1 次湿化饱和和第 1 次脱水干燥后，(a2)、(b2)依次类推。

**图 5–73　掺 5%膨润土的混合土试样在蒸馏水入渗下干湿循环过程图**

(a1)　　　　　　　　(a2)　　　　　　　　(a3)

(b1)　　　　　　　　(b2)　　　　　　　　(b3)

注：(a1)和(b1)分别代表第 1 次湿化饱和和第 1 次脱水干燥后，(a2)、(b2)依次类推。

**图 5–74　掺 5%膨润土的混合土试样在 0.1 mol/L NaCl 溶液入渗下干湿循环过程图**

注：(a1)和(b1)分别代表第1次湿化饱和和第1次脱水干燥后，(a2)、(b2)依次类推。

**图 5-75　掺 5%膨润土的混合土试样在 1.0 mol/L NaCl 溶液入渗下干湿循环过程图**

注：(a1)和(b1)分别代表第1次湿化饱和和第1次脱水干燥后，(a2)、(b2)依次类推。

**图 5-76　掺 10%膨润土的混合土试样在蒸馏水溶液入渗下干湿循环过程图**

(a1)　　　　　　　　(a2)　　　　　　　　(a3)

(b1)　　　　　　　　(b2)　　　　　　　　(b3)

注：(a1)和(b1)分别代表第 1 次湿化饱和和第 1 次脱水干燥后，(a2)、(b2)依次类推。

**图 5-77　掺 10%膨润土的混合土试样在 0.1 mol/L NaCl 溶液入渗下干湿循环过程图**

(a1)　　　　　　　　(a2)　　　　　　　　(a3)

(b1)　　　　　　　　(b2)　　　　　　　　(b3)

注：(a1)和(b1)分别代表第 1 次湿化饱和和第 1 次脱水干燥后，(a2)、(b2)依次类推。

**图 5-78　掺 10%膨润土的混合土试样在 1.0 mol/L NaCl 溶液入渗下干湿循环过程图**

　　由图 5-79 和图 5-80 可知，掺 5% 和 10% 膨润土的混合土试样随干湿循环次数的增加累积成收缩状态，收缩趋势随着 NaCl 溶液浓度的增加而增大，这与第 2 章中带围压的试样结果一致。掺 10% 膨润土比掺 5% 膨润土的混合土试样表现出更强的膨胀性，同时在干燥收缩时受 NaCl 溶液影响也越大。

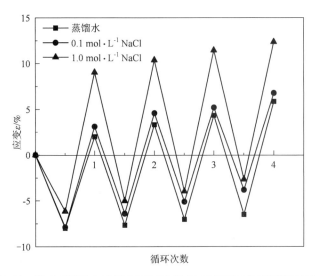

**图 5-79　掺 5% 膨润土试样在不同浓度 NaCl 溶液下干湿循环应变图**

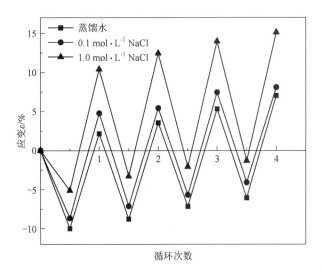

**图 5-80　掺 10% 膨润土试样在不同浓度 NaCl 溶液下干湿循环应变图**

2）压实 Téguline 黏土

图 5-81 分别是原状样、压实样、1 次干湿循环、4 次干湿循环和 5 次干湿循环的土样照片。钻孔中取出的原状 Téguline 黏土[图 5-81(a)]结构致密紧实，土体表面光滑平整，肉眼难以观察到土体的孔隙。土样经过破碎筛分，采用压力机制备干密度为 1.70 g/cm³ 的压实土样[图 5-81(b)]，相比于钻孔中取出的原状样，压实样更为粗糙，表面可见不同粒径土颗粒相互接触。经过 1 次干湿循环后，土样表观特征如图 5-81(c)所示，土体部分细小土颗粒脱落，表面粗糙度增大，出现肉眼可见的孔隙，土体结构出现一定程度的劣化，但未出现贯通的裂隙。随着干湿循环次数增加，到第 4 次干湿循环过程，土样的表观特征如图 5-81(d)所示，土体出现贯通的环状裂隙，并有部分细小的轴向分支裂隙，土体结构完整性破坏。经过 5 次干湿循环，土体表面出现宽度大于 1 mm 的环状裂隙[图 5-81(e)]，但未开裂的位置土体紧实程度增大。从图 5-81 所示的土样表观特征可以看出，随着干湿循环次数增加，土体变形主要体现为表面宏观裂隙发育，而整体微观孔隙体积缩小，这与图 5-72 所示的孔隙比测试结果吻合。

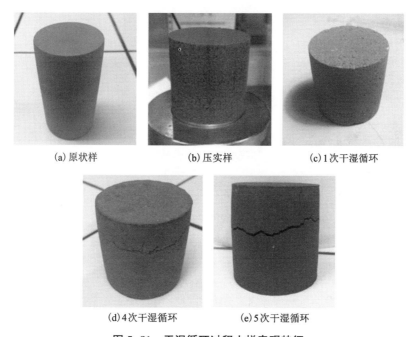

(a) 原状样　　　　　　(b) 压实样　　　　　　(c) 1 次干湿循环

(d) 4 次干湿循环　　　　(e) 5 次干湿循环

**图 5-81　干湿循环过程土样表观特征**

3. 干燥过程中压实黏土微观结构特征

1）红黏土-膨润土混合土试样 MIP 试验结果分析

掺 10%膨润土的混合土试样在不同浓度 NaCl 溶液入渗下 4 次干湿循环后的

压汞试验结果如图 5-82 所示。从图 5-82 可以看出，随着 NaCl 溶液浓度的增加，孔径分布函数曲线整体"下移"，即同一孔径下单位质量累计孔隙体积逐渐减少，表明干湿循环过程中随着入渗 NaCl 溶液浓度增加，孔隙体积呈收缩趋势。从孔隙分布密度图可知，4 次干湿循环后土体孔隙呈双峰分布，孔隙直径主要集中在 $1.0 \sim 3.0\ \mu m$ 和 $70 \sim 100\ \mu m$ 两个区间。随着入渗 NaCl 溶液浓度的增加，孔隙分布密度函数双峰向左移动，孔隙呈减小趋势。

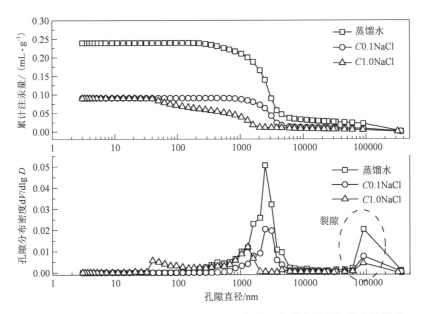

**图 5-82　4 次干湿循环后、不同浓度 NaCl 溶液入渗对试样孔径分布的影响**

由掺 10% 膨润土混合土的压汞结果可知，4 次干湿循环后，NaCl 溶液使得混合土收缩、孔隙孔径减小，这与第 2 章中体变试验结果一致。根据压汞孔隙分布函数（图 5-82），将孔径半径大于 1000 nm 的定义为大孔，可得到蒸馏水、0.1 mol/L 和 1.0 mol/L NaCl 溶液入渗下试样大孔所占比例分别为 80%、91% 和 43%。这也验证了 4 次干湿循环后，随着 NaCl 溶液浓度的增加，试样渗透系数逐渐降低的结论。从图 5-82 中可知，另一孔隙分布范围集中在直径为 0.1 mm 处，表明混合土试样已经出现宏观裂缝。裂缝富集程度随着入渗盐溶液浓度的增加而减少，说明高浓度盐溶液能有效减少 4 次干湿循环后黏土中的裂缝发育。

由于红黏土和膨润土中存在晶层间距、扩散双电层等微观孔隙，限于压汞仪的最大注汞压力等，众多微观孔隙结构无法测得；同时，由于测试试样往往为 $1 \sim 2$ g 的小块状试样，测试结果往往无法包括整个试样中的微观孔隙，因此试验结果只能在一定程度上反映试样孔隙分布范围。

2) 红黏土-膨润土混合土 SEM 试验结果分析

不同膨润土掺量的混合土在不同浓度盐溶液作用下，4 次干湿循环后微观结构如图 5-83~图 5-88 所示，图中(a)(b)分别为放大 2 万和 5 万倍。由图 5-83 (b)可知，掺 5%膨润土的混合土在蒸馏水饱和下 4 次干湿循环后孔隙出现贯通的长通道，且土颗粒之间相互堆叠聚合。如图 5-84 所示，掺 5%膨润土的混合土试样也观察到类似结果，在 5 万倍下试样同样发现具有贯通的孔隙通道。然而，使用 1.0 mol/L NaCl 溶液饱和的掺 5%膨润土试样颗粒表面出现不规则的块状和粒状，且无明显的贯通的孔隙通道(图 5-85)；从图 5-84(b)可以明显观察到，块状体聚集体与土颗粒之间散乱堆叠，形成了大小不等的连通孔隙，这可能是由 NaCl 晶体在土颗粒表面富集造成的。

图 5-85~图 5-88 为掺 10%膨润土的混合土在不同浓度盐溶液下 4 次干湿循环 SEM 图。掺 10%膨润土的混合土在蒸馏水饱和下 4 次干湿循环后，试样出现明显的条块状集合体，集合体之间大多呈面与面接触，较小的集合体交叠在较大的集合体上(图 5-86)。然而，在 NaCl 溶液饱和下，土颗粒表面胶结逐渐由条状转向块状。如图 5-87 所示，条块状集合体相互交叠在一起，形成类似晶簇状结构。随着 NaCl 浓度的增加，4 次干湿循环后，掺 10%膨润土的混合土样颗粒结构变得更加团聚和密实，NaCl 晶体与土颗粒重叠排列在一起形成大小不一的团聚体，因此部分团聚体边缘出现明显的小孔隙通道(图 5-87)。

(a) 2 万倍镜下　　　　　　　　　　(b) 5 万倍镜下

**图 5-83　95%红黏土+5%膨润土经 4 次干湿循环(蒸馏水饱和)后 SEM 图**

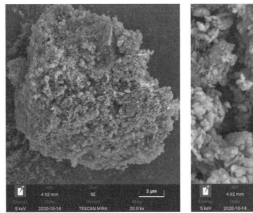

(a)2万倍镜下　　　　　　　　　　　(b)5万倍镜下

图 5-84　95％红黏土+5％膨润土经 4 次干湿循环( 0.1 mol/L NaCl 溶液饱和) 后 SEM 图

(a)2万倍镜下　　　　　　　　　　　(b)5万倍镜下

图 5-85　95％红黏土+5％膨润土经 4 次干湿循环( 1 mol/L NaCl 溶液饱和) 后 SEM 图

(a)2万倍镜下　　　　　　　　　　　(b)5万倍镜下

图 5-86　90％红黏土+10％膨润土经 4 次干湿循环( 蒸馏水饱和) 后 SEM 图

(a)2 万倍镜下　　　　　　　　　　　　(b)5 万倍镜下

图 5-87　90％红黏土+10％膨润土经 4 次干湿循环(0.1 mol/L NaCl 溶液饱和)后 SEM 图

(a)2 万倍镜下　　　　　　　　　　　　(b)5 万倍镜下

图 5-88　90％红黏土+10％膨润土经 4 次干湿循环(1 mol/L NaCl 溶液饱和)后 SEM 图

3)Téguline 黏土 MIP 试验结果分析

压汞测试(MIP)可以从微观角度分析土体孔隙结构,图 5-89 为 Téguline 黏土原状样、压实样和经过 1 次干湿循环土样的 MIP 测试结果。压实黏土微观孔隙普遍为双孔结构,一般分为集合体内孔隙(小孔)和集合体间孔隙(大孔)。

Téguline 黏土原状样[图 5-81(a)]结构致密,压汞试验结构可以反映其孔隙特征:原状 Téguline 黏土的孔隙直径主要分布在 0.01~0.1 μm,土体孔隙大小均匀,主要是土颗粒集合体内孔隙(小孔),直径大于 0.1 μm 的孔隙数量极少。破碎筛分压实后的土样孔隙特征相对于原状样更为复杂，孔径分布密度曲线呈现双峰特征，小孔数量减少，出现大量直径在 10 μm 左右的大孔隙。制样过程破坏了天然土体紧实致密的微观孔隙结构，导致土颗粒之间的间隙增大，土体内部出现集合体内孔隙和集合体间孔隙，呈现为典型的双孔结构，MIP 试验曲线表现为双峰形。

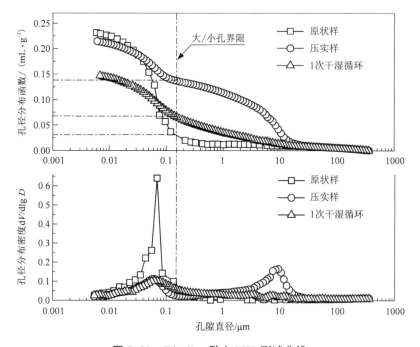

**图 5-89　Téguline 黏土 MIP 测试曲线**

　　干湿循环对压实土样的孔隙结构影响明显，在表观上呈现出土体致密化，孔隙比逐渐减小。从图 5-89 中可以发现，经过 1 次干湿循环的 Téguline 黏土，其孔径分布密度曲线双峰特征相比于压实土样大幅减弱，呈现为单峰形式。干湿循环导致土体内部直径在 10 μm 左右的大孔显著减少，而小孔数量变化不大，土体的总孔隙体积大量减小。干湿循环对小孔影响较小，主要表现在土颗粒在干湿循环过程中发生了吸水膨胀和失水收缩作用，部分集合体间大孔坍塌并重新排列，导致集合体颗粒之间的大孔数量减小。

　　Tang 和 Cui(2005)、Nowamooz 等(2010)分别对 MX80 膨润土和粉土/膨润土混合物进行 MIP 试验发现，其双孔结构的临界孔径在 100~200 nm。根据 Téguline 黏土压汞试验结果，以 150 nm 为大/小孔界限，不同状态的土体大/小孔孔隙比可以根据孔径分布曲线计算而来，结果如表 5-23 所示。天然状态下的 Téguline 黏土结构致密紧实,土体中的层片状集合体颗粒主要为面-面接触方式,土体中主要是集合体内孔隙(小孔)。由于压实样制备过程的影响,土体颗粒接触形式受到破坏,进而发展为面-边接触甚至边-边接触形式,土体中集合体内小孔数量减少,集合体间的大孔数量增多。干湿循环作用影响下,土体中的集合体颗粒因发生水化作用而重新排列,部分孔隙结构发展为面-面接触形式,大孔数量减小,小孔数量基本无变化;但干湿循环作用导致土体总的孔隙比减少,微观孔隙趋于均匀化,土体收缩致密。

表 5-23　Téguline 黏土大/小孔孔隙比

| 大/小孔孔隙比 | $e_M$ | $e_m$ |
| --- | --- | --- |
| 原状样 | 0.08 | 0.58 |
| 压实样 | 0.37 | 0.25 |
| 1 次干湿循环 | 0.19 | 0.25 |

# 参考文献

[1] Alawaji H A. Swell and compressibility characteristics of sand-bentonite mixtures inundated with liquids[J]. Applied Clay Science. 1999, 15(3-4): 411-430.

[2] Alonso E E, Gens A, Josa A. A constitutive model for partially saturated soils[J]. Géotechnique, 1990, 40(3): 405-430.

[3] Alonso E E, Romero E, Hoffmann C, et al. Expansive bentonite - sand mixtures in cyclic controlled-suction drying and wetting[J]. Engineering Geology. 2005, 81(3): 213-226.

[4] Alonso E E, Vaunat J, Gens A. Modelling the mechanical behaviour of expansive clays[J]. Engineering Geology. 1999, 54(1-2): 173-183.

[5] Barbour S L, Yang N. A review of the influence of clay-brine interactions on the geotechnical properties of Ca-montmorillonitic clayey soils from western Canada[J]. Can Geotech, 1993, 30: 920-934.

[6] Barbour S, Fredlund D. Mechanisms of osmotic flow and volume change in clay soils[J]. Can Geotech, 1989, 26: 551-562.

[7] Boivin P, Garnier P, TESSIER D. Relationship between clay content, clay type, and shrinkage properties of soil samples [J]. Soil Science Society of America Journal, 2004, 68(4): 1145-1153.

[8] Boukpeti N, Charlier R, Hueckel T, Liu Z. A Constitutive Model for Chemically Sensitive Clays Robert Hack, Rafig Azzam, and Robert Charlier(Eds.)104: 255-264, 2004.

[9] Chen K P, Ren X K, He Y, et al. Vacuum preconsolidation settlement characteristics and

microstructural evolution of marine dredger-filled silt[J]. Advances in Civil Engineering, 2021, 2021: 5529478.

[10] Di M C, Fenelli G. Influenza delle interazioni chimico-fisiche sulla deformabilita di alcuni terreni argillosi[J]. Rivista Italiana di Geotecnica, 1997, 1: 695-707.

[11] Estabragh A R, Moghadas M, Javadi A A. Effect of different types of wetting fluids on the behaviour of expansive soil during wetting and drying[J]. Soils and Foundations, 2013, 53(5): 617-627.

[12] Gajo A, Loret B, Hueckel T. Electro-chemo-mechanical couplings in saturated porous media: elastic-plastic behaviour of heteroionic expansive clays[J]. International Journal Solids Struct, 39: 4327-4362, 2002.

[13] Guimaraes L D N, Gens A, Sánchez M, et al. A chemo-mechanical constitutive model accounting for cation exchange in expansive clays[J]. Géotechnique. 2013, 63(3): 221-234.

[14] Guimaraes L. Análisis multi-componente no isotermo en medio poroso deformable no saturado [D]. PhD Thesis, Dept of Geotechnical Engineering and Geosciences, Technical University of Catalonia, Barcelona, Spain, 2002.

[15] Gao Q F, Jrad M, Hattab M, et al. Pore morphology, porosity, and pore size distribution in kaolinitic remolded clays under triaxial loading[J]. International Journal of Geomechanics, 2020, 20(6): 04020057.

[16] He Y, Hu G, Wu D Y, et al. Contaminant migration and the retention behavior of a laterite-bentonite mixture engineered barrier in a landfill[J]. Journal of Environmental Management, 2022, 304.

[17] He Y, Wang M, Wu D, et al. Effects of chemical solutions on the hydromechanical behavior of a laterite/bentonite mixture used as an engineered barrier[J]. Bulletin of Engineering Geology and the Environment, 2021, 80(2): 1169-1180.

[18] He Y, Ye W M, Chen Y G, et al. Effects of $K^+$ solutions on swelling behavior of compacted GMZ bentonite[J]. Engineering Geology, 2019, 249: 241-248.

[19] Horpibulsuk S, Yangsukkaseam N, Chinkulkijniwat A, et al. Compressibility and permeability of Bangkok clay compared with kaolinite and bentonite[J]. Applied Clay Science, 2011, 52(1): 150-159.

[20] Hueckel T. Chemo-plasticity of clays subjected to stress and flow of a single contaminant[J]. International Journal for Numerical and Analytical Methods in Geomechanics, 1997, 21: 43-72.

[21] Hueckel T. On effective stress concepts and deformation in clays subjected to environmental loads: Discussion[J]. Can Geotech, 1992, 29: 1120-1125.

[22] Hueckel T. Water-mineral interaction in hygro-mechanics of clays exposed to environmental loads: a mixture theory approach[J]. Canadian Geotechnical Journal, 1992, 29: 1071-1085.

[23] Hueckel T. On effective stress concepts and deformation in clays subjected to environmental loads: Discussion[J]. Canadian Geotechnical Journal, 1992, 29: 1120-1125.

［24］ Leong E C, Wijaya M. Universal soil shrinkage curve equation［J］. Geoderma, 2015, 237-238: 78-87.

［25］ Lu P H, He Y, Zhang Z, et al. Predicting chemical influence on soil water retention curves with models established based on pore structure evolution of compacted clay［J］. Computers and Geotechnics. 2021, 138(1): 104360.

［26］ Loret A, Hueckel T, Gajo A. Chemo-mechanical coupling in saturated porous media: elastic-plastic behaviour of homoionic expansive clays［J］. Int. J. Solids Struct, 2002, 39: 2773-2806.

［27］ Liu Z, Boukpeti N, Li X, et al. Modelling chemo-hydro-mechanical behaviour of unsaturated clays: a feasibility study［J］. International Journal for Numerical and Analytical Methods in Geomechanics, 2005, 29(9): 919-940.

［28］ Lei X Q, Wong H, Fabbri A, et al. A chemo-elastic-plastic model for unsaturated expansive clays［J］. International Journal of Solids and Structures, 2016, 88-89: 354-378.

［29］ Lei X Q, Wong H, Fabbri A, et al. A thermo-chemo-electro-mechanical framework of unsaturated expansive clays［J］. Computers and Geotechnics, 2014, 62: 175-192.

［30］ Lloret A, Villar M V, Sanchez M, et al. Mechanical behaviour of heavily compacted bentonite under high suction changes［J］. Géotechnique, 2003, 53(1): 27-40.

［31］ Lu P H, He Y, Ye W M, et al. Experimental investigations and microscopic analyses of chemical effects and dry density on the swelling behavior of compacted bentonite［J］. Bulletin of Engineering Geology and the Environment, 2022, 81(6): 243.

［32］ Ma C M, Hueckel T. Effects of inter-phase mass transfer in heated clays: a mixture theory［J］. International Journal Engineering Science, 1992, 30(11): 1567-1582.

［33］ Musso G, Romero E, Vecchia G D. Double-structure effects on the chemo-hydro-mechanical behaviour of a compacted active clay［J］. Géotechnique, 2013, 63(3): 206-220.

［34］ Mokni N, Olivella S, Valcke E, et al. Deformation and flow driven by osmotic processes in porous materials: application to bituminised waste materials［J］. Transport in Porous Media, 2011, 86(2): 665-692.

［35］ Monroy R, Zdravkovic L, Ridley A. Evolution of microstructure in compacted London Clay during wetting and loading［J］. Géotechnique, 2010, 60(2): 105-119.

［36］ Nowamooz H, Jahangir E, Masrouri F, et al. Effective stress in swelling soils during wetting drying cycles［J］. Engineering Geology, 2016, 210: 33-44.

［37］ Nowamooz H, Masrouri F. Relationships between soil fabric and suction cycles in compacted swelling soils［J］. Engineering Geology, 2010, 114: 444-455.

［38］ Rao S M, Thyagaraj T. Swell-compression behaviour of compacted clays under chemical gradients［J］. Candian Geotechnical Journal. 2007, 44(5): 520-532.

［39］ Sridharan A, Hayashi S, DU Y J. Discussion of "Structure characteristics and mechanical properties of kaolinite soils. I. Surface charges and structural characterizations"［J］. Canadian Geotechnical Journal, 2007, 44(2): 241-242.

［40］ Tang A M, Cui Y J, Qian L X, et al. Calibration of the osmotic technique of controlling suction with respect to temperature using a miniature tensiometer[J]. Canadian Geotechnical Journal, 2010, 47(3): 359-365.

[41] Tang C S, Shi B, Liu C, et al. Experimental characterization of shrinkage and desiccation cracking in thin clay layer[J]. Applied Clay Science, 2011, 52(1): 69-77.

[42] Turer D. Effect of heavy metal and alkali contamination on the swelling properties of kaolinite [J]. Environmental Geology, 2007, 52(3): 421-425.

[43] Tang A, Cui Y J, Barnel N. Thermo-mechanical behaviour of compacted swelling clay[J]. Géotechnique, 2008, 58(1): 45-54.

[44] Tarantino A. A water retention model for deformable soils[J]. Géotechnique, 2009, 59(9): 751-762.

[45] Wang Y H, Siu W K. Structure characteristics and mechanical properties of kaolinite soils. II. Effects of structure on mechanical properties[J]. Canadian Geotechnical Journal, 2006, 43 (6): 601-617.

[46] Witteveen P, Ferrari A, Laloui L. An experimental and constitutive investigation on the chemo-mechanical behaviour of a clay[J]. Géotechnique, 2013, 63(3): 244-255.

[47] Yang Y L, Reddy K R, Du Y J, et al. Retention of Pb and Cr(Ⅵ) onto slurry trench vertical cutoff wall backfill containing phosphate dispersant amended Ca-bentonite[J]. Applied Clay Science, 2019, 168: 355-365.

[48] 陈永贵, 雷宏楠, 贺勇, 等. 膨润土-红黏土混合土对 NaCl 溶液的渗透试验研究[J]. 中南大学学报(自然科学版), 2018, 49(4): 910-915.

[49] 范日东, 刘松玉, 杜延军. 基于改进滤失试验的重金属污染膨润土渗透特性试验研究[J]. 岩土力学, 2019, 40(8): 2989-2996.

[50] 贺勇, 黄润秋, 陈永贵, 等. 基于干湿变形效应的压实红黏土土水特征[J]. 中南大学学报(自然科学版), 2016, 47(1): 143-148.

[51] 贺勇. 化-水-力耦合作用下高压实 GMZ 膨润土体变特征研究[D]. 上海: 同济大学, 2017.

[52] 刘令云, 陆芳琴, 闵凡飞, 等. 微细高岭石颗粒表面水化作用机理研究[J]. 中国矿业大学学报, 2016, 45(4): 814-820.

[53] 唐朝生, 崔玉军, Tang A M, 等. 土体干燥过程中的体积收缩变形特征[J]. 岩土工程学报, 2011, 33(8): 1271-1279.

[54] 叶为民, 张峰, 陈宝, 等. 化-力耦合作用下 GMZ01 膨润土体变特性研究进展[J]. 同济大学学报(自然科学版), 2017, 45(11): 1577-1584.

[55] 张峰. 化-力耦合作用下高压实 GMZ01 膨润土体变性能研究[D]. 上海: 同济大学, 2017.

[56] 张涟英, 黄宏辉, 郑甲佳. 贵州高速公路红黏土边坡稳定分析[J]. 贵州大学学报(自然科学版), 2014, 31(3): 105-110.

[57] 朱春明. 化-水-力耦合作用下 GMZ01 膨润土缓冲性能研究[D]. 上海: 同济大学, 2014.

[58] 周峰, 张家铭, 宁伏龙, 等. 干湿循环作用下基于 Laplace 分布的裂土应变硬化损伤模型[J]. 中南大学学报(自然科学版), 2020, 51(12): 3484-3492.

# 第 6 章　黏土类工程屏障重金属污染物阻滞数值模拟与应用

　　本章主要介绍黏土类工程屏障重金属污染物阻滞数值模拟在实际污染场地中的应用。首先，本章分别对污染物迁移数值模拟方法的发展、应用以及计算过程进行了详细概述。其次，依托某铁合金厂铬渣场地和某垃圾填埋场等工程，通过建立研究区域三维地质模型和概念模型，采用数值模拟方法获取污染场地重金属污染物的时空分布特征，以评价黏土类工程屏障对典型重金属离子的阻滞效果，为重金属污染场地污染调查及污染控制提供借鉴与指导。

## 6.1　黏土类工程屏障中污染物迁移数值模拟方法

### 6.1.1　污染物迁移数值模拟发展与应用

　　地下水模型为研究地下水运动和污染物迁移提供了良好的工具（Zheng，1990；Zheng 等，1999）。目前，数值模拟已经成为国内外研究地下水污染物迁移与修复过程的重要手段（王浩等，2010）。数值模拟计算方法在 20 世纪 50 年代被提出并开始应用于水文地质领域，随着对流–弥散等溶质迁移理论的发展与进步（Bear，1961；De Josselin 等，1961；Bachmat 等，1964；Coats 等，1964；Ogata，1970）和水流模拟分析预测手段的形成（Shamir 等，1967），20 世纪 70 年代以来溶质迁移模拟领域发展很快，特别是三维水流模型与有限差分/有限元算法及程序的引入，以及在溶质迁移模拟中考虑化学反应，关注地下水中有机化合物吸附等化学作用过程，极大地推动了溶质迁移模拟技术的发展（Bredehoeft 等，1973；Rubin 等，1973；Neuman，1973；Cooley，1977；Yeh 等，1989；Zhang 等，1990；Zheng，1990；Neuman 等，1990）。到 20 世纪 80 年代末 90 年代初，经过几十年的发展，地下水数值模拟计算方法已经比较成熟。2000 年以后，随着地下水数值模拟的广泛应用,国内外不少学者针对模型计算和地下水数值模拟方法进行了进一步的研究(卢文喜,2003;武强等,2003;Li 等,2003;林琳等,2005;岳松梅等,2014;束龙仓等,2017)。

用于求解地下水模型的数值方法包括有限差分法(FDM)、有限单元法(FEM)、边界元法(BEM)、有限分析法(FAM)、特征有限单元法和特征有限差分法。不同方法具有不同的适用条件和优缺点,其中有限差分法和有限单元法使用较为普遍。部分学者详细介绍了有限差分法的理论和求解技术(Remson 等,1971;Bear 等,1987),其他学者也对有限单元法原理和应用做了较为详细的论述(Wang 等,1982;Istok,1989)。有限差分法以差分代替微分,将偏微分方程求解问题转化为代数方程组求解,具有简单高效的优点。针对复杂的边界条件和含水层系统,有限差分法不能取得较为满意的结果;然而,有限单元法直接求函数近似解,在此类问题求解上体现出了较大的优势和灵活性,但计算量大,计算时间长,且容易导致局部区域或某个单元质量不守恒而影响计算结果(吴吉春等,2017)。

在模型开发和溶质迁移模拟应用方面,随着溶质迁移模拟理论和技术的发展,国外已有若干实用的溶质迁移模型应用程序,如美国的 MODFLOW 和 MT3DMS。MODFLOW(Harbaugh 等,2000)是 20 世纪 80 年代美国地质调查局(USGS)组织开发的一套专门用于孔隙介质中三维有限差分求解地下水流的数值模拟软件;MT3DMS 软件(Zheng 等,2009)则是由郑春苗博士设计并开发的模拟三维地下水溶质迁移程序 MT3D 的升级版,能够模拟地下水系统中水流的弥散对流和溶质的化学反应等情况(Zheng 等,1999)。MODFLOW 和 MT3DMS 作为美国环境保护署推荐的标准地下水环境模拟工具,在地下水环境评估和地下水修复中有着广泛的应用(Deakin 等,2001;Harbaugh,2005;Lautz 等,2006;郭晓东等,2010;李喜林,2012;杨丽红等,2018)。由于 MODFLOW 和 MT3DMS 程序都是采用 FORTRAN 语言编写,采用有限差分法进行计算,在功能上具有良好的扩展性,因此在其基础上已经开发了众多可视化界面软件。由加拿大 WaterLoo 公司开发的 Visual MODFLOW,利用 MODFLOW 和 MT3DMS 等程序模拟三维地下水流和溶质迁移,具有三维可视化功能。Visual MODFLOW 中主要程序包括地下水流模拟器 MODFLOW、粒子追踪程序 MODPATH 和 PATH3D、溶质迁移模拟器 MT3DMS、化学迁移模拟器 RT3D、不同饱和度条件下的水流和迁移模拟对话式程序 VS2DI 和求解变密度水流与迁移模拟程序 SEAWAT。GMS(groundwater modeling system)是由美国杨百翰大学(Brigham Young University)的环境模型研究实验室和美国军队排水工程试验工作站联合开发的一款用于地下水模拟的综合性软件,是在综合 MODFLOW、FEMWATER、MT3DMS、RT3D、SEAM3D、MODPATH、SEAWAT、SEEP2D、NUFT、UTCHEM 等已有地下水模型的基础上开发的一个用于地下水模拟的综合性图形界面软件。目前市面上应用较多的 Visual MODFLOW 和 GMS 可视化地下水模拟系统软件都集成了 MODFLOW 和 MT3DMS 程序。另外，还有德国 Wasy 水资源规划系统研究所开发的 FEFLOW 软件，也是目前应用较多的地下水流和溶质迁移模拟软件，该软件基于有限单元法，在有限元地下水数值模拟方面有着重要的作用（王浩等，2010；高慧琴等，2012）。此外，COMSOL Multiphysics 软件能够较好地实现多物理场耦合模拟，适用于解决多相流体运动、输运及各类化学–生物化学反应过程的模拟问题（图 6-1）。

**图 6-1　常见的地下水流数值模拟软件**

我国自 2011 年国务院正式批复《全国地下水污染防治规划（2011—2020 年）》以来，全国各地重点围绕地下水潜在污染源和地下水环境保护对象，开展了污染场地调查与评估工作（谢辉等，2015；杨丽红等，2018）。围绕重金属污染物在土壤–地下水中的迁移转化与修复问题，国内许多学者结合渗流力学、水文地质学、环境地球化学、岩土工程、化学反应动力学、环境流体力学等多学科相关理论，采用室内实验、理论分析、数值模拟和现场应用相结合的研究方法，研究重金属污染物迁移规律，揭示重金属污染物在土壤–地下水系统中迁移转化的内在机制，预测重金属污染物浓度时空分布。在污染物迁移数值模拟实际应用方面，在室内土柱试验的基础上（Thornton 等，2005），采用数值模拟的方法研究了垃圾填埋场渗滤液污染物在 Triassic 砂岩含水层中的迁移，评估了渗滤液污染物对含水层的化学影响。有学者以河南省周口市某垃圾填埋场为研究对象（Han 等，2014），采用 MODFLOW 和 MT3DMS 建立了渗滤液污染物 $Cl^-$ 的二维对流–弥散迁移模型，结果表明该填埋场周边浅层地下水（埋深 30 m 以内）不适宜饮用，应加强污染控制；通过数值模拟的方法获取了污染物在黏土中的迁移参数（Zhan 等，2014），结果表明黏土层对 COD（化学需氧量，代表渗滤液污染物中的有机物）具有较好的阻滞能力，阻滞因子约为 5。上述研究较多涉及污染物的迁移，除此之外，数值模拟方法还可用于评估地下水污染控制修复技术并实现参数优化。有学者（He 等，2019）采用数值模拟方法研究了压实膨润土工程屏障厚度对屏障阻滞效果的影响,结果表明工程屏障厚度越大,屏障对污染物的阻滞效果越好。有学者(Rad等,2020)采用 MODFLOW 和 MT3DMS 建立了研究区域地下水流动和溶质迁移模型,在此基础上研究了可渗透反应墙(PRB)活性物质、长度、宽度和高度等参数的变化对污染物浓度和处理成本的影响,综合得出了一个最优的 PRB 设计方案。有学者(陈永贵等,2007;贺勇等,2022)分析了重金属污染物 Cr(Ⅲ)在地下水环境中的迁移特性,指出压实膨润土工程屏障对金属污染物的阻滞效率可达99%。

### 6.1.2 黏土类工程屏障中污染物迁移数值模拟控制方程

本章主要介绍 Visual MODFLOW 和 GMS 在地下水污染物迁移模拟中的应用,采用 MODFLOW 模块模拟地下水渗流场分布,利用 MT3DMS 模块模拟重金属污染物在地下水中的迁移分布特征。

将模型区域内浅层地下水运动简化为三维稳定流,采用地下水流微分方程式(6-1)描述。

$$\frac{\partial}{\partial x}\left(K_{xx}\frac{\partial h}{\partial x}\right) + \frac{\partial}{\partial y}\left(K_{yy}\frac{\partial h}{\partial y}\right) + \frac{\partial}{\partial z}\left(K_{zz}\frac{\partial h}{\partial z}\right) = S_s\frac{\partial h}{\partial t} \tag{6-1}$$

考虑研究区域地下水的对流、弥散、含水层介质吸附、流体源/汇项,建立对流-弥散-吸附三维溶质迁移偏微分方程来描述 Cr(Ⅵ)在地下水中的迁移,如式(6-2)。

$$\theta R_d\frac{\partial C}{\partial t} = \frac{\partial}{\partial x_i}\left(\theta D_{ij}\frac{\partial C}{\partial x_j}\right) - \frac{\partial}{\partial x_i}(q_iC) + q_sC_s - \lambda_1\theta C - \lambda_2\rho_b\overline{C} \tag{6-2}$$

上式中各参数的物理意义请见第 2 章。

### 6.1.3 黏土类工程屏障中污染物迁移数值模拟步骤

污染物迁移数值模拟主要包括以下步骤:①整理或编辑相关资料,建立场地概念模型,赋予边界条件,进行网格剖分;②建立或改进数学模型,将场地概念模型转化为数值模型;③基于现场试验、室内试验或文献资料进行参数赋值;④利用已有地下水位和地下水污染物浓度监测数据进行模型校准和检验;⑤模型不确定性分析(图6-2)。

①建立野外场地地下水流和污染迁移模型的第一项工作是考察、汇编该场地以及区域的相关资料。常见的资料来源包括已发表的场地区域地质报告、水文地质报告、地球化学报告、钻探记录、物探数据、岩芯、土样及水样的化学分析报告。然后,对场地内的总体水流和迁移过程作简化假定以及定性解释,将这些资料综合成概念模型。建立概念模型实际上等同于场地特征化。

②概念模型构成后,将其转换成数值模型还需要加入控制方程、边界条件、初始条件(含水层和隔水层的空间分布)、外部应力(汇/源),以及孔隙介质和其

中流体与污染物的物理化学性质。应该把场地的具体数据编制为输入文件，提供给计算程序作具体数值计算。

③模型参数设置是整个污染物迁移模拟的重要组成部分，主要包括研究区域地层的水文地质参数和污染物迁移参数。模型的水文地质参数包括地层的渗透系数、含水层特征参数，其中渗透系数可通过室内渗透试验和野外抽水试验获取。污染物迁移参数包括分配系数 $K_d$、水动力弥散系数 $D_h$ 和阻滞因子 $R_d$，其中分配系数可通过批式静态吸附试验确定，水动力弥散系数和阻滞因子可通过室内弥散试验确定。此外，还可通过参考相关文献确定研究区域土层主要特征参数。

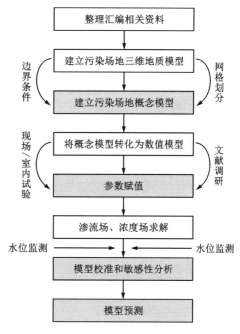

图 6-2　数值模拟步骤

④用输入参数的初始估计值建立了数值模型之后，要在校准中调整这些输入参数(有时还包括初始和边界条件)直到模型的模拟结果与野外观测值能很好地对应。在正式校准之前或之后，采用敏感分析可以检验数值模型对某个输入参数的反应以及敏感性。在模型应用过程中，校准是最关键、最难，同时也是最有意义的工作之一。

⑤污染迁移模型通过校准达到一定的满意度后，通常就会用于模拟将来的污染物迁移或采用治理措施后污染物的去除情况。用污染迁移模型进行预测模拟时，要假定将来的应力条件，例如源的浓度和流量，并运行模型至将来某指定时刻。所模拟的污染物分布变化将被记录，以对未来的情况进行预测模拟时作为一种诠释工具，其检验各种概念模型以及假说的作用已被普遍接受；但是使用地下水模型进行预测时必须谨慎。由于目前条件下模型描述本身的诸多不确定性、所估计模型参数的不唯一性以及无法预测未来的应力条件，不确定性必然会存在于模型预测之中。

## 6.2 重金属污染物迁移及工程屏障阻滞模拟——以某铁合金厂场地为例

### 6.2.1 研究区域概况

1. 场地概况

研究区域某铁合金厂位于湖南省湘乡市，面积约 590141 $m^2$，距湘江中游最大支流涟水河西南约 1.0 km。该厂建于 1958 年，1962 年正式投入生产，主要以硅、锰、铬、铁为原料生产金属铬、碳锰、生铁等产品，是中华人民共和国成立初期国家"156"重点工程建设项目之一，也是原冶金部直属企业，全国 18 家重点铁合金生产企业之一。该污染场地原有一条金属铬湿法冶炼生产线，于 1966 年建成投产，20 世纪 90 年代末期达到了年生产 2000 吨金属铬规模，最终金属铬生产线至 2006 年年底停产，据估计，历年累计共遗留约 20 万吨铬渣，大量的铬渣未经处理直接堆积在场地，造成场地内及其周边区域土壤铬污染，在降雨及渗流作用下，地表水经由废渣下渗于土壤中，伴随着含铬废渣内的六价铬迁移进入地下水，造成周边居民使用地下水时接触受污染水体，增加人体健康风险。相关监测数据显示，原渣场地下水 Cr(Ⅵ)最高浓度达 1050 mg/L，超过《地下水质量标准》（GB/T 14848—2017）标准 20000 倍以上。根据污染状况，铁合金污染场地的修复分两个阶段(一期和二期)进行，二期区域（以下简称污染场地）进一步划分为锰原料堆积区、铬渣堆积区和铬金属生产区(图 6-3)。

2. 区域地质条件

1) 地形地貌

研究区位于丘陵地带，地貌以丘陵山地为主。所在地区西部和西南部地势较高，东部和北部较平缓，中部为平原地带。地区最高点海拔为 807 m，最低处海拔为 41 m。场区内原始地貌为河流冲刷阶地，现场地较平整，勘察期间地面标高为 52.31~57.85 m，相对高差为 5.54 m 左右，地势相对平缓。

2) 地层岩性

依据铬污染场地地质钻探资料，研究区域地层岩性从上到下依次为人工填土及第四系冲积粉质黏土、中砂、圆砾、强风化泥质粉砂岩，野外特征自上而下分叙如下：

人工填土($Q_4^{ml}$)：杂色，稍湿，松散状，填土的主要成分为杂色黏性土，部分孔上层为 0.2~0.5 m 混凝土垫层，含少量黑色废渣、碎石、块石及植物根系，块径 3~5 cm，采芯呈散状，短柱状，上层滞水丰富，未完成自重固结。该层场区内

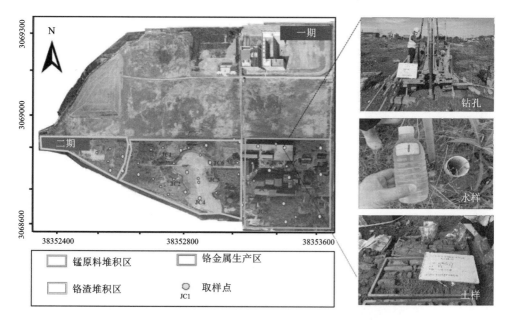

图 6-3　研究区域图

分布较广泛，层厚相对较薄，揭露层厚 1.20~3.70 m，层底标高 49.75~52.42 m。

粉质黏土($Q_4^{al}$)：褐色、褐黄色，灰褐色，稍湿，可-硬塑状，含高岭土，具网纹状结构，偶见黑色氧化物，局部夹角砾，干强度及韧性中等，无摇振反应，采芯呈土柱状。该层在场区内所有钻孔均有揭露，层厚 1.30~6.10 m，层底标高 44.09~50.85 m。

中砂($Q_4^{al}$)：主要为黄褐色，稍湿，中密，主要成分为中砂和黏土，中砂约占55%，其次为黏土，占30%~40%，含少量细砂和圆砾。该层在场区内所有钻孔都有揭露，揭露厚度0.30~2.70 m，层顶标高43.19~48.15 m。

圆砾($Q_4^{al}$)：黄褐色，褐色，饱和，中密，主要成分为圆砾，约占50%，其次为卵石和中粗砂，含少量黏土、碎石、角砾，圆砾粒径一般为3~15 mm，卵石最大>40 mm，多以亚圆形为主，少量棱角状或次棱角状。该层在场区内所有钻孔都有揭露，揭露厚度2.0~7.2 m，层底标高39.30~42.54 m。

强风化泥质粉砂岩(E)：强风化结构，灰色，紫红色互层，岩石风化强烈，残余纹层状构造，密状构造，岩芯强度低，呈块状、短柱状，岩块手捏易碎，遇水易软化，岩体破碎，属极软岩。该层在场区内所有钻孔都有揭露，揭露厚度0.50~3.70 m，层底标高37.20~41.98 m。

3)地质构造

该铁合金厂所在地区位于扬子陆块东南缘，隶属华南加里东褶皱带，雪峰、加里东、印支-燕山等主要地壳运动在区内均留下了明显记录，其中以印支-燕山运动影响最强烈，造就了现今展示的地质结构基本轮廓。第四系覆盖层相对较厚，下伏地层以沉积层和岩浆岩为主。区域地质构造以北东向断裂为主，西部有北西向构造存在。总体上市域展布在沩山-衡阳北西隆起带上，西跨湘中盆地边缘，东接宁乡-湘潭盆地，为长寿街-衡阳、灰汤-公田大断裂所夹持。在场地内及临近地段，未发现活动性断裂带，地层及地质构造较简单。

3.水文与气候

研究区域地下水以承压水为主，存在上层滞水，承压水位埋深0.94~4.18 m，水位标高52.76~52.29 m。杂填土具有上层滞水性质，并接受大气降雨、地表径流与排水补给；场区内粉质黏土层为相对隔水层，透水性差；粉质黏土下层之中砂、圆砾层为主要承压含水层，含中等孔隙水，接受大气降水和人工排水的越流补给以及地下水的侧向径流补给；底部泥质粉砂岩为相对隔水层，透水性差。

1)地下水流场条件

根据现场抽水试验，结合研究区域勘察资料，研究区域地下水流向为西北向东南，水力梯度为$5.31 \times 10^{-3} \sim 1.5 \times 10^{-2}$，圆砾层渗透系数为$4.71 \times 10^{-5} \sim 8.3 \times 10^{-4}$ m/s。

2)补给、径流和排泄条件

①补给条件：场地属于河流阶地地貌，处于地下水排泄区，东南侧1.0 km为河流，地下水主要补给来源是大气降水，补给量大。其次是河流侧向补给，补给量较小。

②径流特征：场地地下水以沿孔隙、裂隙分散径流为主要特征，总体由西北向东南方向径流，流速一般，枯水季节时主要为无压层流特征，但在丰水季节，

涟水水位较高时,地下水具有承压性质。

③排泄条件:场地处于地下水排泄区,地下水排泄方式一般以渗流形式向地表沟谷排泄。地下水主要沿斜坡地带沿圆砾及基岩接触面经短途径流后于低洼处以渗流形式排泄为主,场地地下水受地形控制,地下水与地表水的分水岭基本一致,不具统一的地下水面,地下水动态变化大,季节影响明显。

3)气象条件

场地所在区域属于中亚热带季风湿润气候区域,四季分明,光照充足,气候温和,雨量充沛,严寒期短,无霜期长。平均年日照 1558.7 h,年平均气温17.1℃,降雨量 1326.8 mm,无霜期 283 天,蒸发量 1284.1~1340.0 mm。

4. 场地污染调查

依据地下水调查布点方案,布设监测井,采集地下水样品,测试地下水中Cr(Ⅵ)浓度,确定场地 Cr(Ⅵ)污染分布特征。为使采集的水样具有代表性,采样前进行监测井洗井,回流后采集地下水样品及时存放于低温保温箱中,在 0~4℃环境中存放、待测。水质样品检测方法依照《地下水质量标准》(GB/T 14848—2017)要求进行,其中 Cr(Ⅵ)浓度测定方法参考《水质　六价铬的测定　二苯碳酰二肼分光光度法》(GB 7467—1987)要求执行。污染场地承压孔隙水检测结果见表 6-1。在所有超标指标中,Cr(Ⅵ)超标率最高,超标率为 51.1%,超标倍数最高达 1000 倍;其次为锰,超标率为 36.4%,超标倍数高达 22 倍。

表 6-1　承压地下水分析检测结果统计表

| 检测种类 | 筛选标准/(mg·L⁻¹) | 分析总数 | 超标个数 | 超标率/% | 最大值/(mg·L⁻¹) | 最小值/(mg·L⁻¹) | 平均值/(mg·L⁻¹) | 相对偏差/% |
|---|---|---|---|---|---|---|---|---|
| 六价铬 | 0.10 | 45 | 23 | 51.1 | 109 | <0.01 | 21.20 | 30.60 |
| 砷 | 0.05 | 44 | NC | NC | NC | NC | NC | NC |
| 铅 | 0.10 | 44 | 0 | 0.0 | 0.02 | <0.01 | 0.02 | 0.00 |
| 锰 | 1.00 | 44 | 16 | 36.4 | 22.3 | <0.01 | 2.11 | 3.98 |
| 锌 | 5.00 | 44 | 0 | 0.0 | 0.96 | <0.01 | 0.09 | 0.22 |

注:NC 为低于实验室检出限而未计算。

现场监测结果表明场内外承压孔隙水六价铬、锰污染严重。六价铬浓度范围为 0~69.6 mg/L,最大超标倍数为 695 倍。锰浓度范围为 0~13.2 mg/L,最大超标倍数 12 倍。采用克里金插值法,通过 SURFER 软件(V 16.0)获得 Cr(Ⅵ)在场地中的空间分布特征及污染程度。在插值之前,采用对数变换使数据符合正态分布或者近似正态分布。以平均误差接近 0 且均方根误差小于 1 为原则,对 Cr(Ⅵ)

含量进行半变异函数最优拟合，以确定最佳模型和参数，从而确保所有数据适用于普通克里金插值。

土壤和地下水中Cr(Ⅵ)的空间分布如图6-4所示。参照《土壤环境质量 建设用地土壤污染风险管控标准(试行)》(GB 36600—2018)中的筛选值和控制值，将污染场地中六价铬的污染程度划分为5个范围：未污染、轻度污染、中度污染、重度污染和极重度污染。

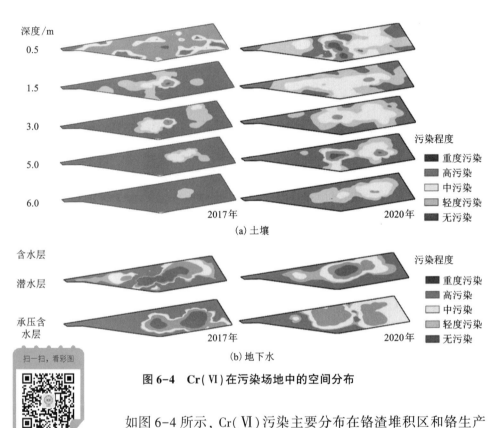

图6-4 Cr(Ⅵ)在污染场地中的空间分布

如图6-4所示，Cr(Ⅵ)污染主要分布在铬渣堆积区和铬生产区，表现出与功能区密切的相关性。值得注意的是，受污染场地的Cr(Ⅵ)污染程度呈现漏斗型倒梨状结构，污染物主要集中在上层土壤中，并且，无论是面积还是浓度，都随着深度的增加而减少，从表层土壤中的290670.19 m² 和6100 mg/kg (2017 年，深度 0.5 m)减少到8862 m² 和56 mg/kg(2017 年，深度 6 m)。上层滞水中的六价铬浓度较高，最大浓度为2090 mg/L(特别是2017 年)，是承压含水层(109 mg/L)的20 倍(表6-2)。上述现象表明，中间隔水层作为天然的水文地质屏障，提供了一定程度的水质保护。事实上，包气带中的土层，尤其是致密的粉质黏土层，作为Cr(Ⅵ)进入土壤和地下深层地下水的唯一通道，其孔隙度低，并含有一定数量的有机/无机天然吸附剂(腐殖酸或黏土矿物),在一定程度上可以发挥天然屏障的作用,以保持污染物的连续渗透和迁移(Li 等,2010;Zhu 等,2021)。

表 6-2　土壤和地下水 Cr(Ⅵ)含量的基本统计参数

| | | 标准值 /(mg·kg$^{-1}$) | 最大值 | 平均值 /(mg·kg$^{-1}$) | 总数 | 超出率 /% | 最大 超出倍数 |
|---|---|---|---|---|---|---|---|
| 土层 (2017 年) | >0.5 m | 5.7 | 6100 | 414 | 203 | 90.2 | 1070 |
| | <1.5 m | 5.7 | 3430 | 27 | 94 | 18.1 | 602 |
| 土层 (2020 年) | >0.5 m | 5.7 | 4300 | 156.10 | 95 | 71.58 | 755 |
| | <1.5 m | 5.7 | 3230 | 62.2 | 356 | 58.14 | 567 |
| Cr(Ⅵ) (2017 年) | 潜水含水层 | 0.05 | 2090 | 95.3 | 36 | 87.6 | 41800 |
| | 承压含水层 | 0.05 | 109 | 21.2 | 45 | 51.1 | 2180 |
| Cr(Ⅵ) (2020 年) | 潜水含水层 | 0.05 | 116 | 9.62 | 30 | 76.67 | 2320 |
| | 承压含水层 | 0.05 | 44 | 5.74 | 56 | 42.86 | 880 |

在 2020 年的空间分布图中,位于表层土(深度 0.5 m)和粉质黏土层上部(深度 5 m)的两个浓度峰值(4300 mg/kg 和 3200 mg/kg)非常明显(图 6-4)。一方面,竖直方向上的这种双峰模式是由粉质黏土层的低渗透性造成的。另一方面,可以解释为 Cr(Ⅵ)污染的上层滞水可以汇集在铬渣堆积区下方的"盆地"地层中,从而在地下形成长期浓度峰值,并造成附近地区的地下水和土壤污染。

对比 2017 年和 2020 年的空间分布图和监测数据(图 6-4 和表 6-2),可以发现 Cr(Ⅵ)有明显的迁移。表层土壤的污染面积和最大浓度从 290670.19 m$^2$ 和 6100 mg/kg(2017 年)下降到 219000 m$^2$ 和 4300 mg/kg(2020 年),而深度 6 m 的土壤污染面积和最大浓度的则从 5600 m$^2$ 和 57 mg/kg 显著增加到 18000 m$^2$ 和 700 mg/kg,表现出明显的垂直迁移特征(图 6-4 和图 6-5)。潜水含水层的监测数据也证明了这一观点:几乎所有监测井的 Cr(Ⅵ)浓度都有较大幅度的下降,而污染面积没有进一步增加(图 6-5)。承压含水层浓度监测数据显示,污染场地下游只有少数几组监测井 Cr(Ⅵ)浓度呈上升趋势,污染场地内 Cr(Ⅵ)污染有不同程度降低。Cr(Ⅵ)在污染场地中的大幅度迁移可以解释为:除黏土矿物和一些腐殖酸胶体外(Wang 等,2019;Xu 等,2020),污染场地地层中的其他组分对污染物基本没有吸附作用。与其他重金属阳离子不同,黏土矿物和腐殖酸胶体对 Cr(Ⅵ)的吸附作用相当弱,这是由于发生络合作用的 Cr(Ⅵ)含氧阴离子与土壤中带负电荷的吸附剂之间存在静电排斥作用(Zhu 等, 2021)。

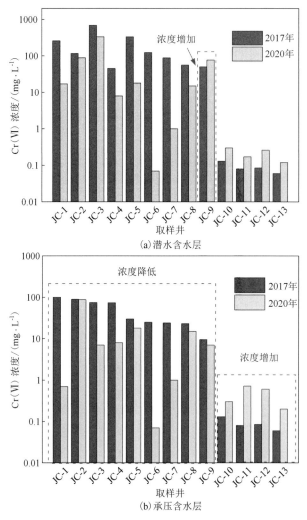

(a)潜水含水层

(b)承压含水层

**图 6-5  2017 年与 2020 年 Cr( Ⅵ) 浓度比较**

通过自动监测设备实时监测的地下水污染数据, 得到了 2022 年研究区域及周边 Cr( Ⅵ) 污染分布特征。研究区域及周边地下水 Cr ( Ⅵ) 污染羽分布如图 6-6 所示。

根据 Cr( Ⅵ) 污染羽分布图( 图 6-6), 地下水 Cr( Ⅵ) 污染主要分布在该铁合金厂二期场区中部、东部区域以及场外零星区域内。场内浓度中心有两个位置, 分别为东西渣场区域和三分厂区域。参考地下水质量标准, 以Ⅳ类地下水六价铬

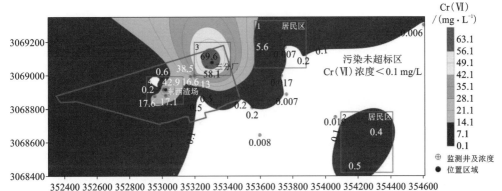

图 6-6　地下水 Cr(Ⅵ) 污染羽分布图

浓度(0.1 mg/L)作为筛选标准，当地下水中浓度超过 0.1 mg/L 时，认为地下水存在 Cr(Ⅵ)污染。东西渣场浓度中心六价铬最高浓度为 42.9 mg/L，超标 428 倍；三分厂浓度中心六价铬最高浓度为 69.6 mg/L，超标 695 倍。受地下水渗流影响，污染程度由污染中心向东南方逐渐降低，场区东南方约 800 m 处有小范围污染，六价铬最高浓度为 0.5 mg/L，超标 5 倍。场外污染浓度主要受场内高浓度影响。整个研究范围内，污染自东向西大致可以分成四个区域，第一个区域是铁合金厂二期场区外东北部居民区区域，此范围内六价铬污染浓度为 0.3~5.9 mg/L；第二个区域是铁合金厂二期场区外东南部居民区范围，此区域六价铬污染浓度为 0.05~0.37 mg/L；第三个是场内东铬渣场区域，此区域六价铬污染浓度为 0.1~69.6 mg/L；最后一个是场区西铬渣厂区域，六价铬污染浓度为 0.1~42.9 mg/L。

　　研究区域及周边地下水 Mn(Ⅱ)污染羽分布如图 6-7 所示，地下水锰污染主要分布在铁合金厂二期场区南部内外以及场区东部范围，并逐渐向场外南部方向迁移扩散。主要污染浓度中心有三个位置，分别为铁合金厂二期场区内东北角区域、铁合金厂办公室东侧约 400 m 区域和研究范围内南侧区域。铁合金厂二期场区东北角区域整体浓度为 0.1~4.1 mg/L，锰最高浓度为 4.1 mg/L，超标 3 倍；铁合金厂办公室东侧约 400 m 区域锰最高浓度为 1.4 mg/L，超标 0.4 倍，该区域整体浓度为 0.1~1.4 mg/L；研究范围内南侧区域锰最高浓度为 13.2 mg/L，超标 12 倍，该区域整体浓度为 1.2~13.2 mg/L。

　　根据 pH 分布图(图 6-8)，场区内绝大部分范围内地下水接近中性或呈弱酸性，可能是地下水受 Cr(Ⅵ)和 Mn 污染等多重因素影响，铁合金场二期区域内存在局部碱性区域。场内存在两个碱性中心，分布在某铁合金场中部污水处理设备

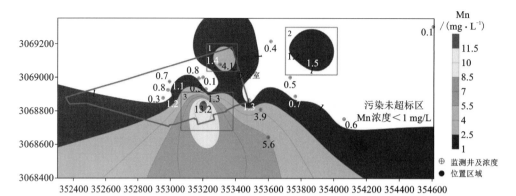

图 6-7 地下水锰污染羽分布图

东西两侧。东侧碱性中心 pH 最高可达 9.7，西侧碱性中心 pH 最高可达 11.2。

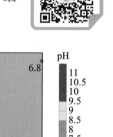

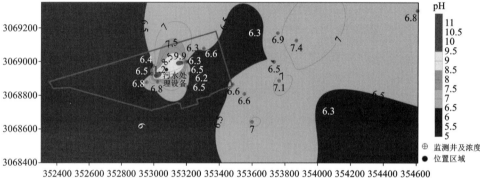

图 6-8 地下水 pH 分布

## 6.2.2 模型构建

### 1.三维地质模型构建

根据污染分布差异，针对一期阻隔堆存厂附近小尺度区域和二期大尺度区域建立了三维地质模型，进行了重金属污染物迁移和工程屏障阻滞数值模拟。

一期小尺度模型介绍如下。模型区域为矩形，长为 345.770 m，宽为 202.720 m，深度为 20.937 m。根据场地地层分布，将模型垂直划分为 5 层：①杂填土层，②粉质黏土层，③中粉砂-圆砾含水层，④强风化泥岩，⑤中风化泥岩，如图 6-9 所示。此处仅考虑污染物在饱和带中的迁移，模拟 Cr(Ⅵ) 在中粉砂-圆砾含水层中迁移。参照研究区域水文地质条件,赋予模型常水头边界条件。由于含水层具有一定埋深,忽略蒸发作用。通过现场调查和水头校准,确定西北方向边界水头为51 m,东南方向边界水头为50 m。考虑含水层的降雨入渗补给,研究区域平均年降雨量为2483 mm,降雨入渗补给系数为0.1,计算得降雨入渗补给量为248.3 mm/a。

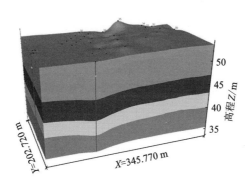

图 6-9　场地三维地层结构化模型

假设模型区域内 Cr(Ⅵ)初始浓度为0,污染源为恒定浓度补给量为120 mg/L的 10 m×10 m 区域污染源,将污染源设置在模型右下角(上游)和左上角(下游),并假设场地环境为等温条件。同时,假定同一方向的地层介质是均匀的,由于中粉砂–圆砾含水层渗透系数大,Cr(Ⅵ)在含水层中的分子扩散作用不予考虑。

二期大尺度模型介绍如下。针对污染场地缺乏自然边界的问题,研究中合理引入虚拟钻孔,将模拟区范围进行调整。调整后的模拟区在西北方向以未名河为界、东南方向以涟水河为界。多年水位监测点的动态监测数据显示,两河水位相对稳定,因此将西北和东南边界概化为定水头边界。模拟过程中,东北和西南边界的水头通过模型自动计算。垂直方向上,将地下水补给源(包括降水和蒸发)定义为垂直补给边界。根据地下水调查监测结果,通过有限差分法对场地污染区域进行浓度插值,得到模拟区域的初始浓度。

本研究模拟两种工况条件下污染物迁移的情况。工况1,污染物在自然条件下的迁移;工况2,在原铁合金厂边界分别设置3个竖向黏土类工程屏障(15 m深,0.8 m厚)。为深入了解 Cr(Ⅵ)的迁移特征,定量评估黏土类工程屏障的阻滞性能,在工程屏障外沿3个水平方向均匀布置了46个监测井(A 方向监测点1~19,与地下水流向相交;B 方向监测点20~34,与地下水流方向相交;C 方向监测点35~46,与地下水流方向平行)。

2. 模型参数设计

模型计算参数的选取主要基于现场试验、室内试验、研究报告和文献。

一期小尺度模型计算参数包括中粉砂–圆砾含水层初始渗透系数、含水层特征参数和污染物迁移参数，具体取值如表 6-3 所示。渗透系数通过现场单孔稳定流抽水试验确定，$X$、$Y$ 方向的渗透系数相同，$Z$ 方向渗透系数取水平方向渗透系数的 1/10(陈永贵等，2012)。体积密度通过室内试验获取，其余参数参考文献(中华人民共和国生态环境部，2019)。基于 Visual MODFLOW PEST 模块，实施参数校准，获取了校准后的地下水渗流场和地层渗透系数的分布。横向弥散度与纵向弥散度的比值为 0.1，垂向弥散度与纵向弥散度的比值为 0.01(Yenigül 等，2005；Sieczk 等，2018)。

表 6-3　中粉砂-圆砾含水层计算参数

| 水平向渗透系数 $K_X/(\text{m} \cdot \text{s}^{-1})$ | 贮水率 $S_s$ /$\text{m}^{-1}$ | 有效孔隙度 $\theta_{Eff}$ | 总孔隙度 $\theta_{Tot}$ | 纵向弥散度 $\alpha/\text{m}$ | 分配系数 $K_d$ /$(\text{L} \cdot \text{mg}^{-1})$ | 体积密度 $\rho_b$ /$(\text{kg} \cdot \text{m}^{-3})$ |
|---|---|---|---|---|---|---|
| $8.3 \times 10^{-4}$ | $1 \times 10^{-4}$ | 0.4 | 0.43 | 0、13、130 | $1.3 \times 10^{-6}$ | 2000 |

针对二期大尺度模型，在模拟过程中，通过实验室渗透试验和现场抽水试验分别获取了黏土工程屏障和承压含水层的渗透系数。降水量和蒸发数据收集自水利局(2010—2020 年)。根据工程地质调查报告，将贮水率($S_s$)和弥散系数($D$)的初始含水层参数分配给模型。对于每个地层，$X$ 方向和 $Y$ 方向上的 $K$ 值和 $D$ 值是相同的，$Z$ 方向是 $X$ 和 $Y$ 方向的 1/10(Qian 等，2020)。污染物迁移模拟参数如表 6-4 所示。

表 6-4　污染物迁移模拟参数

| 项目 | 孔隙度 ($n$) | $D(-)$ | $K/(\text{m} \cdot \text{s}^{-1})$ | $S_s$ | 降水量 /$(\text{mm} \cdot \text{a}^{-1})$ | 蒸发量 /$(\text{mm} \cdot \text{a}^{-1})$ |
|---|---|---|---|---|---|---|
| 中粉砂-圆砾含水层 | 0.3 | 20 | $5.4 \times 10^{-5}$ | 0.003 | 365 | 345 |
| 红黏土-膨润土屏障 | 0.2 | — | $1.8 \times 10^{-10}$ | — | | |

## 6.2.3　模拟结果与分析

1. 一期小尺度区域地下水渗流和污染物迁移模拟结果

1)地下水渗流

基于 Visual MODFLOW PEST 模块，实施参数校准，获取了研究区域中粉砂-圆砾含水层渗透系数分布，如图 6-10 所示。

图 6-10 表明，研究区域中粉砂-圆砾含水层表现出非均质性，渗透系数为

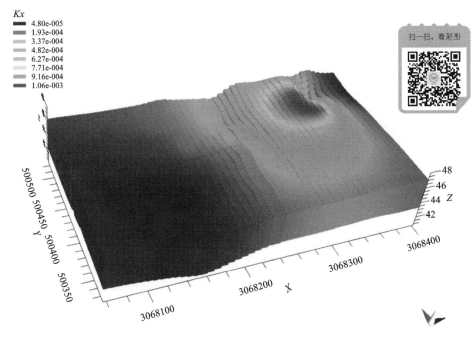

**图 6-10 研究区域含水层渗透系数分布**

$4.8 \times 10^{-5} \sim 1.06 \times 10^{-3}$ m/s。图中 $X$ 轴指向地理位置的正北，$Y$ 轴指向正东方向。从图 6-10 中可以看出，研究区域中粉砂-圆砾含水层北部渗透系数较大，其中东北部区域含水层透水性较强。

经过参数校准后，获取了研究区域地下水渗流场分布，如图 6-11 所示。图 6-11 呈现了研究区域地下水等水位线分布情况。地下水流线与等水位线垂直，表明研究区域地下水流向为西北至东南，模拟结果与现场调查结果一致。

2）Cr(Ⅵ)迁移

不考虑中粉砂-圆砾含水层对 Cr(Ⅵ)的吸附时，在研究区域的上游和下游（模型的右下角和左上角）同时设置面积为 10 m×10 m 的区域污染源，经过 30 d 和 730 d 后，地下水中 Cr(Ⅵ)污染羽分布如图 6-12 所示。

从图 6-12 可以看出，Cr(Ⅵ)在上游和下游区域呈羽状扩散，当时间从 30 d 增大到 730 d，Cr(Ⅵ)污染羽分布范围逐渐增大。区别在于，在上游污染源作用下，污染羽纵向分布范围大，污染羽尾部颜色较浅，距离上游污染源越远，Cr(Ⅵ)浓度越低，地下水中 Cr(Ⅵ)浓度随距离增大有明显的衰减趋势。污染源位于下游时，污染羽纵向分布范围小，分布更集中。然而，当时间由 30 d 增大到 730 d，污染羽将从下游向上游区域扩展；污染源位置浓度仍为模型中输入的初始

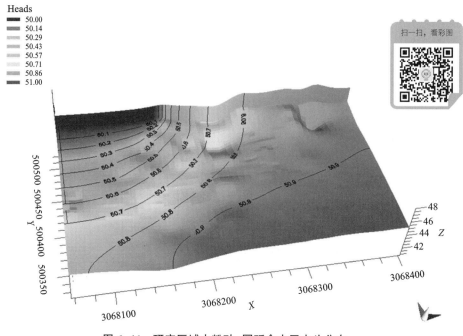

**图6-11 研究区域中粉砂-圆砾含水层水头分布**

浓度值120 mg/L(图6-12),无论距离下游污染源远近,图中污染羽颜色变化不大,Cr(Ⅵ)浓度基本趋于一致。模拟结果表明,即使不考虑Cr(Ⅵ)分子扩散作用,污染源位于场地下游时,随着时间增长,Cr(Ⅵ)污染羽仍能大面积扩展至上游区域,且地下水中Cr(Ⅵ)浓度趋于均一,随着距离增大,污染物浓度降低的幅度不大。实际上,Cr(Ⅵ)在地下水中迁移机制主要包括对流和弥散。污染源位于场地上游时,Cr(Ⅵ)随地下水从上游迁移至下游,该过程主要受对流控制,污染羽纵向分布范围大。同时,污染物浓度也随水流得到了充分稀释,随着距离增大,污染物浓度逐渐降低。污染源位于场地下游时,大部分污染物随水流向下游迁移,不会进入上游区域。然而,由于流体质点在中粉砂-圆砾含水层介质中孔隙路径和流速不一,含有溶质的水以不同的速度运动,两种水体会沿着流动路径发生混合,溶质浓度锋面同时向横向和纵向扩展,Cr(Ⅵ)在中粉砂-圆砾含水层中产生机械弥散。此过程中水流稀释作用弱,加上场地地势平坦(西北方向边界水头为51 m,东南方向边界水头为50 m,含水层最大水头差约为1 m),对流作用较弱,地下水中Cr(Ⅵ)浓度分布更集中,距离污染源较远处,污染物浓度值仍处于较高水平。该现象受中粉砂-圆砾含水层弥散度的影响,中粉砂-圆砾含水层弥散度越大,通过机械弥散作用从下游扩展至上游的污染羽面积更大。

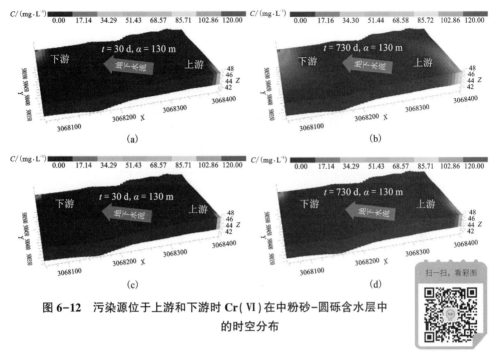

**图6-12　污染源位于上游和下游时Cr(Ⅵ)在中粉砂-圆砾含水层中的时空分布**

为验证上述过程，将模型中中粉砂-圆砾含水层弥散度设置为13，保持其余参数不变，模拟结果如图6-12(c)和图6-12(d)所示。污染源位于上游时，Cr(Ⅵ)污染羽分布规律跟之前的模拟结果[图6-12(a)(b)]较为一致，仅在纵向分布范围上有所减小，这是弥散度变小的缘故。污染源位于下游时，弥散度减少10倍后，污染羽分布范围大大减小，表明污染羽迁移分布与中粉砂-圆砾含水层弥散度密切相关。为证明该结论与污染源设置于计算区域端部位置无关，不考虑中粉砂-圆砾含水层的机械弥散(假设弥散度为0)，仅考虑地下水对流作用，进一步开展数值计算，所得结果如图6-13所示。结果表明，当不考虑机械弥散和分子扩散作用，在上游污染源作用下，Cr(Ⅵ)随地下水对流向下游迁移，浓度几乎不变，呈活塞流向前推进。然而，弥散度为0时位于下游的Cr(Ⅵ)污染羽不再向上游扩展。对比图6-12和图6-13可得，当不考虑机械弥散和分子扩散时，污染羽不会往地下水流反方向扩展。

3)考虑吸附作用Cr(Ⅵ)迁移

在场地上游设置污染源，不考虑吸附和考虑吸附作用下，Cr(Ⅵ)浓度等值线分布如图6-14所示。

图6-14(a)表明，在计算参数相同的条件下，不考虑中粉砂-圆砾含水层介质对Cr(Ⅵ)的吸附，即$K_d$为0 L/mg时，污染羽730 d后横向扩散距离为35 m，纵向扩散距离为120 m，扩散面积约为4200 $m^2$。对比图6-14(a)和图6-13(b)，

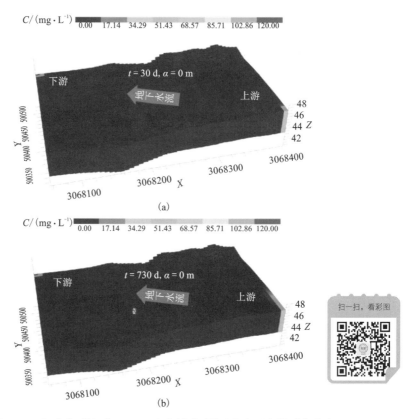

图 6-13　仅考虑对流时 Cr( Ⅵ) 在中粉砂-圆砾含水层中的时空分布

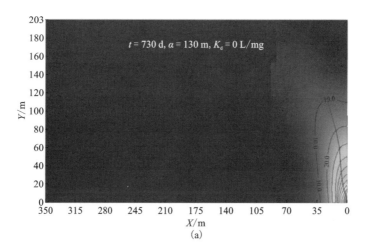

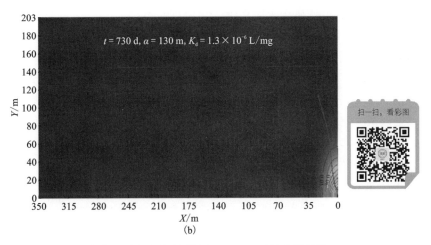

图 6-14　不考虑吸附和考虑吸附作用下 Cr(Ⅵ)浓度等值线

将中粉砂−圆砾含水层对 Cr(Ⅵ)的吸附视为线性等温吸附，$K_d = 1.3 \times 10^{-6}$ L/mg，730 d 后污染羽横向扩散距离为 17 m，纵向扩散距离为 60 m，扩散面积约为 1020 m²。由此可见，考虑吸附作用下，Cr(Ⅵ)的扩散范围缩小 76%，且高浓度污染羽分布面积明显减少。

为进一步分析吸附作用对 Cr(Ⅵ)时空分布的影响，沿污染羽迁移方向，在各等值线上选择若干点连成一线段(图 6-14)，线段上各点 Cr(Ⅵ)浓度分布如图 6-15 所示。

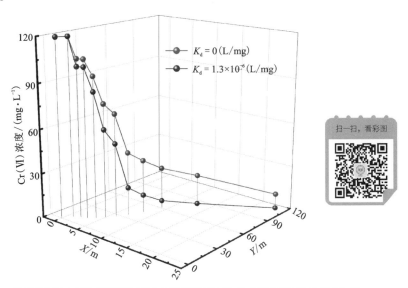

图 6-15　考虑吸附和不考虑吸附下研究区域不同位置 Cr(Ⅵ)浓度分布(730 d)

考虑中粉砂-圆砾含水层介质对 Cr(Ⅵ) 的吸附时，各点 Cr(Ⅵ) 浓度均小于不考虑吸附作用时同一位置浓度。如图 6-15 所示，当 Cr(Ⅵ) 横向扩散 7 m，纵向扩散35 m 时，数值计算得到的中粉砂-圆砾含水层中 Cr(Ⅵ) 浓度最大差值为 24 mg/L，约为初始浓度的20%。上述研究表明，预测地下水中 Cr(Ⅵ) 浓度分布时除了考虑污染物的对流-弥散外，还需重点关注中粉砂-圆砾含水层介质对 Cr(Ⅵ) 的吸附，并通过室内试验确定中粉砂-圆砾含水层介质对 Cr(Ⅵ) 的吸附模式和吸附参数。

2. 二期大尺度区域地下水渗流和污染物迁移及阻滞模拟结果

从图 6-16 可以看出，地下水基本沿地形走向，自西北向东南流动，水头大小为 43~58 m。

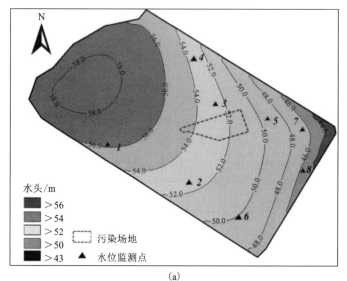

(a)

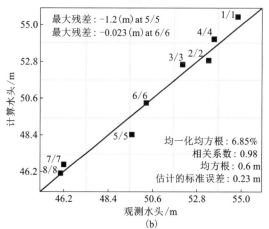

(b)

图 6-16　稳态地下水流动模型(a)及模型校准结果(b)

　　模拟区地下水位校正结果如图 6-16 所示。地下水位观测值和和计算值显示出良好的一致性，相关系数达到 98%。误差分析结果显示模型预测值和实测值之间的平均残差仅为 0.6 m，在可接受的范围内，这表明所建立的地下水模型能较好地描述模拟区的排泄和补给关系。

　　图 6-17 显示了两种工况下 1 年、2 年、5 年、8 年和 20 年后 Cr(Ⅵ)的时空变化规律。从图中可以看出，整个模拟过程中，Cr(Ⅵ)污染羽基本沿流向(西北方向往东南方向)迁移，并呈现面积扩大、中心浓度降低的特征。此外，除了向下游方向迁移外，也存在向其他方向小范围的扩散。在 5 年的模拟期内，Cr(Ⅵ)污染羽流就可到达模拟区域东北边界。8 年后，Cr(Ⅵ)污染物将到达东南方向的涟水河。与工况 1 模拟结果相比，工况 2 污染区域明显变小，污染中心浓度增大，表明红黏土-膨润土屏障对 Cr(Ⅵ)具有明显的阻滞效果。

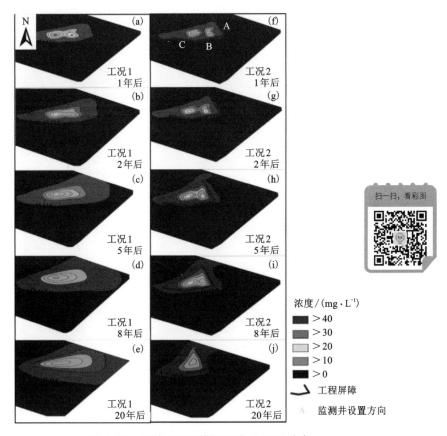

图 6-17　两种工况下模拟区域 Cr(Ⅵ)分布

　　为更好地了解 Cr(Ⅵ)的迁移规律，统计分析模拟期内污染物 Cr(Ⅵ)在 A、B、C 3 个水平方向的变化情况，如图 6-18 所示。

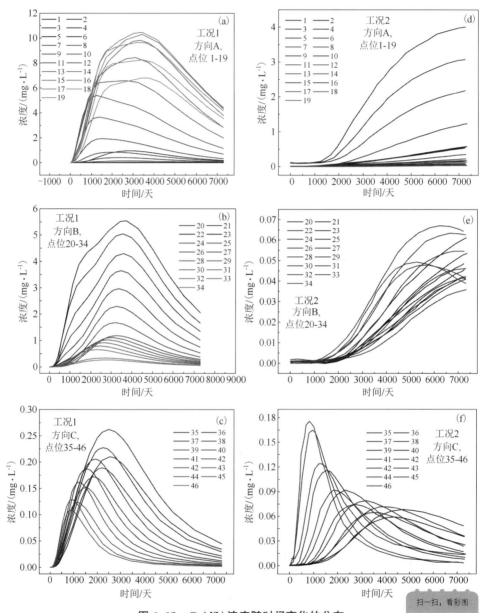

**图 6-18　Cr(Ⅵ)浓度随时间变化的分布**

　　如图 6-18(a)~(c)所示，在自然条件下(工况 1)，在 A、B、C

方向上，Cr(Ⅵ)浓度变化趋势基本一致，即先达到峰值后减小，但其增长速度表现出明显的各向异性。从图中可以看出，A、B 方向浓度峰出现的时间较短，C 方向次之，这表明 Cr(Ⅵ)污染物在场地内主要以对流作用的迁移方式为主，弥散和分子扩散作用较弱。

工况 2 中，A、B 方向上 Cr(Ⅵ)污染物浓度在整个模拟期内均连续增加，未出现峰值[图 6-18(d)~(e)]。而在 C 方向上，污染物浓度峰值出现时间反而提前[图 6-18(f)]。此外，在同一方向上，自然条件下 Cr(Ⅵ)浓度增长速度较慢的检测井(工况 1)，黏土工程屏障设置后(工况 2)，Cr(Ⅵ)浓度增长速度较快，但其峰值明显降低。这个现象可以解释为当 Cr(Ⅵ)污染物的对流作用受到屏障阻滞时，Cr(Ⅵ)迁移主要受弥散作用控制。

图 6-19(a)和图 6-19(b)分别为 8 年和 20 年后 Cr(Ⅵ)浓度在水平方向的变

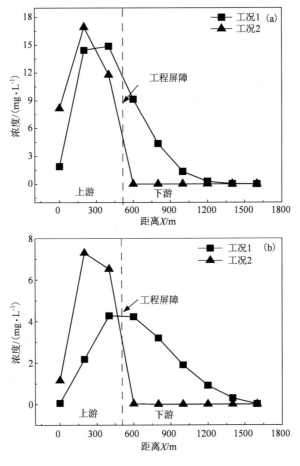

**图 6-19　8 年(a)和 20 年(b)后工程屏障墙对 Cr(Ⅵ)浓度分布的影响**

化。可以很明显地发现，屏障设置后，上游区域 Cr(Ⅵ)污染物浓度明显增加。与上游 Cr(Ⅵ)浓度相比，下游 Cr(Ⅵ)浓度急剧下降，这表明黏土工程屏障对 Cr(Ⅵ)迁移具有较好的阻滞效果。工程屏障在 8 年和 20 年后的阻滞效率分别为 61.6% 和 33.3%。屏障对 Cr(Ⅵ)的阻滞随着时间的增加而减小，这可能是由黏土工程屏障化学相容性差所致。

## 6.3 黏土类工程屏障重金属污染物阻滞数值模拟——以某垃圾填埋场为例

### 6.3.1 研究区域概况

1. 工程概况

研究区域为长沙市城市固体废弃物处理场，场区位于长沙市望城区桥驿镇寿字石村汉家冲一带的山间谷地，是长沙市唯一的生活垃圾终端处理场所。长沙市城市固废弃物处理场按照老版规范[《岩土工程勘察规范》(GB 50021—1994)和《城市生活垃圾卫生填埋技术标准》(CJJ 17—88)]要求设计，占地 2640 亩(1 亩≈666.7 m²)，原设计总库容 4500 万 m³，服务年限 34 年。该固体废弃物处理场承担着长沙市六区和长沙县的生活垃圾处理任务，自 2003 年建成投入使用以来，至今已运行近 20 年，目前最高已填埋至 200 m 标高，填埋厚度最大处超过 100 m。该垃圾填埋场的垃圾成分复杂，包括餐厨垃圾、混合垃圾和城市污泥。场区填埋的生活垃圾采用改良型厌氧卫生填埋工艺，污泥处置由传统固化处理工艺技术升级为"热水解+高温厌氧消化+脱水+干化"的节能环保新工艺，垃圾渗滤液采用生化+膜深度处理工艺(图 6-20)。

固体废弃物处理场由填埋库区、渗滤液调节池、渗滤液处理厂、辅助生产设施、填埋气体处理设施和沼气利用系统预留场地、管理中心、清洁焚烧厂(一期已经建成投产，二期在建)等组成。填埋库区位于垃圾主坝、东南副坝、二期道路、分水岭道路及截洪沟所围成的区域。垃圾主坝坝顶标高 100.0 m，西南道路副坝坝顶标高 150 m。垃圾填埋场采用单元填埋法，按区域、按层次进行填埋作业。填埋场原设计垃圾堆体以坡比 1:3 的坡度阶梯式填埋，到 2020 年，填埋场垃圾堆填高度已接近标高 200 m。

2018 年投运长沙市生活垃圾深度综合处理(清洁焚烧)项目，2021 年生活垃圾与污泥协同焚烧二期项目运行。目前长沙市城市固体废弃物处理场已基本停止填埋生活垃圾，可以实现日进场 10000 t 生活垃圾(含市政污泥)的全量焚烧，并通过灰渣填埋场项目作为生活垃圾焚烧项目的配套工程，填埋处置"生活垃圾焚

**图 6-20　研究区域航拍图**

烧一期"和"污泥与垃圾掺烧二期"经过固化稳定化处理达标的飞灰，设计填埋量为 410 t/d，总库容为 $5.15 \times 10^6$ m$^3$。

2. 区域地质条件

该填埋场属于典型的山谷型填埋场，地貌单元属构造剥蚀丘陵地貌，地势总体为南西高，北东低。场区位于湘东褶皱带的幕阜山—望湘隆起带南西段，区域的 4 条主要断裂构造近期没有活动迹象，场区新构造运动迹象也不显著。场区内地层主要为人工填土(素填土、生活垃圾、污泥)，下伏基岩为燕山期花岗岩。各层主要特征如下：

①素填土($Q_4^{ml}$)：褐黄色、褐灰色，稍湿~湿，结构松散~稍密状，主要由黏性土及花岗岩残积土构成，局部夹砼块，为新近填土，系机械推填而成。

②生活垃圾($Q_4^{ml}$)：黑色、褐灰色，稍湿~湿，结构松散~稍密状，主要由塑料袋、碎布条等组成，局部混碎石、木头、泡沫等，有腐臭味。

③污泥($Q_4^{ml}$)：黑色、褐灰色、灰色，湿，上部呈流塑状，下部呈流塑状~软塑状，主要由黏性土构成，摇振反应无，稍有光泽，干强度中等，韧性中等。局部呈薄层状分布于分层堆填的生活垃圾中或污泥坑。

④花岗岩($J_3^{ny}$)：场区基岩及周边主要分布有全风化、强风化、中等风化花岗岩。灰白色、灰黄色、肉红色、褐灰色，中细粒似斑状结构，块状构造，节理裂隙较发育，可见长石、石英、云母片等矿物成分，岩石属较硬岩，锤击声脆，不易碎。

### 3. 水文与气候

区域内的主要水体有黑麋溪、沙河、湘江。地下水类型主要有两种形式：一是赋存于生活垃圾与污泥的上层滞水，主要靠地表水及大气降水、地下水及地表径流和内部生物的降解反应产生的渗沥液补给。水位受季节性、人工抽排的影响较大，以管、井的形式或人工开挖的低洼处抽排、渗流及大气蒸发排泄。现场注水试验结果表明生活垃圾层渗透性等级属中等透水。二是赋存于花岗岩的风化裂隙水、构造裂隙水，花岗岩表层风化强烈，风化层深度一般为 2~20 m，层内网状风化裂隙发育，地下水主要受大气降水补给，向附近沟谷迳流，就近以下降泉形式排泄。场区多年平均气温 16.4~18.2℃，日平均最高气温 38.1℃；年平均相对湿度 79.5%，常年主导风向为东南风，多年平均降水量 1394.6 mm，雨季多集中在 3—8 月，占年降雨量 64%~80%。

### 4. 场地污染调查

为查明水文地质条件、含水层类型，掌握地层的渗透性和场地水文地质条件，利用钻孔对含水层进行现场注水试验，以获取含水层的渗透系数和水文地质条件。同时利用钻孔进行孔内地下水取样、水质分析，了解地下水污染情况及其变化规律。渗透系数较小，涌水量较少时，在钻孔中采用单孔降水头注水试验方法求得试验段地层渗透系数。利用勘查钻孔和已有观测孔，采取孔内地下水样，测定地下水主要水质指标(表 6-5)，对部分水样水质进行了全分析，确定地下水污染程度，并与下游黑坝水库及池塘水质进行对比分析，揭示地下水中污染物迁移规律(图 6-21)。

本次勘查共在钻机中取水质分析样 25 件，水质分析样分层段样和全孔样。层段样的取样方式为：如 30 m 层段样，在钻进达到 30 m 时进行洗孔，洗孔完毕后待地下水浸出约 1 h 后抽干，再在 1 h 后抽干，如此进行 3 次，在第二天早晨上班前采取水样。全孔水样除 ZK5 机外均取了两次：分别为钻机完工后的 5 天和 12 天从孔内取样。

所有水质分析样均于两小时内送实验室测试，确保样品符合试验规程要求。

**图 6-21　钻孔现场**

扫一扫，看彩图

表 6-5　地表水、地下水主要环境质量标准基本项目

| 序号 | 控制污染物 | 单位 |
|---|---|---|
| 1 | 化学需氧量 COD | $mg \cdot L^{-1}$ |
| 2 | 生化需氧量 BOD5 | $mg \cdot L^{-1}$ |
| 3 | 总氮 | $mg \cdot L^{-1}$ |
| 4 | 氨氮 | $mg \cdot L^{-1}$ |
| 5 | 总磷 | $mg \cdot L^{-1}$ |
| 6 | 总铅 | $mg \cdot L^{-1}$ |
| 7 | 总镉 | $mg \cdot L^{-1}$ |
| 8 | 总汞 | $mg \cdot L^{-1}$ |
| 9 | 挥发酚 | $mg \cdot L^{-1}$ |

场地污染调查结果如下。

(1)地下水水化学背景值

同处于花岗岩地区的黑麋峰矿泉水无色,无臭,水温 16℃,属冷泉;水中阳离子主要为 $Na^+$ 7.40 mg/L, $Ca^{2+}$ 5.10 mg/L,其次为 $Mg^{2+}$ 0.81 mg/L, $K^+$ 0.82 mg/L;阴离子中主要为 $HCO_3^-$ 31.08 mg/L,其次为 $SO_4^{2-}$ 3.25 mg/L, $Cl^-$ 2.78 mg/L;水中含氡 185.25 Bq/L;pH 6.78,属中性水;矿化度 82.02 mg/L,属淡水;总硬度 15.8 mg/L,属软水,水化学类型为 $HCO_3-Na \cdot Ca$ 型水;耗氧量 1.10 mg/L。场区附近背景水样取自进场公路旁路堑边坡,花岗岩裂隙泉水,泉水清澈透明,无色无味,其 $COD_{Cr}$ 17.9 mg/L,氯化物 3.04~8.69 mg/L,铁(Fe) 0.007~5.33 mg/L。

(2)钻孔地下水样品污染分析

将各钻井中采取的地下水样进行化学成分分析,结果见表 6-6。垃圾渗滤液中氯化物浓度达 765.36 mg/L,在各孔氯化物浓度均超过背景值,最接近填埋区的 ZK3 号孔氯化物浓度大于其他孔,为 26.35 mg/L,约是背景值的 8 倍。各孔中 Cu、Fe、Mn 均超过背景值,ZK3 号孔中 Cu、Fe、Mn 浓度分别为 0.015、9.71 和 0.9 mg/L,与渗滤液中 Cu、Fe、Mn 浓度接近,表现出与渗滤液较大的相关性。氯化物、铜、铁、锰的浓度具有随着远离填埋区距离增大而衰减的趋势,反映污染物在地下水系统中的扩散、迁移规律。

表 6-6　各钻孔水质指标及背景值

| 污染物/$(mg \cdot L^{-1})$ | ZK1 | ZK2 | ZK3 | ZK4 | 渗滤液 | 背景值 |
|---|---|---|---|---|---|---|
| Cl 浓度 | 10.64 | 11.51 | 26.35 | 3.04 | 765.36 | 3.04 |
| Cu 浓度 | — | — | 0.015 | 0.009 | 0.014 | 0.003 |
| Fe 浓度 | 19.03 | 5.27 | 9.71 | 5.33 | 3.531 | 2.67 |
| Mn 浓度 | 0.5 | 0.31 | 0.9 | 0.18 | 1.19 | 0.005 |

对上述监测结果进行综合分析可知,地下水已受到填埋场渗滤液的影响。垃圾填埋区至西南区存在两条断裂破碎带,岩石破碎、裂隙发育、风化程度高,其渗透系数远大于花岗岩的渗透系数,为主要的地下水过水通道。填埋区渗滤液部分污染成分通过地下水渗流及水动力弥散进行扩散,地层对污染物存在吸附作用,一定条件下达到吸附平衡。经过一段时间,地层中累积大量的污染物。在强降雨之后,大量地表水进入地层,导致地下水水位上升,地下水渗流速度加快,同时将原有吸附平衡打破,累积的大量污染物解吸,污染物随着地下水向西南方向迁移,地下水污染面积将逐渐扩大。

通过钻孔内水样监测分析,结果表明:地下水的某些指标偏高,尤其是 COD、Fe、Mn、氟化物、氯化物、溶解性总固体、氟化物等指标明显高于背景值,与渗滤液水化学特征具有较大相关性。

$COD_{Cr}$:全孔数据体现地下水有机物含量在接近填埋区的 ZK3 号孔和 ZK1 号孔中较大超过较远的 ZK2 号和 ZK4 号孔,其中 ZK1 号孔为背景值的 5.58 倍,ZK3 号孔为背景值的 4.96 倍。

氯化物在各孔均超过背景值,接近填埋区的 ZK3 号孔大于其余孔。ZK3 号孔的含量是背景值的 8.67 倍;氟化物和锰在各孔均超过背景值;铁在多数孔大大超出背景值。

根据地下水测定结果,多数地下水样的 $COD_{Cr}$、Fe、Mn、氯化物、氟化物指标明显比背景值浓度高,与渗滤液成分有较大的相关性。

特征污染物浓度随钻孔距离填埋区渗漏液源地远近的衰减规律如图 6-22(a)~(c)所示,其中化学需氧量、氯化物、锰的浓度具有随着远离填埋区距离增大而衰减的趋势,反映污染物在地下水系统中的扩散、迁移规律。

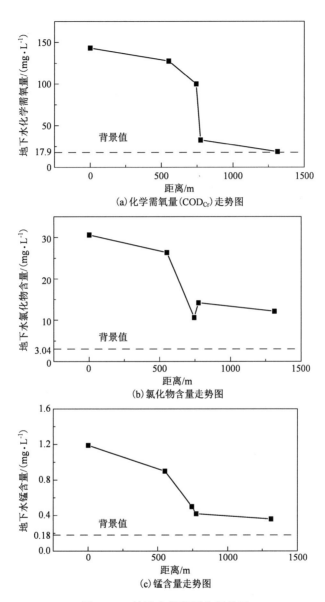

(a) 化学需氧量(COD<sub>Cr</sub>)走势图

(b) 氯化物含量走势图

(c) 锰含量走势图

**图 6-22　钻孔水样监测分析结果**

## 6.3.2　模型构建

1. 三维地质模型构建

通过理论构筑工程屏障,分别研究了压实膨润土工程屏障对 Cr(Ⅲ)的阻滞和红黏土-膨润土工程屏障对 Cu(Ⅱ)的阻滞。

明确初始条件和边界条件是求解控制方程的前提。渗流及溶质迁移控制方程、初始条件、边界条件构成溶质迁移系统的数学模型,并在此基础上建立了压实膨润土对 Cr(Ⅲ)的阻滞物理模型,模型长为 500 m,宽为 200 m,高为 10.8 m,模型左侧为水流上游,右侧为水流下游。简化立面图如图 6-23 所示。

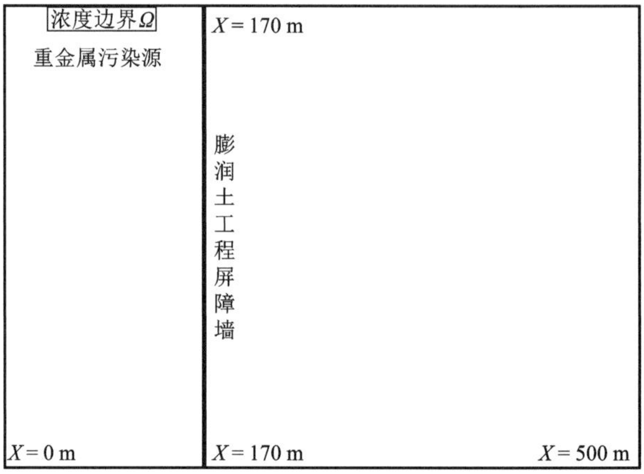

图 6-23　物理模型立面图

初始条件、边界条件分别为:

$$C(x, y, z, 0) = C^0(x, y, z) = 100 \text{ mg/L} \tag{6-3}$$

$$C(x, y, z, 0) = C^0(x, y, z) = 0 \text{ mg/L} \tag{6-4}$$

$$h_{初始} = h_0 = 9.8 \text{ m} \tag{6-5}$$

对本模型的三维模型离散化,进行有限差分网格划分,如图 6-24 所示。模型空间范围 $X×Y×Z = 500 \text{ m}×200 \text{ m}×10.8 \text{ m}$,网格细分后平面共剖分单元(34×60)个共 3 层,共计 6120 个网格。模型区域垂直边界假设为第四系强风化含水层,底部、侧向边界为隔水边界。

针对垃圾填埋场中 Cu(Ⅱ)的迁移,运用软件 Visual MODFLOW Flex 2015.1 中 MODFLOW-2005 和 MT3DMS 模块对研究区域地下水渗流和污染物迁移进行了数值模拟研究。渗流及溶质迁移控制方程、初始条件、边界条件构成溶质迁移系统的数学模型,并在此基础上建立概念模型。模型区域为矩形区域,长 1500 m,宽 900 m,覆盖面积 1.35 km²。根据钻探所获得的地层资料,将模型垂直划分为三层,分别为第四纪覆盖层、强风化花岗岩地层和中等风化花岗岩地层。对三维模型离散化,进行有限差分网格划分,如图 6-25 所示。网格细分后平面共剖分单元(90×150)个共 3 层,共计 40500 个网格。考虑到研究区域的实际情况,分别

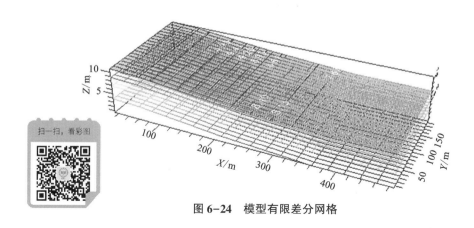

**图 6-24　模型有限差分网格**

在东部西部设置常水头边界条件，在整个区域内设置恒定的降雨入渗补给量，并在指定区域设置竖向工程屏障。

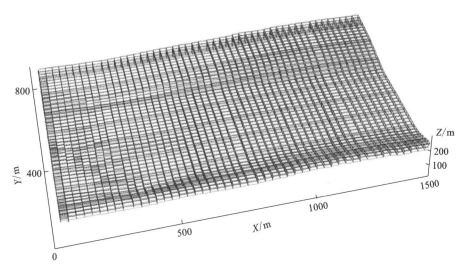

**图 6-25　模型有限差分网格**

2. 模型参数设计

为了简化计算，首先假设三个条件：(1)模型处于等温状态；(2)只进行三维稳定流计算；(3)整个模型研究区域为酸性土壤环境[pH≤(4.8±0.1)]。结合相关文献和试验结果，确定了压实膨润土工程屏障对 Cr(Ⅲ)阻滞模型计算参数，如表 6-7 所示。

表 6-7　计算参数

| 参数 | 模型参数 | | 膨润土工程屏障 | | |
|---|---|---|---|---|---|
| $K$ | $K_x$，$K_y$ | $0.0001\ \mathrm{m \cdot s^{-1}}$ | 墙厚 | $0.2\ \mathrm{m}$，$0.5\ \mathrm{m}$ | |
| | $K_z$ | $1 \times 10^{-5}\ \mathrm{m \cdot s^{-1}}$ | 膨润土吸附 Cr(Ⅲ) | $K$ | $1 \times 10^{-10}\ \mathrm{m \cdot s^{-1}}$ |
| $S_s$ | $1 \times 10^{-5}\ \mathrm{m^{-3}}$ | | | $D$ | $2 \times 10^{-10}\ \mathrm{m^2 \cdot s^{-1}}$ |
| $\theta$ | $\theta_{\mathrm{Eff}}$ | $0.15$ | | $\rho$ | $1.7\ \mathrm{g \cdot m^{-3}}$ |
| | $\theta_{\mathrm{Tot}}$ | $0.3$ | 分配系数 $K_d$ | $0.838$ | |
| $D$ | $D_L$ | $1.0\ \mathrm{m}$ | 最大吸附 $q_{max}$ | $4.76\ \mathrm{mg \cdot g^{-1}}$ | |
| | $D_H$ | $0.1\ \mathrm{m}$ | $C_0[\mathrm{Cr(Ⅲ)}]$ | $100\ \mathrm{mg \cdot L^{-1}}$ | |
| | $D_V$ | $0.01\ \mathrm{m}$ | $C_s$ | $100\ \mathrm{mg \cdot L^{-1}}$ | |

注：工程屏障中膨润土弥散系数 $D$ 非张量表示，单位($\mathrm{m^2/s}$)。

针对压实红黏土-膨润土对 Cu(Ⅱ)的迁移，模型参数主要包括研究区域地层的水文地质参数和污染物迁移参数。假设污染源为恒定浓度补给量为 0.014 mg/L 的区域污染源，并将建模环境考虑为等温条件。同时，假定同一方向的地质介质是均匀的。本书中计算参数的选取主要基于：(1)现场测试；(2)实验室试验；(3)研究文献。

模型的水文地质参数包括地层的渗透系数、含水层特征参数，具体取值如表 6-8 所示。相同地层 $X$、$Y$ 方向的渗透系数相同，$Z$ 方向渗透系数是水平向渗透系数的 1/4(Wang 等，2013)。

表 6-8　水文地质参数

| 地层 | 渗透系数[a] $k$ /$(\mathrm{m \cdot d^{-1}})$ | 给水度[a] $S_y$ (−) | 储水系数[b] $S_s$ /$\mathrm{cm^{-1}}$ | 总孔隙度[b] $n$ (−) | 有效孔隙度[b] $n_e$ (−) |
|---|---|---|---|---|---|
| 1 | $6.657 \times 10^{-3}$ | $0.5$ | $1 \times 10^{-7}$ | $0.45$ | $0.3$ |
| 2 | $1.157 \times 10^{-3}$ | $0.3$ | $1 \times 10^{-7}$ | $0.45$ | $0.3$ |
| 3 | $6.129 \times 10^{-3}$ | $0.3$ | $1 \times 10^{-7}$ | $0.45$ | $0.3$ |

注：a，b—分别指参考现场试验和 Wang 等，2013。

研究中污染物迁移参数包括 Cu 在不同地层的弥散度和扩散系数。Cu 在地层中的扩散系数为 6.618 $\mathrm{m^2/d}$，纵向弥散度根据相关学者提出的公式进行计算，结果为 14 m。横向弥散度、垂向弥散度与纵向弥散度的比值分别定为 0.1 和 0.01

（Yenigül 等，2005）。为了简化数值计算过程，未考虑地层本身对污染物的吸附作用。

### 6.3.3   模拟结果与分析

1. 压实膨润土工程屏障对 Cr(Ⅲ) 的阻滞

1) 重金属污染物 Cr(Ⅲ) 迁移

模型建立后，对重金属污染因子的迁移情况进行计算。未设置工程屏障时，当重金属污染源施加 365 d 后，Cr(Ⅲ) 在地下水中迁移后的浓度等值线如图 6-26 所示。

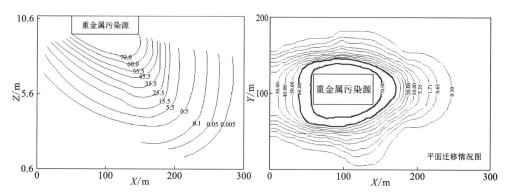

图 6-26   未设置工程屏障，365 d 后 Cr(Ⅲ) 浓度等值线图（左图：立面图；右图：平面图）

从图 6-26 中可以看出，Cr(Ⅲ) 在酸性地下水环境中发生了明显迁移。随着时间的推移，地下水中的 Cr(Ⅲ) 迁移范围也逐渐增大；重金属污染物 Cr(Ⅲ) 沿水流方向进行迁移，且污染中心区域的浓度逐渐减小。365 d 后，Cr(Ⅲ) 沿地下水流方向迁移至 280 m 时，浓度由 70 mg/L 减小为 0.005 mg/L。

2) 压实膨润土工程屏障阻滞效果

压实膨润土具有渗透系数小、吸附能力强等特点，基于其渗透特性和化学吸附作用，能确保地下水重金属污染物在工程屏障中有足够的水力停留时间，因此工程屏障一方面可以阻止重金属污染物通过，另一方面能阻止重金属污染物向工程屏障外迁移。当工程屏障厚度为 0.2 m 时，运营 365 天后研究区域内 Cr(Ⅲ) 的分布情况如图 6-27 所示。

由图 6-26 和图 6-27 对比分析可知，压实膨润土工程屏障的设置使得 Cr(Ⅲ) 在研究区域中的迁移主要在工程屏障之前的区域，而向工程屏障下游迁移较少，运营 365 d 后仅有较少量 Cr(Ⅲ)（≤1.5 mg/L）迁移至工程屏障下游。图 6-27 中，距污染源下游 200~220 m 处 Cr(Ⅲ) 浓度仅为 0.05 mg/L 左右，表明

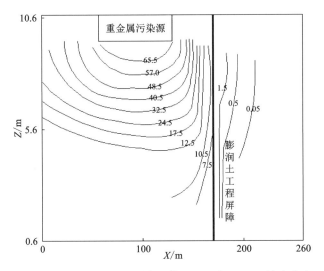

**图 6-27　0.2 m 厚工程屏障运营 365 d 后 Cr(Ⅲ) 浓度分布**

由于工程屏障中膨润土的阻滞和吸附作用,地下水体未受污染。

3) 工程屏障厚度对阻滞性能影响

工程屏障厚度对阻滞重金属污染物迁移有较大影响。图 6-28 为 0.5 m 厚工程屏障运营 365 d 后,区域内 Cr(Ⅲ) 的分布情况。有、无工程屏障时,运营 365 d 后区域中 Cr(Ⅲ) 浓度变化对比曲线如图 6-29 所示。

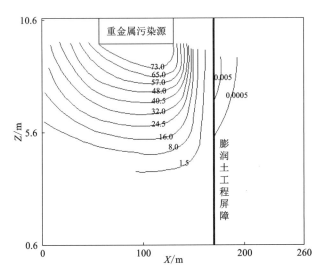

**图 6-28　0.5 m 厚工程屏障运营 365 d 区域中 Cr(Ⅲ) 浓度分布**

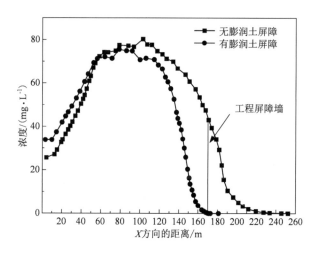

**图 6-29  有无工程屏障墙时 Cr(Ⅲ)浓度对比曲线**

由图 6-27 和图 6-28 对比可知，工程屏障的厚度对污染物的阻滞性能影响显著。当工程屏障厚度由 0.2 m 增至 0.5 m 后，Cr(Ⅲ)通过工程屏障在下游边界的浓度由 1.5 mg/L 减小到 0.005 mg/L，已基本达到环境地下水中 Cr(Ⅲ)浓度容许值，同时 Cr(Ⅲ)的迁移距离(扩散范围)也有所减小，图 6-28 中距污染源下游 180～200 m 处 Cr(Ⅲ)浓度仅为 0.0005 mg/L 左右。图 6-29 表明了有无工程屏障时重金属离子在土体中的浓度分布。当设置工程屏障时，重金属离子的迁移范围基本上被控制在靠近污染源沿着水流方向 170 m 以内；未设置工程屏障时，重金属离子的迁移范围明显向污染源下游方向扩散得更远。例如，在污染物下游方向 170.5 m 处，两者浓度差值约为 43.0 mg/L，工程屏障的设置使该处污染物浓度衰减率超过 99%。由此可见，压实膨润土工程屏障对重金属污染物有明显的阻滞效果。

**2. 压实红黏土–膨润土工程屏障对 Cu(Ⅱ)的阻滞**

**1)垃圾填埋场渗滤液污染物 Cu 的迁移**

地下水流模型和溶质迁移模型建立后，对渗滤液污染物 Cu 在地下水中的迁移过程进行了模拟。经过 365 d、730 d、1825 d、3650 d 后，Cu 在地下水中迁移后的质量浓度等值线如图 6-30 所示。

从图 6-30 中可以看出，Cu 在地下水环境中发生了明显的迁移；随着时间的推移，研究区域同一位置的污染物浓度逐渐增加，地下水中 Cu 迁移范围逐渐扩大；渗滤液污染物 Cu 随着水流向西南方向迁移，随着迁移范围的增大，污染中心区域的浓度逐渐减小；3650 d 天后，Cu 的迁移范围大约为 1500 m，质量浓度由

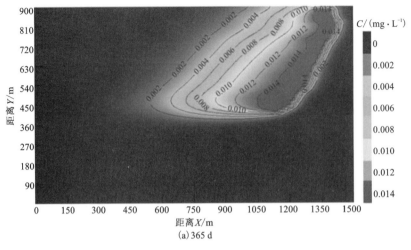

(a) 365 d

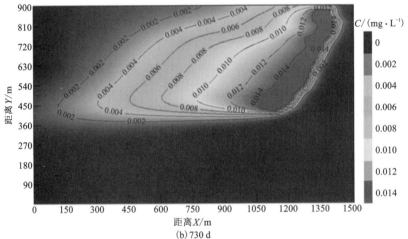

(b) 730 d

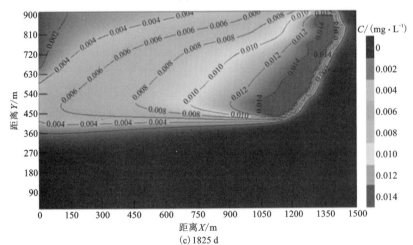

(c) 1825 d

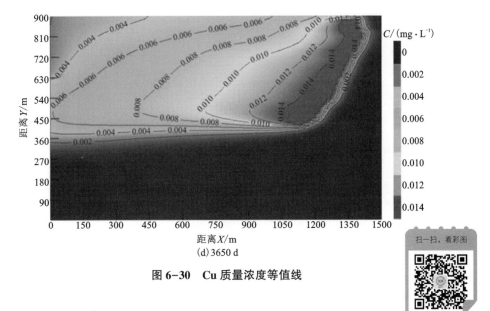

图 6-30　Cu 质量浓度等值线

0.014 mg/L 减小为 0.004 mg/L。

2)压实红黏土-膨润土混合土工程屏障的阻滞效果

压实红黏土-膨润土混合土渗透系数小,且膨润土具有吸附性,因此混合土工程屏障可以阻止污染物通过屏障。当工程屏障厚度为 0.5 m 时,运营 3650 d 和 7300 d 后,研究区域 Cu 的质量浓度分布如图 6-31 所示。

由图 6-31 可知,设置工程屏障后,研究区域高浓度污染物的分布范围明显减小,污染物浓度值在屏障附近有较大的突变。工程屏障的低渗透性阻碍了地下水的流动,地下水绕过工程屏障向上游区域流动。因此,压实红黏土-膨润土混合土工程屏障的设置使得 Cu 在研究区域的迁移主要集中在工程屏障上游区域,向屏障下游区域迁移较少,运行 7300 d 后仅有较少量 Cu(<0.002 mg/L)迁移至屏障下游。如图 6-32 所示,距离污染源下游大约 900 m 处 Cu 的浓度范围仅为 0.002~0.004 mg/L,与未设置工程屏障时的 0.012 mg/L 相比,混合土工程屏障的设置使该处污染物的质量浓度衰减率为 67%~83%。

由于工程屏障中红黏土-膨润土混合土的阻滞和吸附作用,有效地保护了地下水体不受污染。实际上,红黏土-膨润土混合土工程屏障对重金属 Cu 良好的阻滞作用主要是基于膨润土的大阳离子交换量(77.3 mmol/100 g)和比表面积(570 m²/g)(Wen 等,2005)。地下水中的重金属污染物在以水力梯度为主导驱动力的渗流作用下以及以浓度梯度的扩散作用下沿地下水水流流动特征线方向发生对流,在水流特征线之间垂直于水流方向弥散,向周围水体迅速迁移。在设置工程屏障后,污染物通过工程屏障后被吸附,重金属被滞留在屏障内,因此红黏土-膨润土混合土屏障对 Cu 表现出良好的阻滞效果。

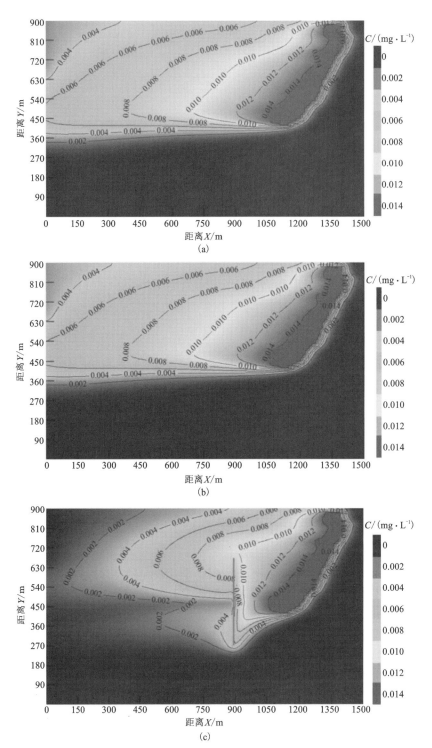

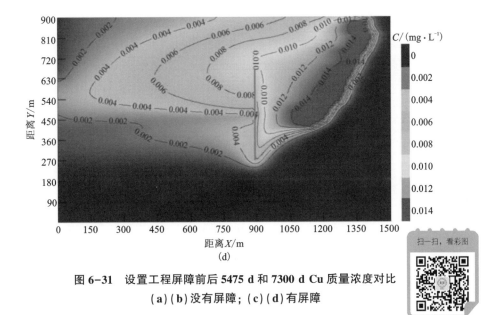

**图 6-31　设置工程屏障前后 5475 d 和 7300 d Cu 质量浓度对比**
**(a)(b) 没有屏障；(c)(d) 有屏障**

扫一扫，看彩图

3）工程屏障厚度对阻滞性能的影响

为了研究工程屏障厚度对阻滞污染物迁移的影响，通过数值模拟得到了 7300 d 后不同厚度的红黏土-膨润土混合土工程屏障(0.5 m 和 1 m)下污染物 Cu 的质量浓度分布，结果如图 6-32 所示。

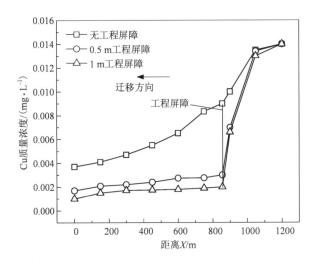

**图 6-32　有无工程屏障 Cu 质量浓度分布**

由图 6-32 可知，工程屏障厚度对污染物的阻滞性能影响显著。随着污染物的迁移距离增大，其质量浓度有降低的趋势。当工程屏障厚度增加时，这种趋势更加明显。对比不同厚度工程屏障下污染物的质量浓度分布可知，0.5 m、1 m 厚的工程屏障对重金属的阻滞效率分别为 66.7%、77.8%。由此可知，压实红黏土-膨润土混合土工程屏障对污染物有很好的阻滞作用，且工程屏障厚度越大，阻滞效果越明显。

# 参考文献

[1] Bredehoeft J D, Pinder G F. Mass transport in flowing groundwater[J]. Water Resources Research, 1973, 9(1): 194-210.

[2] Cooley R L. A method of estimating parameters and assessing reliability for models of steady state groundwater flow: 1. Theory and numerical properties[J]. Water Resources Research, 1977, 13 (2): 318-324.

[3] Deakin D, West L J, Stewart D I. Leaching behaviour of a chromium smelter waste heap[J]. Waste Management, 2001, 21(3): 265-270.

[4] Han D M, Tong X X, Currell M J, et al. Evaluation of the impact of an uncontrolled landfill on surrounding groundwater quality, Zhoukou, China [J]. Journal of Geochemical Exploration, 2014, 136: 24-39.

[5] Harbaugh A W, Banta E R, Hill M C, McDonald M G. Modflow-2000, the u. s. geological survey modular ground-water model-user guide to modularization concepts and the ground-water flow process[J]. Open-file Report. U. S. Geological Survey, 2000(92): 134.

[6] He Y, Li B B, Zhang K N, et al. Experimental and numerical study on heavy metal contaminant migration and retention behavior of engineered barrier in tailings pond [J]. Environmental. Pollution, 2019, 252: 1010-1018.

[7] Li Y, Yue Q Y, Gao B Y. Effect ofhumic acid on the Cr(Ⅵ) adsorption onto Kaolin[J]. Applied Clay Science, 2010(48): 481-484.

[8] Lautz L K, Siegel D I. Modeling surface and ground water mixing in the hyporheic zone using MODFLOW and MT3D[J]. Advances in Water Resources, 2006, 29(11): 1618-1633.

[9] Neuman S P. Calibration of distributed parameter groundwater flow models viewed as a multiple-objective decision process under uncertainty [J]. Water Resources Research, 1973, 9(4): 1006-1021.

[10] Neuman S P, Zhang Y K. A quasi-linear theory of non-Fickian and Fickian subsurface dispersion, 1: Theoretical analysis with application to isotropic media[J]. Water Resources Research, 1990, 26(5): 887-902.

[11] Qian H, Chen J, Howard K W F. Assessing groundwater pollution and potential remediation processes in a multi-layer aquifer system[J]. Environmental Pollution, 2020, 263: 1-10.

[12] Rad P R, Fazlali A. Optimization of permeable reactive barrier dimensions and location in groundwater remediation contaminated by landfill pollution [J]. Journal of Water Process Engineering, 2020, 35: 101196.

[13] Rubin J, James R V. Dispersion−affected transport of reacting solutes in saturated porous media: Galerkin Method applied to equilibrium−controlled exchange in unidirectional steady water flow [J]. Water Resources Research, 1973, 9(5): 1332−1356.

[14] Sieczk A A, Bujakowski F, Falkowski T, et al. Morphogenesis of a floodplain as a criterion for assessing the susceptibility to water pollution in an agriculturally rich valley of a lowland river [J]. Water, 2018, 10(4): 399.

[15] Thornton S F, Tellam J H, Lerner D N. Experimental and modeling approaches for the assessment of chemical impacts of leachate migration from landfills: A case study of a site on the Triassic sandstone aquifer in the UK East Midlands [J]. Geotechnical and Geological Engineering, 2005, 23: 811−829.

[16] Wang Q, Zhu C, Huang X, et al. Abiotic reduction of uranium (Ⅵ) withhumic acid at mineral surfaces: Competing mechanisms, ligand and substituent effects, and electronic structure and vibrational properties[J]. Environmental Pollution, 2019(254): 1−9.

[17] Wang Y, Zhang K N, Chen Y G, et al. Prediction on contaminant migration in aquifer of fractured granite substrata of landfill[J]. Journal of Central South University, 2013, 20(11): 3193−3201.

[18] Wen Z J, Jintuko T. Preliminary study on static mechanical property of GMZ Na−bentonite[J]. World Nuclear Geoscience, 2005, 22(4): 211−214.

[19] Xu T, Nan F, Jiang X. Effect of soil pH on the transport, fractionation, and oxidation ofchromium(Ⅲ)[J]. Ecotoxicology and Environmental Safety, 2020, 195: 110459.

[20] Yeh G T, Tripathi V S. A critical evaluation of recent developments in hydrogeochemical transport models of reactive multichemical components[J]. Water Resources Research, 1989, 25(1): 93−108.

[21] Yenigul N B, Elfeki A M M, Gehrels J. Reliability assessment of groundwater monitoring networks at landfill sites[J]. Journal of Hydrology, 2005, 308(1−4): 1−17.

[22] Zhan T L T, Guan C, Xie H J, et al. Vertical migration of leachate pollutants in clayey soils beneath an uncontrolled landfill at Huainan, China: A field and theoretical investigation[J]. Science of The Total Environment, 2014, 470−471: 290−298.

[23] Zheng C, Wang P P. MT3DMS: A modular three−dimensional multispecies transport model for simulation of advection, dispersion, and chemical reactions of contaminants in groundwater systems: Documentation and User's Guide[R]. 1999.

[24] Zheng C, Hill M C, Cao G, et al. MT3DMS: model use, calibration, and validation [J]. Transactions of the Asabe, 2012, 55(4): 1549−1559.

[25] Zhang Y K, Neuman S P. A quasi−linear theory of non−Fickian and Fickian subsurface dispersion, 2: Application to anisotropic media and the Borden site [J]. Water Resources

Research, 1990, 26(5): 903-913.

[26] Zhu C, Wang Q, Huang X, et al. Microscopic Understanding about Adsorption and Transport of DifferentCr(Ⅵ) Species at Mineral Interfaces[J]. Journal of Hazardous Materials, 2021, 414: 125485.

[27] 陈永贵, 贺勇, 周星志. 压实膨润土工程屏障对重金属污染物的阻滞[J]. 中南大学学报(自然科学版), 2012, 43(10): 4038-4043.

[28] 陈永贵, 邹银生, 张可能, 等. 重金属污染物在黏土固化注浆帷幕中的迁移规律[J]. 岩土力学, 2007(12): 2583-2588.

[29] 贺勇, 胡广, 张召, 等. 污染场地六价铬迁移转化机制与数值模拟研究[J]. 岩土力学, 2022, 43(02): 528-538.

[30] 高慧琴, 杨明明, 黑亮, 等. MODFLOW 和 FEFLOW 在国内地下水数值模拟中的应用[J]. 地下水, 2012, 34(4): 13-15.

[31] 郭晓东, 田辉, 张梅桂, 等. 我国地下水数值模拟软件应用进展[J]. 地下水, 2010, 32(4): 5-7.

[32] 李喜林. 铬渣堆场渗滤液对土壤—地下水系统污染规律研究[D]. 阜新: 辽宁工程技术大学, 2012.

[33] 王浩, 陆垂裕, 秦大庸, 等. 地下水数值计算与应用研究进展综述[J]. 地学前缘, 2010, 17(6): 5-16.

[34] 吴吉春, 曾献奎, 祝晓彬. 地下水数值模拟基础[M]. 北京: 中国水利水电出版社, 2017.

[35] 谢辉, 胡清, 张鹤清, 等. 中国污染场地修复发展回顾建议与美国经验借鉴[J]. 环境影响评价, 2015, 37(1): 19-23.

[36] 杨丽红, 井柳新, 乐晟华, 等. 地下水模拟技术在污染修复方案比选中的应用研究[C]// 2018 中国环境科学学会科学技术年会论文集(第三卷), 2018.

[37] 中华人民共和国生态环境部. 地下水污染模拟预测评估工作指南[S]. 2019.

[38] 中华人民共和国水利部. 地下水质量标准(GB/T 14848—2017)[S]. 2017.

[39] 郑春苗, Bennett G D. 地下水污染物迁移模拟[M]. 北京: 高等教育出版社, 2009.

# 第 7 章  结论与展望

## 7.1  结论

本书结合我国工矿业重金属污染场地中黏土类工程屏障面临的系列环境工程地质问题，以膨润土和我国长江以南地区广泛分布的红黏土为对象，形成土-膨润土黏土类工程屏障，开展了系统的室内试验、机理分析、模型构建、数值模拟与现场应用等工作，深入分析了化-渗-力多场耦合条件下黏土类屏障材料的阻滞性能、水力特性、体变特征以及重金属污染物迁移规律，主要结论如下：

(1)总结了重金属污染物的来源与危害，提出了黏土类工程屏障重金属污染物阻滞的概念。

(2)阐明了重金属污染物在黏土类屏障材料中的迁移转化机制及理论模型，给出了简单边界条件下溶质迁移方程的解析解与数值解法。

(3)开展了红黏土、膨润土和混合土的吸附和弥散试验，获取了不同因素(如离子强度、pH、温度和固液比等)影响下几种黏土对典型重金属 Cr(Ⅵ)、Zn(Ⅱ)等的吸附特征与模型，分析了重金属离子在混合土中的迁移特性。

(4)开展了压实红黏土材料的气体/液体渗透试验和持水试验，探究了刚性/柔性边界条件下重金属离子强度、膨润土掺量等对混合土渗透特性的影响规律，干湿循环作用下压实红黏土的气体渗透特性以及化学溶液影响下压实红黏土的持水特征，建立了考虑化学影响的非饱和压实黏土持水特征模型。

(5)开展了压实红黏土的非饱和一维固结试验、收缩开裂试验和干湿循环试验，分析了化学溶液影响下压实红黏土的压缩特性、开裂特征以及胀缩变形规律，并通过压汞试验等微观测试技术，揭示了化-渗耦合作用下红黏土的化学软化和致裂机理，构建了考虑化学影响的非饱和压实黏土本构模型。

(6)总结了现有污染物迁移数值模拟方法的发展与应用现状，依托两种典型重金属污染场地实际工程,通过室内试验和现场调查等,查明了污染场地的水文地质条件和场区污染物分布情况;基于建立的模型,应用数值模拟计算软件,分析了污染物的时空分布规律和动态迁移特征,评估了黏土类工程屏障阻滞重金属污染物的有效性和长期服役性能。

## 7.2 展望

本书主要针对黏土类工程屏障材料化学($C$)、水($H$)、力学($M$)耦合作用机理与模型展开,下一步主要将从温度($T$)、气体($G$)、微生物($B$)、电场($E$)等耦合作用上开展工作,以完善黏土类工程屏障材料热-水-力-化-气-生-电($T$-$H$-$M$-$C$-$G$-$B$-$E$)多场多相耦合作用机制的研究。

(1)开展温度作用下黏土类工程屏障材料阻滞特性、体变特征等研究。研究高温驱替重金属污染物和低温条件(零度以下)重金属离子诱导机制。

(2)研究重金属污染物的非饱和迁移。针对场地非饱和地层(包气带),开展非饱和地层中重金属离子的非饱和迁移及多介质界面过程研究。

(3)开展电极虚拟阻隔的研究。针对污染场地地层特性与重金属污染物电化学特征,通过场地钻孔中设置的电极形成虚拟阻隔,研究电化学作用下黏土地层多场耦合作用与污染物迁移机理。

(4)开展污染场地微生物修复过程土体多场多相耦合作用机制与数值模型研究。

(5)开展多尺度模型试验及现场原位试验研究。

此外,结合室内试验数据、现场监测与原位试验数据开展污染场地修复全过程"数字孪生"与"数字地球"(人类活动与浅地表地质环境)相关研究。结合构建的多场多相耦合模型和重金属污染大数据,开展环境工程地质人工智能与数值模拟软件开发等方面的研究是以后工作的重点。

**图书在版编目(CIP)数据**

黏土类工程屏障重金属污染物阻滞理论与应用研究／
贺勇，张召，张可能著. —长沙：中南大学出版社，
2023.1

ISBN 978-7-5487-5213-4

Ⅰ. ①黏… Ⅱ. ①贺… ②张… ③张… Ⅲ. ①黏土－
工程材料－作用－重金属污染－污染防治－研究 Ⅳ. ①X5

中国版本图书馆 CIP 数据核字(2022)第 241282 号

## 黏土类工程屏障重金属污染物阻滞理论与应用研究
### NIANTULEI GONGCHENG PINGZHANG ZHONGJINSHU
### WURANWU ZUZHI LILUN YU YINGYONG YANJIU

贺勇　张召　张可能　著

| | |
|---|---|
| □出 版 人 | 吴湘华 |
| □责任编辑 | 伍华进 |
| □责任印制 | 唐　曦 |
| □出版发行 | 中南大学出版社 |

社址：长沙市麓山南路　　　　邮编：410083
发行科电话：0731-88876770　　传真：0731-88710482

□印　　装　长沙印通印刷有限公司

□开　　本　710 mm×1000 mm 1/16　□印张 18.75　□字数 373 千字
□互联网+图书　二维码内容　图片 48 张
□版　　次　2023 年 1 月第 1 版　　□印次 2023 年 1 月第 1 次印刷
□书　　号　ISBN 978-7-5487-5213-4
□定　　价　78.00 元